Berufliches Schreiben

Textproduktion und Medium

HERAUSGEGEBEN VON
EVA-MARIA JAKOBS UND DAGMAR KNORR

BAND 9

PETER LANG
Frankfurt am Main · Berlin · Bern · Bruxelles · New York · Oxford · Wien

EVA-MARIA JAKOBS
KATRIN LEHNEN
(HRSG.)

Berufliches Schreiben

Ausbildung, Training, Coaching

PETER LANG
Internationaler Verlag der Wissenschaften

Bibliografische Information der Deutschen Nationalbibliothek
Die Deutsche Nationalbibliothek verzeichnet diese Publikation
in der Deutschen Nationalbibliografie; detaillierte bibliografische
Daten sind im Internet über <http://www.d-nb.de> abrufbar.

Gedruckt mit Unterstützung des
Vereins der Freunde und Förderer
der RWTH Aachen.

Gedruckt auf alterungsbeständigem,
säurefreiem Papier.

ISSN 1431-0015
ISBN 978-3-631-57717-2
© Peter Lang GmbH
Internationaler Verlag der Wissenschaften
Frankfurt am Main 2008
Alle Rechte vorbehalten.

Das Werk einschließlich aller seiner Teile ist urheberrechtlich
geschützt. Jede Verwertung außerhalb der engen Grenzen des
Urheberrechtsgesetzes ist ohne Zustimmung des Verlages
unzulässig und strafbar. Das gilt insbesondere für
Vervielfältigungen, Übersetzungen, Mikroverfilmungen und die
Einspeicherung und Verarbeitung in elektronischen Systemen.

Printed in Germany 1 2 3 4 5   7

www.peterlang.de

Inhalt

Vorwort vii

Eva-Maria Jakobs
Berufliches Schreiben: Ausbildung, Training, Coaching
Überblick zum Gegenstand 1

Teil I: Berufliche Schreibkompetenz als Gegenstand der Ausbildung

Christian Efing
„Aber was halt schon schwer war, war, wo wir es selber schreiben sollten."
Defizite und Förderbedarf in der Schreibkompetenz hessischer Berufsschüler 17

Annette Verhein-Jarren
Schreibtraining für Ingenieure 35

Annette Flos
Schreiben als Kernkompetenz polizeilichen Handelns.
Ergebnisse eines studienbegleitenden Projektes an der Fakultät Polizei der Niedersächsischen Fachhochschule für Verwaltung und Rechtspflege 53

Hartmut Stöckl
Werbung texten
Ein domänenspezifisches Schreibtraining 65

Katrin Lehnen
Kommunikation im Lehrerberuf
Schreib- und medienspezifische Anforderungen 83

Teil II: Beruﬂiche Schreibkompetenz als Gegenstand der Weiter- und Fortbildung

Karl-Heinz Pogner
Schreibtraining in Dänemark
Das Kursangebot zum Writing at Work 105

Daniel Perrin
Schreiben und Führen
Domänenspezifische Schreibkompetenz für Manager/Leader 123

Otto Kruse
Qualitätssicherung einer Tageszeitung durch Schreibtraining für die Redaktion 141

Teil III: Beruﬂiche Schreibkompetenz durch Coaching

Madeleine Marti/Marianne Ulmi
Schreibcoaching
Reflexionen aus der Praxis 161

Ulrike Scheuermann
Psychologische Interventionen beim Schreibcoaching 177

Über die Autoren 197

Namenregister 201

Vorwort

Der vorliegende Band geht auf die Prowitec-Tagung „Coaching und berufliches Schreiben" zurück, die im Oktober 2006 an der RWTH Aachen stattfand. Wir danken an dieser Stelle herzlich dem Verein „Freunde und Förderer der RWTH Aachen e.V." für ihre finanzielle Unterstützung der Publikation.
Prowitec ist eine interdisziplinäre Arbeitsgruppe, die 1993 von Prof. Eva-Maria Jakobs, Dr. Dagmar Knorr und Dr. Sylvie Molitor-Lübbert gegründet worden ist und die sich mit Prozessen der Textproduktion in unterschiedlichen Domänen, Disziplinen und medialen Kontexten beschäftigt und seit 1994 internationale Fachtagungen zum Thema ausrichtet.
Im Zuge der Aachener Tagung wurde der Verein „Prowitec – Professionelle Kommunikation in Weiterbildung, Industrie und Technik e.V." gegründet, der sich die Förderung beruflicher Kommunikation und Textproduktion in Forschung und Praxis zum Ziel gesetzt hat.
<www.prowitec.rwth-aachen.de/prowitec-ev>

Aachen/Gießen, Dezember 2007   Eva-Maria Jakobs und Katrin Lehnen

Berufliches Schreiben: Ausbildung, Training, Coaching
Überblick zum Gegenstand

Eva-Maria Jakobs

The article sketches out an overview of the vocational and in-service training market in the field of Writing at Work in Denmark – from the supply side. It reports and discusses observations and initial results of a pilot survey asking selected suppliers of professional/vocational writing courses about the content, didactic foundations, pedagogic objectives and aims of the courses offered. Preliminary critical reviews of the answers show that the suppliers make up a very heterogeneous group and that the courses cover a brought (broad) range of different contents and pursue various interests. The majority of courses focus on general writing or communication courses – a smaller number deal with writing and communication at work or in professional settings. The market is not very transparent and the educational industry lacks common didactic norms and (quality) standards. In general, the courses do not address social-interactive aspects of Writing for Specific Purposes or Domain Specific Writing as central themes. Pedagogic practice in this field is primarily shaped by the suppliers' personal preferences, competencies, experiences and (sometimes rather stereotypical) ideas and the principle of muddling through – rather than informed by the results of research in the discipline of Writing at Work or by concepts of the field of Writing Didactics. Writing is predominantly perceived as individual, cognitive craftsmanship, rarely explicitly addressed or reflected upon as social acting in the profession. In conclusion, the pilot study suggests that there is a risk that the course suppliers underestimate the complexity and diversity of professional writing at the workplace.

1 Ausgangssituation und Handlungsbedarf

Mit dem in den letzten Jahren beobachtbaren Industriewachstum wächst schnell und bisher nicht abgedeckt der Bedarf nach einer breiten Schicht gut ausgebildeter Facharbeiter und Akademiker. Zugleich verändern sich viele Berufsprofile bzw. es entstehen neue. Eine sich über die meisten Branchen und beruflichen Szenarien hinweg abzeichnende Tendenz ist die Aufwertung kommunikativer Fähigkeiten.

Das Portfolio geforderter kommunikativer Kompetenzen betrifft – so die öffentliche wie institutionelle Wahrnehmung – primär mündliche Situationen. Es gilt als wichtig, Ideen, Leistungen und Produkte im mündlichen Austausch mit anderen präsentieren, bewerben und durchsetzen zu können. Der Bereich schriftlicher Arbeitsanteile wird eher übersehen oder aber auf die Dokumentation von Daten reduziert (Jakobs/Schindler 2006). Der berufliche Alltag zeigt, dass diese Perspektive die Anforderungen der Praxis unzulässig verkürzt: In fast allen Berufen wird relativ viel geschrieben (Jakobs 2006). Das Spektrum beruflich gefragter Schreibkompetenzen bewegt sich zwischen basalen und hoch elaborierten Fähigkeiten, zwischen Standardisierung und Kreativität, zwischen Routineaufgaben und ad hoc verlangten, wenig vertrauten Aufgaben. Die Berufsausübenden müssen sich nicht nur auf ein breites Spektrum an Textproduktionsaufgaben einstellen (Krankenhausärzte z. B. werden in ihrem Berufsalltag mit 23 verschiedenen Textsorten konfrontiert, Blum/Müller 2003), sondern auch mit sich schnell verändernden Umweltbedingungen (Jakobs 2007a). Der erheblich wachsende Anteil schriftlich zu bewältigender Anforderungen ergibt sich aus dem Zusammenspiel von Faktoren, wie

- *Aufwertung von Wissen als Ressource*: Wissen und der Zugriff auf Wissen gelten als wertschöpfende Ressourcen; ohne den Zugriff auf neues wie vorhandenes Wissen sind weder Innovationen noch die Optimierung von Produktionsprozessen möglich. Schriftbasierte Formate gelten nach wie vor als wichtigstes Mittel der Beschreibung und Kommunikation von Wissen.
- *Standardisierung von Arbeit*: Arbeitsaufgaben, -prozesse und -ergebnisse werden standardisiert, die Standards in Dokumenten beschrieben.
- *Professionalisierung*: Die schriftliche Erfassung von Arbeitsprozessen und -produkten macht Arbeit vergleich- und bewertbar (z. B. für Zwecke der Leistungsabrechnung, des Qualitätsmanagements und des Wettbewerbs durch Rankingverfahren). Standardisierung und Vergleichbarkeit von Leistung tragen zur Professionalisierung von Berufen bei und damit zu ihrer Aufwertung (dies gilt u. a. für den Bereich Pflege und Altenbetreuung).
- *Elektronische Informations- und Kommunikationsmittel* wie PC, Notebook, Smartphone, PDA, Internet und Intranet befördern die Renaissance des Schreibens. Arbeitsaufgaben, die früher primär mündlich umgesetzt wurden (Anweisungen, Absprachen, Vereinbarungen etc.), werden zunehmend schriftlich gelöst (Bsp.: E-mail statt persönliche Bankauskunft oder Blackberry-Kommunikation statt Anruf).
- *Industrialisierung von Kommunikationsarbeit*. Die „Elektronisierung" von Kommunikationsarbeit befördert die Modularisierung und Standardisierung kommunikativer Prozesse als wesentliche Voraussetzung für ihre schrittweise Automatisierung (Nickl 2005, Jakobs 2007b).
- *Rechtliche Absicherung*: Der rechtliche Absicherungsdruck nimmt zu und damit der Anteil schriftlicher Kommunikation, die das Handeln von Personen und Unternehmen dokumentiert und ratifiziert.

Das Ausblenden schriftlich zu bewältigender Arbeitsaufgaben hat z. T. weitreichende Konsequenzen. Die Qualität der Ergebnisse schriftlichen Handelns im Beruf (Angebote, Gutachten, Berichte etc.) ist relevant für den Vollzug von Arbeit, die Interaktion mit Partnern sowie das Gewinnen und Halten von Kunden. Schärfer formuliert ist fehlende Text- und Schreibkompetenz ökonomisch nicht vertretbar. Defizitäre Darstellungen erhöhen den zeitlichen, kognitiven und emotionalen Rezeptionsaufwand des Adressaten. Sie erzeugen nicht nur Frust und zusätzliche Arbeitszeit, sondern häufig auch Fehlleistungen aufgrund unpräziser, fehlerhafter oder unvollständiger Informationen sowie zeitlichen und monetären Mehraufwand durch „Reparaturversuche" defizitärer Kommunikationsarbeit:

- Versuche der Schadensbegrenzung oder Schadensbehebung (bei drohendem Verlust von Kunden, Aufträgen, Image)
- Beschwerdebearbeitung und Richtigstellung,
- Abwendung von Haftung.

Ein häufig beobachtbares Kernproblem ist eine fehlende Adressatenorientierung. Viele Mitarbeiter wissen nicht, warum sie etwas schreiben und wofür die Adressaten das Textprodukt nutzen wollen oder müssen. In den meisten Fällen erhalten die Verfasser selten oder nie ein Feedback (was geschieht mit den Texten, erfüllen sie ihren Zweck, was wünschen bzw. benötigen die Adressaten). Dies hat Konsequenzen: die Textproduzenten beschränken sich nicht auf das Wesentliche, weil das Wesentliche nicht erkannt wird. Sie verwechseln Qualität mit Quantität bzw. setzen beides gleich („Wie lang soll der Bericht sein?"). Sie übernehmen keine Verantwortung für ihr Tun, Textarbeit wird an den Adressaten delegiert, nach dem Motto: „Suche selbst heraus, was Du brauchst.".

2 Stand und Probleme der Vermittlung beruflichen Schreibens

2.1 Vermittlungsinstanzen

Schriftliche Ausdrucksfähigkeiten sind im Beruf gefragt, sie sind wichtig für Arbeits- und Aufstiegschancen (Jakobs 2005, 2006). Ungeachtet dessen werden sie eher selten vermittelt. Dies zeigt sich deutlich im Querschnitt der institutionellen Schreibsozialisation (vgl. Abb. 1).

Das Ausbildungsprofil deutscher Universitäten, Berufs- und Fachhochschulen basiert auf der Prämisse, dass die Auszubildenden über das zur Bewältigung ausbildungsbezogener Textproduktionsaufgaben notwendige Können und Wissen verfügen („Man kann das, oder man kann es eben nicht.") bzw. eigenverantwortlich aneignen (Jakobs 2008/im Dr.). Die Vermittlung schriftsprachlicher Kompetenzen wird in den Aufgabenbereich der Schule delegiert. Die Haltung verkennt Zuständigkeiten, Kompetenzen und Handlungsbedarf. Die in der Schule erwerbbaren Kenntnisse und Fähigkeiten beziehen sich auf ein bestimmtes, wohl definiertes Bildungsniveau als Ausgangsbasis für nachfolgende Qualifizierungsschritte. Dieses Niveau wird – etwa im Bereich schriftsprachlicher Leistungen – von etlichen Schülern nur bedingt oder nicht erreicht (Stichwort: Pisa-Studie), ihnen fehlt damit ein belastbares Fundament für nachfolgende Ausbildungsformen. Die Schule konzentriert sich zudem auf schulische Textsorten und

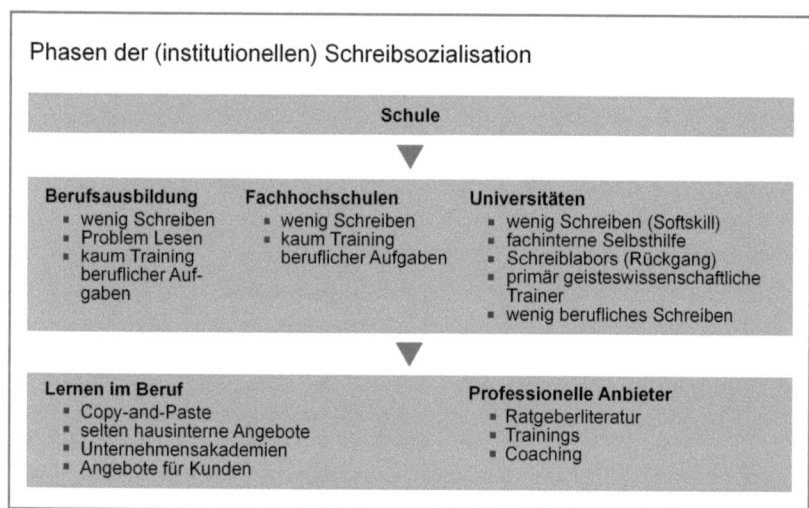

Abbildung 1: Phasen der Schreibsozialisation

Texterzeugungsverfahren, berufliche Varianten werden ausgeblendet. Ihre Vermittlung ist – aus der Sicht der Institution Schule – Aufgabe nachgelagerter Ausbildungsinstanzen.

Der Kreis gegenseitiger Verantwortungszuweisung ist schwer zu durchbrechen. Zum Teil bieten Universitäten Hilfestellungen (durch Schreibzentren u. a.), sie beschränken sich häufig jedoch auf fachübergreifende Inhalte. Die Verschränkung von Lese- und Schreibfähigkeiten (Jakobs/Perrin 2008/im Dr.) wird ebenso wenig gesehen wie fachbezogene Anforderungen, Kommunikationsformen und -strategien. Berufsbezogene Trainingsangebote sind selten wie auch Kurse, die den Brückenschlag zwischen schulischem Wissen und dem im neuen Ausbildungsabschnitt benötigten Können ermöglichen (Jakobs 2008/im Dr.). Erschwerend kommt hinzu, dass im Gegensatz zur beruflichen Praxis in allen berufsorientierten Ausbildungsformen erstaunlich wenig geschrieben wird. Besonders kritisch ist die Situation in den Berufsschulen. Gering ausgeprägte Schreib- und Lesekompetenzen erschweren den Abschluss einer Berufsausbildung, fehlende Abschlüsse erhöhen die Quote arbeitsloser Jugendlicher.

Die meisten Berufsausübenden erwerben das zur Bewältigung schriftlicher Arbeitsaufgaben notwendige Wissen und Können in der Praxis; die am häufigsten genutzten Strategien sind „Learning by doing" und „Copy-and-Paste" (Jakobs 2006). Novizen fragen erfahrene Kollegen, wie Texte aussehen sollen und/oder orientieren sich an Textbeispielen der beruflichen Umgebung (reproduzierendes Formulieren). Die Strategie des *Copy and Paste* konserviert und tradiert Formulierungsvorbilder, die ältere Kollegen ihrerseits von älteren Kollegen erlernt haben. Der Griff zum Schreibratgeber hilft häufig nicht weiter. Die meisten Ratgeber konzentrieren sich auf Teilaspekte der Texterstellung wie Planung und Zeitmanagement, das Einhalten von Formalien oder die Überwindung von Schreibblockaden. Formulierungshilfen sind ebenso selten wie fundierte Darstellungen zu berufsspezifischen Darstellungsmustern (Schindler/Pierick/Jakobs 2007). Ebenso selten sind berufs- oder domänenspezifische Coaching-Angebote.

Forschung zum Schreiben am Arbeitsplatz zeigt, dass Investitionen in den Erwerb und die Weiterentwicklung schriftsprachlicher Fähigkeiten sachlich wie gesellschaftlich sinnvoll sind. Gezielte Investitionen in schriftliche Arbeitskompetenz setzen andererseits voraus, dass die Ausbildenden wissen, welche Aufgaben in welchen Kontexten unter welchen Bedingungen zu lösen sind. Dieses Wissen ist eine wesentliche Voraussetzung für aufgaben- und rollenspezifische Trainings- und Coachingkonzepte.

2.2 Desiderate des Weiterbildungsbereiches

Der Bedarf nach Weiterbildung für berufliches Schreiben wird durchaus gesehen. Es gibt auch einige Angebote. Sie decken den Bedarf jedoch nicht ab. Weitere Defizite betreffen Wissensdefizite (Forschung), die Institutionalisierung von Angeboten, die Transparenz des Marktes und Möglichkeiten der Qualitätskontrolle von Angeboten.

Forschung

Die in der Fachliteratur beschriebenen Aufgabenfelder beruflicher Textproduktion decken nicht einmal die Spitze des Eisbergs ab. Es fehlen insbesondere Studien zu den schriftlichen Arbeitsaufgaben von Nichtakademikern. Die Aufarbeitung von Textsortenspektren und daran gebundene Spezifika ihrer Umsetzung und Einbettung in übergeordnete Zusammenhänge steht bislang aus, sie ist eine wichtige Voraussetzung für das Identifizieren, Analysieren und Beschreiben „universeller", „differenzierender" und „spezifischer" Phänomene des Schreibens am Arbeitsplatz. Der Begriff „universelle Phänomene" subsummiert Textproduktionsanforderungen, -fähigkeiten, -strategien und -verfahren, die in vielen Berufen relevant sind (z. B. das Festhalten und Zusammenfassen von Fakten, Vorgängen, Daten). Differenzierende Phänomene resultieren aus der domänen-, fach- und rollenspezifischen Überformung universeller Phänomene. Spezifische Phänomene sind an ausgewählte Domänen, Berufe und Rollen gebundene Anforderungen, Fähigkeiten, Strategien und Verfahren (z. B. Textherstellungsprozeduren der Anklageschrift). Weiterer Forschungsbedarf betrifft die Analyse und Beschreibung kultur- und einzelsprachgebundener Varianten schriftlicher Arbeitsaufgaben, deren Kenntnis angesichts der Forderung nach Mobilität der Arbeitnehmer und Öffnung des europäischen Arbeitsmarktes zunehmend relevant wird.

Didaktik

Klärungs- und Handlungsbedarf zeigt sich an der Schnittstelle zwischen der Erforschung beruflichen Schreibens und seiner Vermittlung. Nach wie vor operieren Schreibforschung und -didaktik merkwürdig losgelöst voneinander. In gewisser Weise hinkt die Didaktik der Forschung hinterher, während die Forschung die Didaktik ignoriert.

Andere Leerstellen betreffen die Ziele, Inhalte und Methoden der Vermittlung beruflichen Schreibens. Zu klären wäre u. a., wofür (wen/was) welche Fähigkeiten vermittelt werden sollen:

- Phasen- oder Aufbaumodell: Novizen (allgemeine Textproduktionsfähigkeiten) – Fortgeschrittene (fach- bzw. domänenspezifische Fähigkeiten) – Experten,
- überlappende Dach- und Kompetenzbereiche: interdisziplinäre Schreibkompetenz,
- aufgabenbezogene Fähigkeiten,
- rollen- bzw. statusbezogene Fähigkeiten.

In ausbildenden Institutionen sind Festlegungen dieser Art teilweise in Bachelor- und Masterordnungen geregelt. In Weiter- und Fortbildungssituationen ergibt sich der Fokus beim Briefing der Kunden.

Mit Bezug auf die Vielfalt beruflichen Schreibens und zu vermittelnder Kompetenzen sind die Inhalte der Vermittlung zu klären, d. h. welche Kompetenzen und welches Wissen benötigt werden:

- inhaltliche Kompetenz (Sachwissen)
- sprachliche Kompetenz (Kenntnis/Beherrschung sprachlicher Mittel, Verfahren, Strategien, Muster)
- sozio-kulturelle Kompetenz (Wissen über Adressat und kontextgebundene Interaktionsregeln, Normen und Werte)
- Medienkompetenz (Kenntnis/Beherrschen medienspezifischer Textproduktionsverfahren, Mittel, Qualitätskriterien)
- Managementkompetenz (organisatorische Fähigkeiten)
- Selbststeuerungskompetenz (Ego).

Der Detaillierungsschritt erlaubt die Definition zielgruppenspezifischer Kompetenzprofile: Was soll die Zielgruppe typischerweise können? Die Orientierung an prototypischen Profilen schließt ein, dass die Bestandteile des Profils (Teilkompetenz 1-x) hinsichtlich ihrer Wichtigkeit variieren und mehr oder weniger stark ausgeprägt auftreten. Die Definition von Soll-Zuständen ist Voraussetzung für ein gezieltes Überprüfen der Ausgangs- oder IST-Situation (Was bringen die Teilnehmer einer Weiter- oder Fortbildungsmaßnahme an Wissen und Können mit?) und die Ableitung maßgeschneiderter Angebote (Welche Interventionen helfen dem Kunden, sich dem SOLL-Zustand zu nähern?). Das Ranking der

Bestandteile eines Kompetenzprofils unterstützt die Anbieter-Nachfrager-Interaktion. Sie klären in Vorgesprächen: Was gilt als besonders wichtig und ist daher vorrangig zu vermitteln, was gilt als eher nachgeordnet und wird deshalb zum Gegenstand ergänzender Maßnahmen.

Schließlich ist zu klären, was der Ausdruck Kompetenzen *trainieren* im Einzelnen konkret bedeutet (vgl. auch Jakobs/Perrin 2008/in Dr.):

- Kompetenzen erwerben (rudimentär oder elaboriert),
- Kompetenzen ausbauen (erweitern, automatisieren),
- Kompetenzen re-automatisieren (Kontraproduktives abbauen),
- Kompetenzen neu ausrichten (Fokus verändern),
- Kompetenzen transferieren (auf neue Gegenstände, Muster, Kontexte...)?

Handlungsbedarf besteht aber auch hinsichtlich der Abstimmung von Inhalten und Methoden. An fast allen Schnittstellen der Schreibsozialisation fehlt der Austausch zwischen Schul-, Fachschul- und Hochschuldidaktikern. Dadurch werden wichtige Synergieeffekte verschenkt, die durch die Vorbereitung des Wechsels zur jeweils nächsten Ausbildungsform oder das gezielte (systematische) Anknüpfen an Leistungen der Vorgängerstufe möglich wären.

Qualitätskriterien für Anbieter

Ein unbefriedigend gelöstes Problem betrifft die Qualifikation der Trainer. Viele Anbieter von Aus-, Weiter- und Fortbildungsmaßnahmen sind Autodidakten bzw. selbst ernannte Experten ohne einschlägigen Hintergrund. Schreibdidaktiker werden erst seit kurzem systematisch geschult. Die Schulungsangebote konzentrieren sich primär auf didaktische Vermittlungsmethoden, das eigentliche Formulieren (sprachliche Aspekte des Verfassens von Texten) kommt häufig zu kurz. Es gibt meines Wissens kein zertifiziertes Ausbildungsangebot für Trainer *beruflichen* Schreibens.

Die meisten Schreibdidaktiker haben einen geisteswissenschaftlichen Hintergrund. Die häufig analytisch orientierte Ausbildung befähigt sie, Probleme der Textproduzierenden oder ihres Produktes bezogen auf universelle Phänomene zu erkennen und zu benennen. Die Grenzen werden dort erreicht, wenn es um die Arbeitskontexte selbst geht, insbesondere in für Geisteswissenschaftler schwer zugänglichen Berufsfeldern, die dort typische Arbeitsorganisation oder das Selbstverständnis der Betroffenen.

Was generell fehlt, sind Qualitätsstandards für den Weiter- und Fortbildungsmarkt, und ihre Anwendung, etwa in Form der Zertifizierung von Angeboten. In die Bewertung einzubeziehen sind Online-Beratung und online verfügbare Materialien. Einige wenige Hochschulorte (Bochum, Freiburg, Zürich) bilden zertifizierte Schreibtrainer aus. Die Zertifizierung der Zertifizierung ist – etwa mit Blick auf den europäischen Markt – nicht immer transparent.

3 Neue Vermittlungsansätze beruflicher Schreibkompetenz. Die Beiträge des Bandes im Überblick

Die Beiträger des vorliegenden Bandes suchen nach Antworten auf die oben gestellten Fragen. Sie bieten einen Einblick in aktuelle Forschungsprojekte zur Vermittlung berufsbezogener Schreibkompetenzen und stellen neuartige Trainings- und Coaching-Konzepte vor. Die Abfolge der Beiträge orientiert sich am „Normalverlauf" der Schreibsozialisation. Der erste Teil thematisiert die Vermittlung berufsrelevanter schriftlicher Fähigkeiten in Berufsschule, Fachhochschule und Universität sowie an der Schnittstelle Hochschule – berufliche Praxis, letzteres mit Blick auf die Anforderungen an eine Berufsgruppe, die in der Kette der Akteure ganz vorn steht: Lehrer. Der zweite Teil ist Weiter- und Fortbildungsangeboten gewidmet. Der Band schließt mit Coachingkonzepten für verschiedene Probleme und Zielgruppen, die an Fallbeispielen erläutert werden.

Berufliche Schreibkompetenz als Gegenstand der Ausbildung

Der Beitrag von *Christian Efing* bietet eine genaue Analyse der Ausgangsbedingungen und Probleme von Berufsschülern im Umgang mit Texten. Die Diskussion stützt sich auf VOLI (*Vocational Literacy*), einen Modellversuch an hessischen Berufsschulen. Das Projekt fokussiert grundlegende berufsbezogene Sprachkompetenzen, ihre Beherrschung und gravierende Problemen ihres Erwerbs. Die Ergebnisse zeigen, dass Berufsschüler, die ihre Ausbildung nicht erfolgreich beenden, häufig nicht an fachlichen, sondern an sprachlichen Defiziten (geringe Lese- und Schreibfähigkeiten) scheitern. Christian Efing belegt dies für den Bereich der Schreibkompetenz. Die hier beobachtbaren Defizite werden als Fehlertypen geordnet nach sprachlichen Bereichen (Orthographie/Interpunktion; Textproduktionsprozess: Textorganisation, Textstruktur, Kohärenz; Grammatik, Stil) und Auftretenshäufigkeit dargestellt und diskutiert. Die auffällig großen Probleme der Berufsschüler beim Erfüllen basaler Anforderungen (Wortproduktion, Kenntnis grundlegender Formulierungsverfahren etc.) und ihre version gegen das Verfassen von Texten führt Efing auf verschiedene Faktoren zurück, etwa die schulische Reduktion von Schreiben auf orthographische Richtigkeit. Der Beitrag schließt mit konkreten Empfehlungen für den Berufsschulunterricht wie auch für ergänzende Maßnahmen (Coaching).

Annette Verhein-Jarren wendet sich dem Ausbildungsfeld Fachhochschule zu, genauer: den spezifischen Anforderungen an die Schreibkompetenz von Ingenieuren (Elektrotechnik, Maschinenbau, Informatik). Ihr Beitrag macht deutlich, dass neue Konzepte häufig die Änderung von Rahmenkontexten erfordern. Die 1997 in der Schweiz gegründeten Technischen Fachhochschulen bieten günstige Ausgangsbedingungen. Sie haben ein Bachelorprogramm, das – im Gegensatz etwa zu vergleichbaren deutschen Programmen – Raum für die systematische Vermittlung von Kommunikationskompetenz lässt. Das von Annette Verhein-Jarren vorgestellte Kursprogramm richtet sich auf die Kernkompetenz Verfassen technische Berichte (Pflichtenhefte etc.), das didaktische Konzept orientiert sich an vertrauten Denkweisen der Zielgruppe: das Verfassen Technischer Berichte wird als Problemlöseprozess und Teil übergeordneter Handlungszusammenhänge vermittelt. Ein zweiter wesentlicher Bestandteil ist die angestrebte Nähe der Methoden. Ähnlich wie in den Ingenieurwissenschaften werden prozessorientierte Methoden vermittelt (Prinzipien strukturierten Schreibens, die den Prozess vom Denken zum Darstellen leiten) sowie Handwerkzeug: (textsortenbezogene) Baupläne und ein dazugehöriger „Werkzeugkasten". Ein drittes Vermittlungsprinzip ist die Verankerung des Schreibtrainings in konkrete ingenieurtechnische Projekte.

Annette Flos befasst sich mit Schreiben als Kernkompetenz polizeilichen Handelns. Sie stützt sich auf ein studienbegleitendes Projekt an der Fakultät Polizei der Niedersächsischen Fachhochschule für Verwaltung und Rechtspflege. Das Projekt leistet wesentliche Voraussetzungen für die Konzeption und Durchführung entsprechender Trainings: es erhebt Spezifika polizeilicher Textproduktionsprozesse, klärt Textsorten- und Anforderungsprofile und analysiert die Bedingungen, unter denen geschrieben wird. Die Studie stützt sich auf zwei Datenquellen: die Rekonstruktion subjektiver Theorien polizeilichen Schreibens sowie Interviews mit den Adressaten polizeilicher Texte. Erfragt werden u. a. Textdefizite, die die textbasierte Zusammenarbeit erschweren. Die Ergebnisse zeigen, dass sich polizeiliches Handeln in wesentlichen Zügen am Schreibtisch vollzieht. Die dabei entstehenden Texte haben oft weit reichende Konsequenzen, z. B. für die Arbeit der Strafverfolgungsbehörden. Sie dienen anderen Berufsgruppen, etwa Richtern und Staatsanwälten, als Informationsbasis und Entscheidungshilfe. Das Textsortenspektrum ist breit; z. T. werden spezifische Fähigkeiten verlangt, wie die präzise sprachliche Beschreibung von Tatorten bei Trennung von Wahrnehmung und Bewertung (detaillierte Beschreibung eigener Wahrnehmungen ohne subjektive Bewertung). Die Ergebnisse fließen ab 2007 ein in das Bachelor-Ausbildungsprofil für Polizisten an der neu gegründeten Polizeiakademie in Niedersachsen.

Hartmut Stöckl wendet sich einem anderen bislang wenig untersuchten Bereich beruflicher Textproduktion zu: dem werblichen Schreiben und zwar als Zugang für die Auseinandersetzung mit professionellem Schreiben allgemein. Seine Zielgruppe sind Linguistikstudenten, die Vermittlung erfolgt in einem Seminar an der Universität. Ausgehend von Schreibprozessen und typischen Schreibaufgaben von Werbetextern, die Stöckl zu größeren Typen von Schreibpraktiken zusammenfasst, werden Konzepte und Strategien für Werbetexttrainings entwickelt und beschrieben. Auch sein Konzept basiert auf einer möglichst praxisnahen Simulation der Domäne, mit dem Ziel, Lernenden eine realistische Vorstellung von der Arbeit in Werbeagenturen zu vermitteln, ihnen Einblicke in Organisationsstrukturen, Arbeitsteilung und Arbeitsabläufen zu ermöglichen, spezifische Teilschritte wie das Briefing des Kunden zu üben und die Lernenden für Einflussfaktoren werblicher Textgestaltung zu sensibilisieren. Konkrete Schreibaufgaben werden durch die Vermittlung zusätzlicher Fachinformationen angereichert: textanalytische Fähigkeiten, Wissen um Textstrukturen und rhetorische Techniken von Werbetexten, Erkenntnisse der Schreibforschung und Schreibdidaktik, Wissen um die Interaktion sprachlicher und visueller Gestaltungsmittel, Methoden der Textoptimierung. Die Kenntnis relevanter Theorien und Modelle befähigt den Lernenden, das eigene textproduktive Handeln wie Textprodukte generell nutzbringend zu reflektieren. Die (sprach-)kritische Auseinandersetzung mit dem Produkt bietet – so eine der Grundannahmen – ein hohes Potential für die Optimierung werblicher Kommunikation. Sie setzt andererseits klare Kriterien wie auch ein basales Verständnis um den Zusammenhang zwischen Mitteleinsatz, ausgelösten Anmutungen und Wirkungsqualitäten voraus.

Katrin Lehnen setzt sich mit schreib- und medienspezifischen Anforderungen im Lehrerberuf auseinander. Kommunikative Aufgaben dieser Berufsgruppe sind vielfältig und gehen weit über das Unterrichtsgeschehen bzw. Schüler-Lehrer-Interaktionen hinaus. Insbesondere förder- und diagnosebezogene Schreibaufgaben dominieren zunehmend den Schreiballtag von Lehrern. Anhand der Ergebnisse einer explorativen Interviewstudie, in der Lehrer u. a. zu Schreibaufgaben und Textsorten, zum Erwerb beruflicher Schreibpraxis, zur Rolle von Vorlagen und Mustern im Schreibprozess wie auch zur Mediennutzung befragt wurden, wird diskutiert, welche Konsequenzen für die Ausbildung berufsspezifischer Schreibkompetenz in der Lehramtsausbildung zu ziehen sind und worauf sich dementsprechende didaktische Konzepte (in Zukunft) richten sollten.

Berufliche Schreibkompetenz als Gegenstand der Weiter- und Fortbildung

Der Beitrag von *Karl-Heinz Pogner* stellt erste Ergebnisse einer Analyse des dänischen Weiter- und Fortbildungsmarkt für berufliches Schreiben vor. Die Pilotstudie basiert auf Interviews mit Vertretern aus Wirtschaft und Industrie. Sie liefert Aussagen zu vier Themen: Angebot und Anbieter, Zielsetzungen, Ansichten über Schreiben und Textproduktion, didaktische Prinzipien. Die kritische Sichtung des Angebots zeigt, dass Dänemark einerseits sehr gute Weiterbildungsvoraussetzungen bietet, diese jedoch nur bedingt für die Vermittlung beruflichen Schreibens genutzt werden; im Vordergrund steht auch hier die Vermittlung mündlicher Fähigkeiten. Das Spektrum der Anbieter reicht von Institutionen (Universität, Volkshochschule, Fachverband, Gewerkschaft) bis zu privaten Anbietern. Im Vordergrund steht die Verbesserung bestimmter Schreibfähigkeiten (z. B. verständliches Formulieren). Was fehlt, ist die Vermittlung der Domänenspezifik beruflicher Schreibaufgaben und ihre Reflektion. Aus der Sicht der Weiterentwicklung personaler Kompetenzen des Arbeitnehmers interessiere nicht nur das Wissen um Schreibaufgaben („Knowing what") und Strategien ihrer Erfüllung („Knowing how"), sondern auch das Wissen um die Einbettung des zu Leistenden in übergeordnete Zusammenhänge (das „Knowing why"), das soziale Aspekte einschließe. Gleichwohl existieren Vorannahmen zur Spezifik schriftsprachlichen Handelns, die – wie Pogner zeigt – sich jedoch auf stereotypes *common sense*-Wissen begrenze, das dem dazugehörigen Objektbereich nur begrenzt gerecht werde. Wie im deutschen Raum (Jakobs 2008/in Dr.) sind die Anbieter meist Geisteswissenschaftler mit begrenzter Kenntnis spezifischer Domänen. Fach-, domänen- oder berufsspezifische Anforderungen an Texterzeugung und Produkt werden nicht oder nur selten thematisiert. Aus den Befunden werden Schlussfolgerungen für die Marktentwicklung abgeleitet. Der Anhang bietet einen informativen Überblick über Befragte und Anbieter.

Daniel Perrin beschreibt ein Trainingskonzept, das Schreiben als Kernkompetenz von Managern und Leadern konzeptualisiert. In seinem Verständnis bedeutet Führen das Steuern einer Organisation durch möglichst verbindliche Diskursbeiträge. Manager können das Verfassen dieser Beiträge delegieren und den eigenen Anteil auf die Kontrolle des Vorgedachten beschränken oder aber den Umweg vermeiden, indem sie selbst Wichtiges formulieren. Schriftliche Führungskommunikation vollzieht sich unter spezifischen Bedingungen, die bei Trainings zu berücksichtigen sind. Die Forschung hat sie bislang weitgehend ausgeklammert. Auch hier zeigt sich ein alles überschattendes Interesse an mündlichen Interaktionssituationen. Das von Perrin beschriebene Trainingskonzept ist modular aufgebaut. Die Module werden in hochwertigen Managementprogrammen angeboten. Vermittelt werden unter anderem vier basale Arbeitstechniken: Mugging Test, Finger Technique, Stages Technique, Typo Test. Die Techniken trainieren Arbeiten unter Zeitdruck (Inhalte fokussieren, perspektivieren, formulieren), mit Blick auf (jetzige und zukünftige) Situationen, Adressaten und intendierte Wirkungen. Ergänzend wird ein für die Schreibtechnik entwickeltes Softwareinstrument vorgestellt, das Denken und Schreiben als Führungsinstrumente unterstützt.

Das von *Otto Kruse* vorgestellte firmeninterne Schreib-Training und -Coaching richtet sich auf journalistische Textproduktion. Schreiben gilt als Handwerk des Journalisten, ungeachtet dessen haben die wenigsten eine professionelle Schreib-Schulung erfahren. Eingefahrene Strategien, das Fehlen geteilter Annahmen über Textproduktionsprozesse und -kriterien wie auch Strategien können die Qualität des Endproduktes (hier: eine Kaufzeitung) mindern. Teamorientierte Schreibtrainings richten sich nicht nur auf die Fähigkeiten des einzelnen, sie richten sich als Qualitätssicherungsmaßnahmen auf die Zusammenarbeit der Akteure, die Koordination von Textproduktion und die Qualität des in der Summe der Beiträge gemeinsam verantworteten Zeitungsproduktes. Im Mittelpunkt steht – wieder – nicht das Training von Textproduktionsstrategien oder Formulierungsverfahren, sondern – angeregt durch Übungen kreativen Schreibens – die Konfrontation mit zentralen Aspekten des Schreibprozesses und das Anregen von Kommunikation *über* Schreiben. Der Beitrag beschreibt Aufbau, Methoden und Ergebnisse des erfahrungszentrierten Trainingsansatzes. Als Gewinn gelten insbesondere die Auseinandersetzung mit dem Schreiben und Denken anderer Kollegen und die Verbesserung der Feedbackkultur im Team. Weiterführende Ansätze der Qualitätssicherung werden in der Analyse prototypischer Fehler und anderer Auffälligkeiten gesehen, der sich ein gezieltes Training spezieller Kompetenzen anschließt.

Berufliche Schreibkompetenz durch Coaching

Schreibcoaching wird in der Literatur als spezielle Form der (ursprünglich im Management entwickelten) arbeitsweltbezogenen karriere- und entwicklungsorientierten Unterstützung von Einzelnen oder Gruppen gefasst. Der Begriff summiert z. T. sehr unterschiedliche Formen. Als ressourcenorientierte Trainingsform setzt sie häufig auf Hilfe durch (angeleitete) Selbsthilfe (vgl. Überblick in Klemm 2004, Scheuermann i. d. Bd., Jakobs/Perrin 2008/im Dr.).

Der Ansatz von *Madeleine Marti* und *Marianne Ulmi* verbindet Schreib- und Textcoaching. Ausgehend von den Motiven der Kunden, sich für ein solches Coaching zu entscheiden, stellen sie Grundsätze der Schreibberatung und daran gebundene Methoden vor, wie etwa Ressourcenorientierung durch Rahmenerweiterung (Einordnung des diagnostizierten Problems in größere Zusammenhänge, hier: den Textproduktionsprozess als strukturierte Menge übergeordneter Aufgaben und Fähigkeiten), durch Übertragung von Schreibaufgaben aus anderen Feldern (Unterstützen von Transferleistungen durch exemplarisches Arbeiten und Aufbau von Metakognition) oder durch Betrachtung und Besprechung der sozialen Dimension von Textproduktion (Offenlegung und Diskussion domänen- oder textsortenspezifischer Regeln). Schreib-Coaching und Textberatung sind verwandte Phänomene, die in der Praxis häufig in Verbindung zu sehen sind bzw. vom Kunden als Mix verlangt werden. Das von Marti und Uli entwickelte Ablaufmodell orientiert sich an Lernberatungen; es umfasst Einzelschritte wie: Allgemeine Orientierung, Problemanalyse und Zielsetzung, Diagnose, Problemlösungsansätze, Evaluation und Reflexion. Das Vorgehen wird an zwei Fallbeispielen, einem Einzel- und einem Gruppencoaching, erläutert und diskutiert.

Ulrike Scheuermann wendet sich als Schreibcoach und Psychologin einem speziellen Problem zu: dem Abbau massiver Schreibblockaden mit psychischen Ursachen oder Folgen. Sie diskutiert, wann und warum psychologische Interventionen (Eingriffe in den psychischen Entwicklungsprozess mit psychologischen Methoden) zur Lösung von Blockaden sinnvoll sind, wie dabei zu verfahren ist, und wo die Grenzen des Ansatzes liegen. Die Klientel setzt sich primär aus Personen zusammen, die größere Schreibprojekte mit einem erheblichen Anspruch und Erfolgsdruck bearbeiten (z. B. Dissertationen). Häufig sich abzeichnende Themen sind Schreibmotivation, Angst (vor dem Adressaten, vor dem Schreiben, vor dem Versagen) und Selbstabwertung. Der von Scheuermann vertretene Ansatz zielt darauf ab, die Methoden des Schreibcoaching durch ein elaboriertes Interventionsrepertoire zu ergänzen, das es erlaubt, neben Interventionen auf kognitiver und emotionaler Ebene physiologische und hirnneurologische Aspekte einzubeziehen. „Ziel psychologischer Interventionen ist die emotionale Entlastung und die Stärkung der psychischen Verfassung des Klienten ebenso wie die Veränderung emotional, kognitiv und verhaltensmäßig schreibhemmender Symptome" (ebd.). Der von Scheuermann vertretenen Ansatz nutzt tiefenpsychologische Verfahren, Verfahren der kognitiven Verhaltenstherapie, systemisch-lösungsorientierte Kurztherapie und kommunikationspsychologische Ansätze sowie Methoden der Schreibtherapie als Schnittstelle zwischen Schreibdidaktik und psychologischer Intervention.

Literatur

Blum, Karl/Müller, Udo (2003): Dokumentationsaufwand im Ärztlichen Dienst der Krankenhäuser [Schriftenreihe: Wissenschaft und Praxis der Krankenhausökonomie; Bd. 11]. Düsseldorf: Deutsche Krankenhaus Verlagsgesellschaft mbH

Efing, Christian (in diesem Band): „Aber was halt schon schwer war, war, wo wir es selber schreiben sollten." Defizite und Förderbedarf in der Schreibkompetenz hessischer Berufsschüler, 17-34

Flos, Annette (in diesem Band): Schreiben als Kernkompetenz polizeilichen Handelns. Ergebnisse eines studienbegleitenden Projektes an der Fakultät Polizei der Niedersächsischen Fachhochschule für Verwaltung und Rechtspflege, 53-64

Jakobs, Eva-Maria (2005): Writing at Work. In: Jakobs, Eva-Maria/Lehnen, Katrin/ Schindler, Kirsten (Hrsg.): Schreiben am Arbeitsplatz. Frankfurt am Main: Verlag für Sozialwissenschaften, 13-40

Jakobs, Eva-Maria (2006): Texte im Berufsalltag. Schreiben, um verstanden zu werden? In: Blühdorn, Hardarik/Breindl, Eva/Waßner, Ulrich H. (Hrsg.): Text – Verstehen. Grammatik und darüber hinaus. Berlin/New York: de Gruyter, 315-331

Jakobs, Eva-Maria (2007a): „Das lernt man im Beruf..." Schreibkompetenz für den Arbeitsplatz. In: Werlen, Erika/Tissot, Fabienne (Hrsg.): Sprachvermittlung in einem mehrsprachigen kommunikationsorientierten Umfeld. Hohengehren: Schneider, 27-42

Jakobs, Eva-Maria (2007b): Unternehmenskommunikation. Arbeitsfelder, Trends und Defizite. In: Niemeyer, Susanne/Dieckmannshenke, Hajo (Hrsg.): Profession und Kommunikation. Frankfurt/Main: Lang, 9-26

Jakobs, Eva-Maria (2008/im Dr.): Schlüsselqualifikation Rede und Schreiben in der universitären Ausbildung. In: Fix, Ulla u.a. (Hrsg.): HSK-Band „Stilistik". Berlin/ New York: de Gruyter

Jakobs, Eva-Maria/Perrin, Daniel (2008/ im Druck): Training of Writing and Reading. In: Handbook of Applied Linguistics: Communicative competence (Vol. 1) (Ed. by Hans Strohner and Gert Rickheit). Berlin/ New York: Mouton de Gruyter

Jakobs, Eva-Maria/Schindler, Kirsten (2006): Wie viel Kommunikation braucht der Ingenieur? Ausbildungsbedarf in technischen Berufen. In: Efing, Christian/Janich, Nina (Hrsg.): Förderung der berufsbezogenen Sprachkompetenz. Befunde und Perspektiven. Paderborn: Ernst, 133-153

Klemm, Michael (2004): Schreibberatung und Schreibtraining. In: Knapp, Karlfried/ Antos, Gerd/Becker-Mrotzek, Michael/Deppermann, Arnulf/Göpferich, Susanne/ Grabowski, Joachim/Klemm, Michael/Villiger, Claudia (Hrsg): Angewandte Linguistik. Ein Lehrbuch. Tübingen: A. Francke

Kruse, Otto (in diesem Band): Qualitätssicherung einer Tageszeitung durch Schreibtraining für die Redaktion, 143-161

Lehnen, Katrin (in diesem Band): Kommunikation im Lehrerberuf. Schreib- und medienspezifische Anforderungen, 83-102

Marti, Madeleine/Ulmi, Marianne (in diesem Band): Schreibcoaching – Reflexionen aus der Praxis, 165-179

Nickl, Markus (2005): Industrialisierung des Schreibens. In: Jakobs, Eva-Maria/Lehnen, Katrin/Schindler, Kirsten (Hrsg.): Schreiben am Arbeitsplatz. Frankfurt am Main: Verlag für Sozialwissenschaften, 43-56

Perrin, Daniel (in diesem Band): Schreiben und Führen. Domänenspezifische Schreibkompetenz für Manager/Leader, 125-142

Pogner, Karl-Heinz (in diesem Band): Schreibtraining in Dänemark. Das Kursangebot zum *Writing at Work*, 105-123

Scheuermann, Ulrike (in diesem Band): Psychologische Interventionen beim Schreibcoaching, 181-199

Schindler, Kirsten/Pierick, Simone/Jakobs, Eva-Maria (2007): Klar, kurz, korrekt. Anleitungen zum Schreiben für Ingenieure. In: Fachsprache – Internationale Zeitschrift für Fachsprachenforschung, -didaktik und Terminologie. Heft 1-2, 26-40

Stöckl, Hartmut (in diesem Band): Werbung texten – Ein domänenspezifisches Schreibtraining, 65-82

Verhein-Jarren, Annette (in diesem Band): Schreibtraining für Ingenieure, 35-52

Teil I

Berufliche Schreibkompetenz als Gegenstand der Ausbildung

„Aber was halt schon schwer war, war, wo wir es selber schreiben sollten."
Defizite und Förderbedarf in der Schreibkompetenz hessischer Berufsschüler

Christian Efing

> This paper deals with the writing competence of trainees in vocational schools in Hesse/Germany. First of all, the strong points, the deficits and the need for support in their text production is shown and consequently causes for these deficits are discussed as well as possibilities to support the trainees.
> This article is based on the results of empirical surveys on writing competence achieved through interviews and tests done by 415 trainees and about 50 teachers at vocational schools in Hesse. The main task for the trainees was to write a summary as well as a commentary on a text that dealt with the topic of 'breathalyser tests'. The results show that the trainees have considerable difficulties in writing a text all by themselves and that they are completely unaware that writing is a multi-phased process (planning, writing, reviewing, etc.). Many students are unable to develop a text as a complex and coherent unity. Furthermore, the texts of the trainees show a clear oral phraseology, the so called "Parlando"-style (Sieber), which is very often used subconsciously and not adequately. Moreover, the deficits in grammar, orthography and punctuation are most evident. Obviously, many of these deficits are not based on a lack of writing and linguistic competence, but often have their origin within the adolescent's training scheme and daily life. Therefore, the support scheme should not only focus on training a linguistic competence and language awareness but should also highlight the non-linguistic field – which is to motivate and help the trainees to realize and to enforce the importance of a linguistic competence.

1 Der Modellversuch VOLI

Um speziell die „Risikogruppe" der Berufsschüler auf die sprachlichen Anforderungen in Ausbildung und Beruf vorzubereiten, förderten das Hessische Kultusministerium und die Bund-Länder-Kommission von Dezember 2003 bis November 2006 in Hessen den Modellversuch „Vocational Literacy – Methodische und sprachliche Kompetenzen in der beruflichen Bildung" (VOLI) (Biedebach 2006), der vom Institut für Sprach- und Literaturwissenschaft der TU Darmstadt wissenschaftlich begleitet wurde. Dier Modellversuch ging von der Prämisse aus, dass viele der Berufsschüler[1], die ihre Ausbildung nicht erfolgreich beenden, nicht an fachlichen, sondern an sprachlichen Defiziten scheitern. Dies betrifft zum einen die Gruppe der Jugendlichen, die ihre Ausbildung vorzeitig beenden und ihren Ausbildungsvertrag auflösen, und zum anderen die Gruppe derjenigen, die die berufliche Abschlussprüfung nicht bestehen. Die Zahlen sind in beiden Fällen erschreckend hoch: Allein in Hessen wurden im Jahre 2003 8.704 (21,1%) der bestehenden Ausbildungsverhältnisse vorzeitig beendet, davon 1.654 noch im dritten Ausbildungsjahr. Die Durchfallerquote bei den hessischen Abschlussprüfungen lag im Jahre 2003 in ausgewählten Berufsgruppen (z. B. Hauswirtschaft) bei fast 40% (Auskunft des IQ Hessen).

Grundlage der Erarbeitung spezieller Förderkonzepte und -materialien für diese Risikogruppe mit dem Ziel der Erhöhung der Ausbildungs- und Berufsfähigkeit durch eine verbesserte Sprachkompetenz war die Diagnose der gravierendsten sprachlichen Problemtypen im Bereich Lese- und Schreibkompetenz.

Dieser Artikel möchte die Diagnose und ihre Ergebnisse zur Schreibkompetenz vorstellen[2] sowie mögliche Ursachen der Probleme der Schüler erläutern. Abschließend sollen thesenhaft Möglichkeiten des Coachings und der Förderung der Berufsschüler im Bereich Schreibkompetenz aufgezeigt werden.

2 Forschungsdesign

Da es bisher an speziell für die Berufs- oder Hauptschule entwickelten Testmaterialien zur Sprachkompetenz, zumal zur Schreibkompetenz, mangelt (vgl. Schmid-Barkow 2002, 170; Becker-Mrotzek 2004, 145)[3] und auch die erste PISA-Studie Berufsschüler nur unsystematisch getestet hat, wurde im Rahmen von VOLI ein eigenes Forschungsdesign mit einem vierfachen Zugriff auf die Sprachkompetenz der an VOLI beteiligten Berufsschüler entwickelt.

1) Mittels einer Lehrerumfrage (Fragebogen) (freie Einschätzung, „Erfahrungswerte"), die der Hypothesenbildung und Testentwicklung diente;

2) mittels eines Problemtypentests, der von 415 Schüler durchgeführt wurde. Dieser Test diente nicht der Erhebung der individuellen Sprachkompetenz einzelner Schüler, sondern der häufigsten und am schwersten wiegenden sprachlichen Problemtypen, mit denen Berufsschüler generell zu kämpfen haben;

---

1 Hier und im Folgenden sind die Bezeichnungen (Berufs-)Schüler, Lehrer u. ä. jeweils als geschlechtsneutrale Oberbegriffe für männliche wie weibliche Personen zu verstehen.

2 Die Ergebnisse zur Lesekompetenz wurden bereits publiziert, vgl. Efing (2006).

3 In zeitlicher Nähe zu VOLI wurde jedoch an der Universität zu Köln ein Lesetest für Berufsschüler entwickelt, vgl. Drommler u. a. (2006). Und auch im Rahmen von VOLI wurde ein „Baukasten Lesediagnose" erstellt, vgl. Efing (2006a).

3) mittels qualitativer Interviews, die im Anschluss an den Test mit 97 der am Test beteiligten Schüler durchgeführt wurden;
4) mittels qualitativer Interviews, die im Anschluss an eine erste Korrektur der Testergebnisse durch die Lehrer mit diesen durchgeführt wurden.

In den Schüler- und Lehrerinterviews[4] wurden Fragen zum Test zwecks einer Evaluation des Tests und einer besseren Einschätzung und Vertiefung der Aussagekraft der Ergebnisse gestellt.

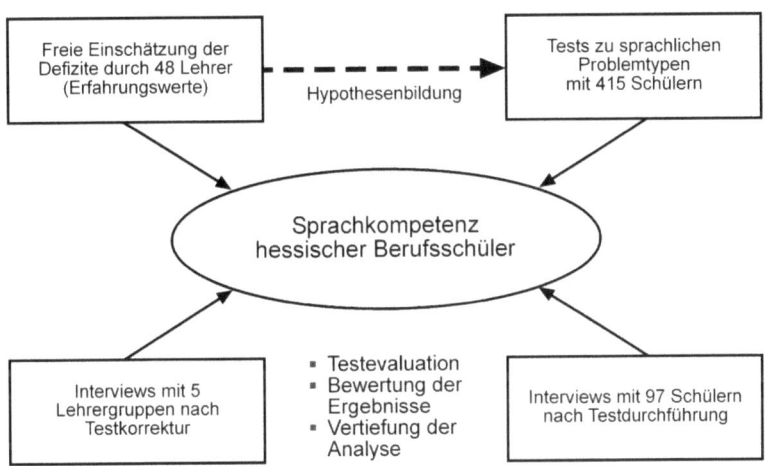

Abbildung 1:   Forschungsdesign zur Erhebung der Sprachkompetenz hessischer Berufschüler

Insbesondere der Test sollte als Grundlage für die detaillierte Analyse der Schreibkompetenz dienen, da „Kompetenz" abstrakt und nur indirekt erfassbar über den Umweg der Performanz ist (vgl. Becker-Mrotzek/Brünner 2004, 8): Nur ausgehend von schriftsprachlichen Produkten als Ergebnis konkreter Schreibaufgaben kann auf die Schreibkompetenz zurück geschlossen werden. Da jedoch Berufsschüler in der Schule oder als Hausaufgabe nur äußerst selten selbstständig einen zusammenhängenden Text konzipieren und formulieren müssen – sieht man einmal ab von „geführten" Arten des Schreibens wie Tafelabschrieb, Schreiben nach Diktat oder Schreiben in Stichpunkten (freie Notizen) – (Wyss Kolb 1995, 55), fehlt es an natürlichen Schreibanlässen zur Erhebung einer geeigneten Analysegrundlage. Aber

---

4   Sowohl die Schüler- wie die Lehrerinterviews liegen auf Tonbändern mit einer jeweiligen Gesamtlänge von gut 310 Minuten vor.

nur auf Grundlage eines umfangreicheren, zusammenhängenden Textes kann beispielsweise beurteilt werden,

- in welchen Bereichen/Teilkompetenzen die schriftsprachlichen Probleme liegen,
- ob es sich um sprachsystematische Fehler oder Probleme der funktionalen oder ästhetischen Angemessenheit handelt (Was ist falsch, was „nur" unangemessen?),
- welche Fehler marginal oder Flüchtigkeitsfehler sind und welche das Verständnis/die Rezeption beeinträchtigen,
- welche Fehler inhaltlich relevant sind,
- wie die Fehler erklärt werden können (bspw. sprechsprachlich erklärbare Fehler; Fehler aufgrund der Verkennung medialer oder domänenspezifischer Textsortenkonventionen).

3 Die Lehrerumfrage

Bei der Umfrage wurde den Lehrern eine Liste mit verschiedenen möglichen Problemen der Berufsschüler im Bereich der Schreibkompetenz vorgelegt. Jeder Lehrer sollte die drei Problemfelder benennen, die ihm am gravierendsten erschienen. Das Diagramm in Abbildung 2 zeigt die Anzahl der absoluten Nennungen.

Zum einen fällt auf, dass die Rechtschreibung mit Abstand als gravierendstes Problem benannt wird. Dieser Befund deckt sich mit vorliegenden Publikationen zur (beruflichen) Schreibkompetenz, die den Orthographie-Aspekt in den Vordergrund rücken und verabsolutieren (siehe Wyss Kolb 1995, 1. vgl. etwa Hoberg 1985)[5], und deutet eher auf einen selektiven Fokus bei der Defizitwahrnehmung hin denn auf die tatsächliche Problemgewichtung. Zum anderen ist auffällig, dass Probleme in basalen Teilfähigkeiten häufiger angeführt werden als in berufsspezifischen: die „allgemeine Schreibkompetenz" wird häufiger als die „berufsspezifische" genannt, der „aktive Wortschatz" häufiger als der „Fachwortschatz". Diese Nennungen sind nicht so zu interpretieren, dass die Schüler tatsächlich schwerer wiegende Probleme mit den basalen als mit den berufsspezifischen Teilfähigkeiten der Schreibkompetenz haben, sondern so, dass die Schüler bereits in diesen grundlegenden Bereichen so große Probleme bei der eigenen Textproduktion zeigen, dass eine Förderung der Schreibkompetenz im allgemeinen und nicht erst im berufsspezifischen Bereich anzusetzen hat.

---

5   Grund für diese qualitative Gewichtung ist vermutlich die Tatsache, dass Rechtschreibfehler rein quantitativ die größte Fehlerquelle darstellen, vgl. Kapitel 4.2.1.

Schreibkompetenz hessischer Berufsschüler

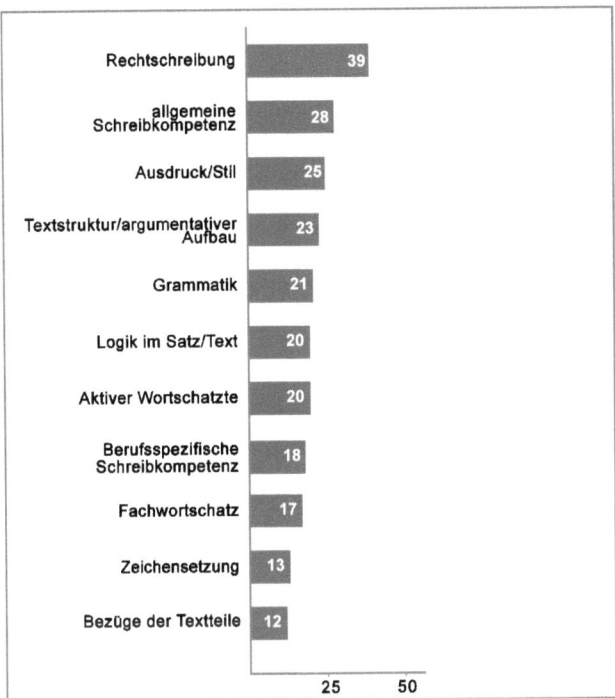

Abbildung 2: Ergebnisse einer Lehrerumfrage zu Problemen von Berufsschülern bei eigener Textproduktion

Diesem ersten Hinweis folgend, wurde der Problemtypentest allgemein- und nicht fachsprachlich oder berufsspezifisch konzipiert[6]; die allgemeine (Lese- und) Schreibkompetenz der Berufsschüler sollte erhoben werden.

4 Der Test

Das Hauptaugenmerk des Tests[7] lag auf der Diagnose der Lesefähigkeit. Als eng hiermit verknüpft sollte allerdings am Rande auch die Schreibkompetenz abgetestet werden. Grundlage des Tests war ein Text zum Thema „Alkoholkontrolle" aus einer

---

6 Weitere Gründe für die Wahl eines berufsunspezifischen Themas waren der Wunsch, dieselbe Aufgabe den Berufsschülern aller Ausbildungsberufe zu stellen, sowie die Tatsache, dass die Schüler am Beginn ihrer Ausbildung standen und ihnen die Erfahrung im Umgang mit Fachtexten fehlte.

7 Vollständig mit Text und Fragen abgedruckt in Efing (2006).

Zeitschrift für junge Erwachsene, ergänzt um eine Tabelle zum Thema „Alkoholunfälle im Straßenverkehr". In einer ersten Aufgabe sollten die Schüler den Text in vier Abschnitte gliedern und den gefundenen Abschnitten in unsortierter Reihenfolge vorgegebene Überschriften zuordnen. Die zweigeteilte zweite Aufgabe zielte auf die Erhebung des globalen Leseverstehens der Schüler ab, sollte aber in erster Linie auch als Schreibanlass einen Einblick in die Schreibkompetenz ermöglichen: Zunächst sollten die Schüler „den Inhalt des Textes in 5-7 Sätzen in eigenen Worten zusammen[fassen]", um anschließend „in 5-7 Sätzen [i]hre Meinung zum Problem ‚Alkohol im Straßenverkehr'" zu äußern. Die doppelte Schreibaufgabe bestand somit aus zwei schultypischen Textsorten: „Inhaltsangabe/ Zusammenfassung" und „Kommentar".

4.1 Die Testgruppe

Der auf 90 Minuten angelegte Test wurde mit 415 Berufsschülern (v. a. der Grundstufe) in 32 Klassen an elf Schulen in Kassel, Marburg, Biedenkopf und Frankfurt durchgeführt. Mindestens[8] 55% der Testteilnehmer waren männlich; das Alter der meisten lag zwischen 15 und 21 Jahren. Ein knappes Drittel (31,8%) wies einen Migrationshintergrund auf, wobei 27% aller Schüler (auch) eine andere Familiensprache als Deutsch sprachen. Bezüglich der Vorbildung rekrutierte sich die Testgruppe zu fast zwei Dritteln aus Hauptschulabsolventen mit Abschluss; 27% der Getesteten verfügten über einen Realschulabschluss, 2% über das Abitur (zudem: 2% ohne Hauptschulabschluss, 4% Sonstiges). Unter den vertretenen Ausbildungsberufen befanden sich in Relation die meisten Schüler (81) im Bereich Verkäufer/ Einzelhandel, gefolgt vom Bereich Ernährung/ Hauswirtschaft (62). Die anderen Auszubildenden strebten folgende Berufe an: Konditor/Bäcker, Fleischer, Maurer/ Beton- und Tiefbauer, Metallbauer, Friseur, Gastgewerbe, Karosserieinstandhaltungsmechaniker, Maler/Lackierer, Industriemechaniker.

4.2 Zentrale Testergebnisse zur Schreibkompetenz

Dass die eigenständige Textproduktion, die nicht durch sprachliche Vorgaben (Textbausteine) vorentlastet ist, trotz der geforderten gängigen Textsorten eine für viele Schüler zu große Herausforderung ist, zeigt bereits ein Blick auf die Anzahl an unbeantworteten Aufgaben, die nicht auf fehlende Zeit zur Beantwortung zurückzuführen ist: Knapp 24% aller Schüler und innerhalb der Schüler mit Migrationshintergrund mehr als 37% beantworten die Zusammenfassung überhaupt nicht, knapp 18% schreiben lediglich ein oder zwei statt der geforderten fünf bis sieben Sätze. Das Bild bei den Meinungsäußerungen ist noch deutlicher: Hier antworten knapp 28% aller

---

8   Nicht alle Teilnehmer haben im Testkopf ihr Geschlecht angegeben.

Schüler (bei den Schülern mit Migrationshintergrund: knapp 45%) nicht; fast 24% schreiben lediglich ein oder zwei Sätze[9].

Im Folgenden sollen die Ergebnisse der Testauswertung, getrennt nach unterschiedlichen Teilkompetenzen, dargestellt werden. Hierbei werden Probleme, die typisch für Schüler mit Migrationshintergrund sind, außen vor gelassen.

4.3 Orthographie/Interpunktion

Frühere Untersuchungen zur Schreibkompetenz von Schülern haben gezeigt, dass Rechtschreibung und Interpunktion prozentual die größte Fehlerquelle darstellen, und dass dies für Berufsschüler noch stärker als etwa für Gymnasiasten gilt (Wyss Kolb 1995, 126, 129, 142)[10]. Dies ist insofern problematisch, als die mangelnde Beherrschung der Rechtschreibung häufig als Bildungsmanko aufgefasst wird, da Sprache unreflektiert mit Schrift/Orthographie gleichgesetzt wird (vgl. Wyss Kolb 1995, 155). Wie bereits die Lehrerumfrage im Rahmen von VOLI gezeigt hat, stellt die Orthographie auch für fast alle Berufsschüler ein erhebliches Problem dar. Die zu verzeichnenden Rechtschreibfehler sind oft sinnentstellend und erschweren das Verständnis (*bedängt* ‚bedenkt'; *bedrüncken* ‚betrunken'). Vielen Schülern gelingt es selbst nicht, in Text und Aufgabenstellung vorgegebene Lexeme korrekt zu reproduzieren (*konzuikensen* ‚Konsequenzen'; *Farkersteilnemer* ‚Verkehrsteilnehmer'). Ein Hauptproblem liegt dabei im Bereich der Groß-/Kleinschreibung, die scheinbar willkürlich variiert wird: In gewissen Abständen wird wahllos ein Wort – egal welcher Wortart – groß geschrieben, der Rest klein, ohne dass ein System oder ein systematisches Problem erkennbar wäre. Auch der Bereich „Zusammen- vs. Getrenntschreibung" bereitet auffallend Probleme, wobei die Rechtschreibreform eventuell zu zusätzlicher Verunsicherung geführt hat (*mit Menschen* ‚Mitmenschen'). Auffällig ist weiterhin, auch bei Schülern mit Migrationshintergrund, eine dialektale Beeinflussung der Rechtschreibung (*garnet* ‚gar nicht'), die sich sprachsystematisch vor allem im Bereich der Schreibung stimmhafter bzw. stimmloser Plosive zeigte (*er grlegt*; *Propeme*; *endzug*; *tupu*, *kleich*).

Der Bereich der Interpunktion stellt ein noch größeres Problem dar; fast kein Schüler beherrscht hier auch nur annähernd die Regeln. Nicht nur innerhalb von Satzgrenzen fehlte eine Interpunktion oft völlig, sondern auch zwischen Sätzen. Wenn interpunktiert wird, wirkt die Entscheidung für das jeweilige Satzzeichen sowie die Stelle der Setzung oft willkürlich.

---

9   Vgl. hierzu auch Jahn (1998), in dessen Untersuchung die Berufsschüler eine Aufgabe zur eigenständigen Textproduktion durchweg einfach nicht bearbeiteten.

10 Demnach ist die Fehlerdichte von Berufsschülern hier dreimal so hoch wie bei Gymnasiasten. 72% aller Fehler sind Rechtschreib- (31%) und Interpunktionsfehler (41,5%), 24% Grammatikfehler und 4% Fehler im Bereich der Semantik.

4.3.1 Der Textproduktionsprozess: Textorganisation, Textstruktur, Kohärenz

Da die Schreibaufgaben im Anschluss an die Aufgaben zur Unterteilung des Basistextes in vier Abschnitte sowie zur Zuordnung von vorgegebenen Abschnittsüberschriften zu beantworten waren, war den Schülern implizit eine Hilfe für die zu schreibende Textzusammenfassung gegeben. Aber nur wenige Schüler nutzen die vorgegebenen Abschnittsüberschriften als inhaltliche oder strukturelle Hilfe zur Gliederung der eigenen Zusammenfassung. Ebenso greifen nur äußerst wenige Schüler auf gängige Textmuster und sprachliche Bausteine zur Ausformulierung der Textsorte Zusammenfassung/ Inhaltsangabe zurück. Die meisten Schüler offenbaren eine offensichtliche Unkenntnis der betreffenden Textsortenkonventionen bezüglich des inhaltlichen (nur Wichtiges nennen, statt Details) wie des strukturellen (bspw. Formulieren eines Einleitungssatzes) Aufbaus.

Inhaltlich vermischen viele Schüler die Zusammenfassung mit persönlichen Kommentaren und Werturteilen oder Aussagen auf einer Meta-Ebene zum Test:

> „Er [der Text] ist in vier Abschnitte unterteilt, denen wir Überschriften geben sollten. Diese waren festgelegt und hießen: das Problem, die Promille, die Alkoholkontrolle und die Konsequenz. Im großen und ganzen ist dies auch der Inhalt des Textes. Es wird nur noch genauer darauf eingegangen und erläutert."

Strukturell fällt das häufige Fehlen eines Einleitungssatzes sowie formaler Informationen (Autor, Text, Erscheinungsort/-datum etc.) auf[11], die sich als immer wiederkehrende sprachliche Bausteine (bspw. Im Text XY vom 3.3.2003 von XY aus der Zeitschrift XY geht es um...) gut als Formulierungsentlastung und Einstieg für jede Zusammenfassung anbieten. Auch im weiteren Verlauf gelingt es den wenigsten Schülern, ihre Zusammenfassung zu gliedern. Sie nehmen sich keine Zeit für einen geplanten Textproduktionsprozess mit einer Planungs- und Überarbeitungs-/ Revisionsphase, in der sie sich Inhalt und Aufbau ihres Textes vorab überlegen oder abschließend kontrollieren. Viele Schülertexte zeigen ein zielloses „Drauf-los-Schreiben". Beleg hierfür sind etwa uneingeleitete Nebensätze als Anfangssätze („Das man Ärger bekommt, wenn man betrunken angehalten wird."), inhaltliche Redundanz („In diesem Text wird geschrieben was passiert wenn man zuviel Alkohol trinkt, es wird noch erklärt was passiert, wenn zu viel trinkt.") oder vage, wenig aussagekräftige und beliebig, nicht nach inhaltlicher Relevanz ausgewählte Informationen („Der Text zeigt, was die Probleme sind und wie man sich das selber ausrechnen kann mit dem Promilleanteil.").

Fast nie findet sich eine geschlossene Argumentation, nur selten eine grobe Trennung in Einleitung, Hauptteil und Schluss. Die meisten Zusammenfassungen gleichen einem „Entlanghangeln" an der Chronologie des Ausgangstextes: Statt einer inhaltlichen Abstraktion und Gewichtung des Originaltextes findet sich eine unver-

---

11 Hier waren Vorbildung und Herkunft wichtige Faktoren: Einleitungssätze fanden sich wesentlich häufiger bei Schülern mit Realschulabschluss und ohne Migrationshintergrund.

bundene Abfolge einzelner Abschnittszusammenfassungen, die keinen kohärenten Gesamttext ergeben und zum Teil inhaltlich nach der Hälfte des Originaltextes abbrechen. Die gewählten Formulierungen der Schüler sind selten eigenständig, sondern oft Paraphrasen des Originaltextes, bis hin zum wörtlichen Abschreiben ganzer Sätze, vor allem der Sätze an exponierten Stellen wie Text- oder Abschnittsbeginn. Diese übernommenen Fragmente werden kontextuell nicht eingebettet, sondern bleiben unverbunden nebeneinander stehen.

Insgesamt dominiert ein auffälliges „Stilmittel": Die Zusammenfassungen werden im Aufzählungsstil einer Art Inventarliste aus unverbundenen Einzelsätzen geschrieben, die z. T. mit Spiegelstrichen versehen werden („Es werden unschuldige Personen gefährdet. Die Promillegrenze ist zu hoch angesetzt. Es werden zu wenige Kontrollen durchgeführt."). In vielen Fällen leitet ein Einleitungssatz diese Aufzählungen ein („Im Text Die Alkoholkontrolle wird beschrieben... [Es wird berichtet] Darüber wie viel... Darüber wie die..."), z. T. muss sich der Leser diesen Hauptsatz aber auch implizit denken, um zu erkennen, wovon die folgenden Nebensätze abhängen (1. Satz: „Was für Folgen Alkohol haben kann; wie Promille berechnet wird; mit welchen Folgen man rechnen muss."). In einigen Fällen lassen sich diese „additive[n] Auflistungen von Einzelideen" (Wyss Kolb 1995, 25) durch die Aufgabenstellung begründen, dass „5-7 Sätze" geschrieben werden sollten. Generell aber ist der Inventarlisten-Charakter vor allem ein Beleg dafür, dass den meisten Schülern das Verständnis für den Text als konzeptuell Ganzes, Eigenständiges fehlt. Etwa am Gebrauch direkter Artikel, die auf den Originaltext verweisen, wird deutlich, dass die Schüler einen Leser voraussetzen, der den Basistext gut kennt („So kann zum Beispiel ein kräftig gebauter Mann 2 Bier trinken ohne auf die 0,5 Promille zu kommen."; „Man kann durch den Text erfahren, was für strafmaßen es gibt [wann, für wen?] und wie hoch die Geldstrafe sein kann [wann, für wen?]. Es [was?] hängt auch davon ab, wie schwer und wie groß man ist."). Der Leser erhält rudimentäre Anhaltspunkte und muss auf Grundlage seines Vorwissens oder seiner Kenntnis des Originaltextes aus den Andeutungen den Gedankengang der Schüler rekonstruieren. Wie in mündlicher Kommunikation bleibt in den Schülertexten sehr vieles implizit und vage. Satzaussagen, insbesondere logische oder kausale Zusammenhänge zwischen den Sätzen der Schülertexte, muss sich der Leser unter Rückgriff auf den Originaltext erschließen, da nicht nur die Kohärenz fehlt, sondern oft auch auf Kohäsionsmittel verzichtet wird[12].

Finden sich Proformen oder andere kohäsionsstiftende Mittel, verweisen diese oft über den Text hinaus auf den Originaltext. Diese *unbestimmten* Proformen ohne Referenz im Schülertext kann nur ein Kenner des Basistextes verstehen:

---

12 Eine „Tendenz zu nicht genügend expliziter Ausdrucksweise" wegen des Einsatzes von vagen, leeren oder inadäquaten Synsemantika sowie eine Beeinträchtigung der Verknüpfung von Teilsätzen und Satzabfolgen durch zufällige, unsichere und inadäquate Verwendung von Kohäsionsmitteln haben bereits andere Untersuchungen nachweisen können, vgl. Wyss Kolb (1995, 25).

(1) „Es gut so das die Polizei das immer gut kontroliert, aber man kann äh nichts dagegen tuen. Es gibt halt so Menschen die das immer machen würden."

(2) „Es ist erschreckend was Alkohol alles verursachen kann, aber es ist schade umsomehr das sich nicht viele Leute daran halten."

Eine ähnliche Fehlerquelle stellen Bezugs- und Logikfehler dar, wenn etwa dasselbe Pronomen innerhalb eines Satzes auf verschiedene Referenzobjekte verweist: *„... man [die Polizei] kann den Führerschein beschlagnahmen und man [die Autofahrer] bekommt ihn erst zurück...".* Allgemein sind unklare oder falsche Bezüge sowie Referenzobjekte außerhalb des Schülertextes typisch für die ausgewerteten Texte: *„Wenn Leute betrunken Auto fahren. Ist es nicht nur eine Gefahr für ihn, sondern auch für ihn."*

Viele dieser Phänomene verweisen auf eine Orientierung der Schüler an kommunikativen Mustern, die für mündliche Kommunikation typisch sind. Diese Beobachtung ist für Schülertexte nicht neu; sie wurde von Sieber (1998) ausführlich unter der Bezeichnung „Parlando" beschrieben; speziell für die Texte von Berufsschülern konnte Wyss Kolb (1995, 119) eine Tendenz zu – unangemessener – sprechsprachlicher Syntax feststellen. Die Frage nach der Angemessenheit der Verwendung innerhalb einer konkreten Situation – und wie bewusst sich die Schüler der „Parlando"-Verwendung sind, ob sie also gegebenenfalls auf andere kommunikative Muster ausweichen könnten, oder ob sie über keine anderen Muster verfügen – stellt sich beim „Parlando" grundsätzlich. Im Rahmen der Textsorte „Zusammenfassung" und anlässlich eines schulischen Tests darf man die Verwendung der bisher beschriebenen „Parlando"-Phänomene sicherlich als unangemessen bezeichnen.

4.3.2 Grammatik, Stil

Auch im Bereich „Grammatik/Stil" verwenden die Schüler der vorliegenden Untersuchung kommunikative „Parlando"-Muster, ohne sich dessen bewusst zu sein. Auch hier sind die festgestellten Phänomene unangemessen eingesetzt und sprechen für ein eingeschränktes Repertoire an Variationsmöglichkeiten, für eine mangelnde Beherrschung der „muttersprachlichen Mehrsprachigkeit" (Sieber 1998, 219). Vielen Schülern fehlt das Gespür für eine angemessene Form der konzeptionellen Schriftlichkeit (Koch/Oesterreicher 1985, 1994) in einem Schultest. Dies belegen zahlreiche Elemente des mündlichen Sprachgebrauchs und des Sprachgebrauchs in den neuen Medien, den die Schüler auf die schulische Situation übertragen, wie folgende Beobachtungen zeigen:

Auffälligkeiten im Bereich Lexik und Morphologie
- Verwendung von Gesprächspartikeln
- Verwendung von Kurzwörtern: *Alk* für *Alkohol*
- Artikelkürzung: *ne* statt *eine*

- Verwendung von Umgangssprache *(„Als Fußgänger kannst Du Dir soviel reinhauen…"; „solange man weiss, was abgeht"; total beschissen)*[13]
- Probleme mit der Negation *(„Es ist … unverantwortungslos …"; „Mit Alkohol hat man eine schlechte Fahruntüchtigkeit…")*

Elision des *-en* bei flektierten Formen *(„weil es könn da durch…")*

Als typisches Phänomen erweist sich in den Schülertexten auch eine mangelnde sprachliche Präzision und Logik: „Hier wird gezeigt über die verschiedenen Ursachen [gemeint: Folgen] die durch den Konsum von Alkohol passieren"; „Es wird erzählt wieviel promille [gemeint: Alkohol] man verträgt…"; „Es wird erklärt wieviel Alkohol man trinken soll [darf] damit man nicht von der Polizei angehalten wird."

Eng hiermit verbunden sind Wortfindungsschwierigkeiten, fehlerhafte Formulierungen und lexikalische Verwechslungen, die auf einen begrenzten aktiven Wortschatz hindeuten: „Es sehr schlecht das welche betrunken autofahren denn sie gefährden andere durch ihr unterbewusstsein." In diesem Bereich haben Schüler mit Migrationshintergrund größere Probleme als Muttersprachler („Wenn mann Alkohol getrunken hat … ist man nicht selbstbewust."; „Wer betrunken fährt kann sich sicher sein das sein führerschein entnommen wird.").

Auffälligkeiten im Bereich Syntax
- *weil* mit Verbzweitstellung
- Verberstsätze mit Subjekt-/Objektauslassung *(„[Ich] Fahre selber…")*
- Fehlende Kongruenz zwischen Singular und Pluralformen
- Falsche kasuelle/präpositionale Anschlüsse *(„Dieser Text handelt um")*
- Syntaxbrüche/Kontaminationen (Anakoluthe) *(„Beim auffälligen Fahren kann man zur Polizeikontrolle führen.")*
- Satzteile (Artikel, Verben, Konjunktionen, Subjekte) werden ausgelassen *(„Mann kann eine Geldstrafe bekommen, 250€ bezahlen [müssen], Führerschein Weg."; „…weil es könn da durch viele Umfälle und werdn auch Mänchen getötet.")*
- Parataktischer Satzbau; wenn es (kausale) Nebensätze gibt, wird oft der Trägersatz weggelassen *(„Weil…")*
- Ausklammerung *(„Der Text zeigt, was die Probleme sind und wie man sich das selber ausrechnen kann mit dem Promilleanteil.")*

---

13 Andere Untersuchungen konnten zeigen, dass insbesondere Berufsschüler, stärker als Gymnasiasten, zum Registerwechsel im Aufsatz neigen, vgl. Wyss Kolb (1995, 236).

Viele dieser Phänomene belegen die Flüchtigkeit, den geringen Planungsgrad und die fehlende Überarbeitungsphase bei der Textproduktion. Ursächlich muss nicht immer eine Ausrichtung an mündlichen Kommunikationsmustern sein; auch Unkonzentriertheit und Unlust der Schüler kommen als Ursache in Frage.

Auffälligkeiten im Bereich Stilistik
- Verwendung von direkter Rede in der Zusammenfassung
- *Ich-/Du-*Verwendung in der Zusammenfassung (*"das die Polizisten dich kontrollieren wenn man sich auffällig verhält."*)
- Verwendung von Schreibkonventionen, Abkürzungen und graphostilistischen Merkmalen, die typisch für Chat-Kommunikation sind: **tschuldigung*, &, nix, >piep<,* Verwendung von Smileys

5 Ursachen der Defizite in der Schreibkompetenz[14]

Eine Einschätzung der tatsächlichen Schreibkompetenz der Berufsschüler fällt schwer, da Defizite in der Performanz nicht monokausal auf mangelnde Kompetenz zurückgeführt werden können.

Eine wichtige Ursache für die festgestellten Defizite ist die mangelnde Übung der Schüler im freien, eigenständigen Formulieren, das bei den meisten Schülern nie zu einer Routine geworden ist (vgl. Jahn 1998, 114). Dies zeigt sich nicht zuletzt in der Schrift, die häufig auf motorische Defizite, auf verkrampftes Schreiben und große Anstrengung hindeutet. Ein Lehrer erklärte im Interview, die geforderten fünf bis sieben Sätze seien manchmal „die Leistung einer Doppelstunde." Schreiben bedeutet für die Schüler die Bewältigung eines großen Hindernisses, da ihnen die Selbstverständlichkeit des Schreibens fehlt.

Eine zweite Defizitursache, auf die ich mich in den folgenden Ausführungen konzentrieren möchte, scheint in motivationalen Aspekten zu liegen. Die Schüler- und Lehrerinterviews legen nahe, dass dieser außersprachliche Bereich der fehlenden Motivation und Einsicht in die Notwendigkeit des Sprachlernens angesichts einer praktischen Berufsausbildung und der Lebensumbruchphase, die die Auszubildenden durchleben (erstmalige Berufstätigkeit, z. T. erstmals eigenständiges Wohnen), ein großes Erklärungspotential für die Defizite bereit hält.

In den Interviews offenbart sich eine erhebliche Aversion der Schüler gegenüber jeglicher Form der eigenen Textproduktion. Diese legt nahe, dass viele Defizite nicht durch Unfähigkeit, sondern durch Unwilligkeit, Unlust und Nachlässigkeit zu erklären sind. Diese ablehnende Haltung kann als Resultat einerseits des Aufsatzunterrichts in den Vorgängerschulen und andererseits der Einengung des Fokus auf die

---

14 Allgemein zu Defizitursachen in der Sprachkompetenz von Berufsschülern: Efing (2006, 51-58).

Schreibkompetenz unter dem Aspekt der Orthographie gedeutet werden. Schüler verbinden mit eigener Textproduktion die Konfrontation mit den eigenen Defiziten, wie auch eine frühere Untersuchung zeigt:

> „Für beide Gruppen [Schüler mit/ohne Migrationshintergrund] notieren die Beobachter Ablehnung und Unvermögen. Offensichtlich wurden in der vorangegangenen Schulausbildung wenig Übungen zur Formulierung von Texten durchgeführt. Bei Befragungen geben Auszubildende beider Gruppen an, im Deutschunterricht hauptsächlich Diktate geschrieben zu haben. Die Erinnerungen an Unterrichtseinheiten dieser Art sind oft mit Enttäuschungen über die eigenen Fehler, das Unverständnis gegenüber der Grammatik und Aggressionen gegen den Unterricht überhaupt behaftet. An dieser Stelle lässt sich die Schreibhemmung als Angst vor Fehlern und Entdeckung der persönlichen Unzulänglichkeit deuten." (Jahn 1998, 107)

Eng verknüpft mit dieser Aversion gegen das Schreiben ist die fehlende Motivation der Schüler gegenüber dem Schreiben: 43% der Schüler geben an, nur ungern oder unter Druck zu schreiben (Wyss Kolb 1995, 64); im Durchschnitt schreiben Schüler sogar lieber Prüfungen oder machen Hausaufgaben als einen Aufsatz zu schreiben (ebd., S. 57, 72). Den Schülern fehlt die Einsicht in den Sinn und Nutzen sowie die Notwendigkeit des Deutschunterrichts und der eigenen Textproduktion an beruflichen Schulen, da ihnen die Schreibanlässe nicht berufsspezifisch genug sind und daher als in der und für die Praxis irrelevant erscheinen: Als Antwort auf die Frage, was ihnen schulischer Deutschunterricht vermittelt habe, stellen im Beruf stehende ehemalige Schüler häufig negativ die reine Rechtschreib- und Grammatikorientierung des Unterrichts heraus; die Vermittlung berufsrelevanter Sprachkompetenz habe gefehlt:

> „Also Rechtschreibung, Satzbau, die verschiedenen Fälle, also in der Hinsicht schon, aber die berufsspezifischen Kriterien wie die Formalismen, dass man bestimmte Dinge klar verständlich machen sollte, dass man es auf den Punkt bringen sollte, also eher kurze Sätze, keine Bandwurmsätze, in diesem Bereich nicht. Da stand in der Schule eher Geschwafel, interpretier hier, interpretier da, im Vordergrund." (Pospiech/Bitterlich 2007, 26)

Das Strukturieren und Gestalten von Texten hätte man „punktgenauer [...] ausbilden können." (ebd.) Genau diese Fähigkeiten würden dann im Beruf verlangt und ausgebildet: „Ich bringe die Dinge nun mehr auf den Punkt, weil es regelmäßig von mir verlangt wird, dass ich klar und übersichtlicher schreibe und schneller die Kernaussage erkenne." (ebd.)

Die Textsorten des Deutschunterrichts sind typisch schulische Textsorten, die vor allem schulische Funktionen erfüllen, nämlich Funktionen der personalen Entwicklung und des Lernens (Nussbaumer 1994, 87).

Allein die Abneigung gegenüber einer Textsorte kann aber bereits die Fehleranzahl erhöhen (Menzel 1989, 10); sie senkt zudem die Anstrengungsbereitschaft und Frustrationstoleranz, was sich im VOLI-Test bei Schülern zeigte, die ihren Text mitten in einem Satz oder nach einer Standardeinleitung abbrechen ließen („*In dem Text ‚Die*

Alkoholkontrolle' wird erklärt" [Ende!]; *„Meine Meinung ist das wenn"* [Ende!]) oder die einen eigenen Satz durchstreichen, aber keinen neuen Satz produzieren.

6 Schlussbetrachtung und Ausblick

6.1 Zusammenfassung

Ein Lehrer-Kommentar aus den Interviews bringt die Ergebnisse der Untersuchung gut auf den Punkt: „Man versteht seine [des Schülers] Meinung, sie wird aber nicht schlüssig vorgetragen!" Mit viel Rekonstruktionsarbeit zu den Gedankengängen der Schüler sowie guter Kenntnis des Themas und Textes, das/den die Schüler bearbeiten sollten, lassen sich die Schülertexte verstehen. Kennt ein Leser die Textvorlage aber nicht, sind die Schülertexte meist zu implizit, vage und inkohärent, um verstanden werden zu können. Den Schülern ist diese Implizitheit ihres Schreibstils nicht bewusst; hierauf angesprochen oder mit einem Verbesserungsvorschlag konfrontiert, erklären viele: „Das steht da doch." oder „Das ist doch das gleiche.". Das Problem scheint in der Verbalisierung der Gedanken, in der Formulierung und Strukturierung zu liegen, also in der medialen und konzeptionellen Umsetzung dessen, was der Schüler im Kopf hat und sagen möchte. Die konzeptionell mündliche Struktur wird verschriftlicht und erscheint in diesem Medium unangemessen und defizitär. Als typisch mündliche Charakteristika hervorzuheben sind: der geringe Planungsgrad, die fehlende Revisionsphase, die Verwendung von Umgangssprache, Passe-partout-Wörtern und vagen Proformen, deren Referenz unklar bleibt, Syntaxbrüche sowie die generelle Anlehnung an eine sprechsprachliche Syntax. Lediglich in ausgesuchten Sätzen, in denen die Schüler auf standardisierte Textbausteine mit formulierungsentlastender Funktion zurückgreifen (*Wenn es nach mir ginge...; Ich finde/denke/meine..., Meine Meinung ist...*), entsteht ein flüssigerer Schreibstil.

Vielen Schülern fehlen die nötige Textsortenkenntnis und das Textmusterwissen, v. a. beim Verfassen einer Zusammenfassung, die oft als unverbundene Aneinanderreihung von Einzelaspekten in Form einer Inventarliste gestaltet ist. Ihnen scheint das Verständnis für einen Text als kohärente, konzeptuelle, argumentative Einheit zu fehlen. Zusammenfassend kann man die Defizite als mangelnde Textkompetenz oder fehlendes Textbewusstsein bezeichnen.

Die Untersuchung liefert folgende weitere (Einzel-) Ergebnisse:
- Die Problemtypen von Schülern mit und ohne Migrationshintergrund unterscheiden sich kaum qualitativ, sind also häufig identisch. Lediglich die quantitative Ausprägung differiert.
- Viele der Schüler, die die Inhaltsangabe gut gelöst haben, haben auch einen guten Kommentar geschrieben. Ohnehin wurde der Kommentar insgesamt besser beantwortet als die Zusammenfassung. Dies ist vermutlich auf die

emotionale Beteiligung[15] und die freiere Schreibform/Textsorte zurückzuführen, die eine höhere Motivation bedeutete.
- Es zeigt sich ein klarer qualitativer Zusammenhang zwischen der Fähigkeit der Schüler, einen Text zu gliedern bzw. seine Gliederung zu erkennen, und der Fähigkeit, einen guten, strukturierten Text zu produzieren.
- Stilistisch gute Schreiber machen weniger Rechtschreibfehler.[16]
- Es ist eher klassen- als berufsabhängig, ob und wie viel geschrieben wird. Hierfür ist zum einen die Art der Testeinführung durch die Lehrperson, zum anderen aber auch die Gruppendynamik innerhalb einer Klasse verantwortlich. Wenn die Wortführer den Test früh zurückgaben und kundtaten, sie hätten die Inhaltsangabe und den Kommentar nicht beantwortet, beeinflusste dies den Rest der Klasse in dieselbe Richtung.
- Schüler mit höherer Vorbildung schreiben im Durchschnitt deutlich mehr und besser (besserer Stil, differenziertere Ausdrucksweise, komplexerer Satzbau, bessere Argumentation) und zeigen ein besseres Textsortenverständnis (Strukturierung der eigenen Texte; kohärentere Texte). Es gibt aber Ausnahmen, bspw. Schüler mit Hauptschul-Vorbildung oder Schüler mit einer insgesamt sehr durchwachsenen Test-Leistung, die ein gutes Textprodukt ablieferten. Dies beweist die Bedeutung, die der Rolle der Motivation für die Textproduktion zukommt.

6.2 Konsequenzen und Coachingmöglichkeiten

Aus den Ergebnissen lassen sich verschiedene Konsequenzen und mögliche Ansatzpunkte für ein Coaching ableiten:

Einstellungsänderung: Es bedarf einer Einstellungsänderung der Lehrer im Sinne einer Umorientierung weg von traditionellen Schwerpunkten wie „Rechtschreibung, Zeichensetzung" hin zur Schulung kommunikativer Kompetenzen und Textsortenbeherrschung. Wichtiger als die korrekte Anwendung von Rechtschreib- und Interpunktionsregeln, deren Einübung meist ebenso zeitaufwändig wie ineffektiv ist, ist die Fähigkeit zum eigenständigen Produzieren kohärenter Texte. Die Motivation

---

15 Berufsschüler bevorzugen informelle und emotionale Kommunikation, vgl. Wyss Kolb (1995, 72).

16 Dieses Ergebnis widerspricht der Untersuchung von Wyss Kolb (1995, 162), die eine Korrelation von Rechtschreibfehlern mit anderen Normfehlern nicht nachweisen kann. Jedoch beobachtet Wyss Kolb, dass Schüler mit komplexem Satzbau weniger Interpunktionsfehler machen als Schüler mit einfacher Syntax, Wyss Kolb (1995,176).

hierzu lässt sich steigern, indem berufsbezogene, praxisnahe Textsorten als Schreibanlass zum Zuge kommen[17].

Textmusterwissen: Es bedarf einer verstärkten Schulung und Förderung des Wissens um Textmuster und Textsortenkonventionen. Dieses Wissen dient als Vorentlastung und Erleichterung der eigenen Textproduktion (und auch -rezeption!), da es Formulierungshilfen bereitstellt (und Textstrukturen und Textaufbau leichter und schneller nachvollziehbar macht).

Schreibroutine: Es bedarf einer Routinisierung des Schreibens, die Schüler müssen eine „formulative Routine" (Sieber 1990a, 77) ausbilden. Für sie muss es selbstverständlich werden, eigenständig, im Unterricht wie zuhause, Texte zu produzieren[18]; sie können nur schreibend schreiben lernen (Pospiech/Bitterlich 2007, 30). Die Routine wird zum Abbau der Schreibhemmungen führen, weil Schreiben weniger anstrengend wirkt, wenn es der Normal- und nicht der Ausnahmefall ist. In diesem Zusammenhang sollte versucht werden, die Schüler auch zum außerschulischen Schreiben (E-Mails, Briefe etc.) zu motivieren, das in enger Beziehung zum Erfolg schulischen Schreibens steht (Hartmann 1989, 94).

Schulung der Sprachreflexion: Es bedarf einer Schulung des metasprachlichen Wissens sowie der Sprachreflexion und des Sprachbewusstseins: Die Lehrer sollten im Unterricht den Fokus vor allem auf den – mehrphasigen! – Schreibprozess richten und vermitteln, dass Schreiben mehr als das graphomotorische Zu-Papier-Bringen von etwas ist und dass zum Schreiben eine Planungs- und Überarbeitungsphase gehört. Zu Förderung der Sprachreflexion zählt auch die Schulung der muttersprachlichen Mehrsprachigkeit, damit die Schüler die verschiedenen Varietäten, die sie beherrschen, jeweils situationsadäquat einsetzen.

Feedbackkultur: Da Schüler nur durch das gemeinsame Besprechen der Textprodukte lernen können, bedarf es einer Verbesserung der „Korrekturkultur" an Schulen. Die Lehrerinterviews ergaben, dass Schülertexte oft nur unzureichend korrigiert oder unbesehen abgehakt und mit einer guten Note versehen werden, um dem Wunsch der Schüler nach „Feedback" entgegenzukommen. Aus einer solchen Praxis lernen Schüler nichts, jedoch fühlen sie sich ggf. in ihren Defiziten bestärkt. Gutes Feedback kann zudem die Schreibmotivation fördern, da positives Echo den Schülern ein positives Selbstbild und damit sprachliches Selbstbewusstsein vermittelt (vgl. Wyss Kolb 1995, 278).

---

17 Aktuell fühlen sich viele Schüler durch die Schule schlecht oder gar nicht auf die beruflichen Anforderungen an die Schreibkompetenz vorbereitet, vgl. Pospiech/Bitterlich (2007, 28).

18 Dies ist derzeit nicht der Fall, da man den Schülern laut Lehreraussage das eigenständige, eigenverantwortliche (Lesen und) Schreiben nicht zutrauen kann. Vgl. auch Meyer (1975, 202).

Literatur

Becker-Mrotzek, Michael (2004): Kernkompetenzen im Bereich von Mündlichkeit und Schriftlichkeit. In: Kämper-van den Boogaart, Michael (Hrsg.): Deutschunterricht nach der PISA-Studie. Reaktionen der Deutschdidaktik. Frankfurt/Main: Lang, 143-152

Becker-Mrotzek, Michael/Brünner, Gisela (2004): Einleitung. In: Becker-Mrotzek, Michael/ Brünner, Gisela (Hrsg.): Analyse und Vermittlung von Gesprächskompetenz. Frankfurt am Main u. a.: Lang [Forum Angewandte Linguistik 43], 7-13

Biedebach, Wyrola (2006): Der Modellversuch „Vocational Literacy (VOLI) – Methodische und sprachliche Kompetenzen in der beruflichen Bildung". Konzeption – Erfahrungen – bisherige Ergebnisse. In: Efing, Christian/Janich, Nina (Hrsg): Förderung der berufsbezogenen Sprachkompetenz. Befunde und Perspektiven. Paderborn: Eusl, 15-31

Drommler, Rebecca et al. (2006): Lesetest für Berufsschüler/innen. LTB^{-3}. Handbuch. Duisburg: Gilles & Francke [Kölner Beiträge zur Sprachdidaktik, Reihe A, Bd. 3]

Efing, Christian (2006): „Viele sind nicht in der Lage, diese schwarzen Symbole da lebendig zu machen." – Befunde empirischer Erhebungen zur Sprachkompetenz hessischer Berufsschüler. In: Efing, Christian/Janich, Nina (Hrsg.): Förderung der berufsbezogenen Sprachkompetenz. Befunde und Perspektiven. Paderborn: Eusl, 33-68

Efing, Christian (2006a): Baukasten Lesediagnose, hrsg. vom Institut für Qualitätsentwicklung. Wiesbaden

Hartmann, Wilfried (1989): Die „Hamburger Aufsatzstudie". In: Der Deutschunterricht 41/4, 92-98

Hoberg, Rudolf (Hrsg.) (1985): Rechtschreibung im Beruf. Tübingen: Niemeyer. [Reihe Germanistische Linguistik 56]

Jahn, Karl-Heinz (1998): Multimediale interaktive Lernsysteme für Auszubildende. Eine Untersuchung zur Erschließung von Fachtexten. Frankfurt/Main u. a.: Lang

Koch, Peter/Oesterreicher, Wulf (1985): Sprache der Nähe – Sprache der Distanz. Mündlichkeit und Schriftlichkeit im Spannungsfeld von Sprachtheorie und Sprachgebrauch. In: Romanistisches Jahrbuch, 36, 15-43

Koch, Peter/Oesterreicher, Wulf (1994): Schriftlichkeit und Sprache. In: Günther, Hartmut/ Ludwig, Otto (Hrsg.): Schrift und Schriftlichkeit. Berlin/New York: de Gruyter. [Handbücher zur Sprach- und Kommunikationswissenschaft 10], 587-604

Menzel, Wolfgang (1989): Rechtschreibfehler – Rechtschreibübungen, in: Praxis Deutsch, 69, 9-11

Meyer, Ruth (1975): Lesen als Mittel der Welterfahrung? In: Göpfert, Herbert G. et al. (Hrsg.): Lesen und Leben. Frankfurt am Main: Buchhändler Vereinigung, 193-205

Nussbaumer, Markus (1994): Ein Blick und eine Sprache für die Sprache. Von der Rolle des Textwissens im Schreibunterricht. In: Der Deutschunterricht, 46/1994, 48-71

Pospiech, Ulrike/Bitterlich, Axel (2007): „Alle wollen sie es schriftlich!" – Formen und Funktionen des Schreibens im Beruf. In: Efing, Christian/Janich, Nina (Hrsg.): Sprache und Kommunikation im Beruf. Themenheft Der Deutschunterricht, 1/2007, 19-30

Schmid-Barkow, Ingrid (2002): Bemerksamswerte verschmurmelte Artegenossen. Eine empirische Studie zur Diagnose von Lesestrategien und Leseschwierigkeiten bei Hauptschülern und Hauptschülerinnen. In: Kammler, Clemens/Knapp, Werner

(Hrsg.): Empirische Unterrichtsforschung und Deutschdidaktik. Baltmannsweiler: Schneider Verlag Hohengehren, 170-185

Sieber, Peter (1990): Untersuchungen zur Schreibfähigkeit von Abiturienten. In: Muttersprache, 100/4, 346-358

Sieber, Peter (1990a): Perspektiven einer Deutschdidaktik für die deutsche Schweiz. Aarau/Frankfurt am Main/Salzburg: Sauerländer. [Reihe Sprachlandschaft 8]

Sieber, Peter (1993): Sprachfähigkeiten von MaturandInnen und StudienanfängerInnen. In: Lüdi, Georges (Hrsg.): Approches linguistiques de l'interaction. Contributions aux 4e Rencontres régionales des linguistique. Bâle, 14-16 septembre 1992. Neuchâtel, 159-175

Sieber, Peter (Hrsg.) (1994): Sprachfähigkeiten – Besser als ihr Ruf und nötiger denn je! Ergebnisse und Folgerungen aus einem Forschungsprojekt. Aarau/Frankfurt am Main/Salzburg: Sauerländer. [Reihe Sprachlandschaft 12]

Sieber, Peter (1998): Parlando in Texten. Zur Veränderung kommunikativer Grundmuster in der Schriftlichkeit. Tübingen: Niemeyer

Wyss Kolb, Monika (1995): Was und wie Lehrlinge schreiben. Eine empirische Untersuchung zu den Schreibgewohnheiten und zu den schriftsprachlichen Leistungen an der Sekundarstufe II für Personen aus Schule und Sprachwissenschaft. Aarau: Sauerländer.

Schreibtraining für Ingenieure

Annette Verhein-Jarren

Writing is a key skill and career criterion. "We have already given people notice because they could not write a presentable report," was the comment from the manager of an Urban/Spatial Planning office during a survey carried out by the University of Applied Sciences, Rapperswil (HSR). In view of the higher requirements in writing competency, on the one hand, and the tight timeframe of the Bachelor's degree course on the other, how can the key skill 'Writing' be trained to the maximum effect during the course? A possible answer to this question is a special, two-step 'writing training' in which the 'learning to write' is closely linked to the technical subject.

In my report I will present the concept and implementation of such a two-step writing training programme for engineers at the HSR. The main issue is the combination of the writing and the technical problem solving processes and the use of blocks of structured writing for the method managed support in text production. Firstly, it is about the framework for creating the text. Which forces are effective (Chapter 2)? Followed by the question of how these forces can be used to guide the production of the text.(Chapter 3). In Chapter 4 the two-step Training Concept resulting from this approach, is eventually introduced. The Evaluation (Chapter 5) points to an evaluation of the concept and what the next steps are.

1 Kräfte identifizieren: Beobachtungen zu Rahmenbedingungen der Textproduktion

Schreiben im Beruf ist Handeln im Fach (Pogner 1999) und gehört zur Ingenieurleistung dazu. Jakobs (2005) verweist darauf, dass Schreiben ein wesentlicher Karrierefaktor ist. Zugleich haben Jakobs/Schindler (2006) aufgezeigt, dass das Schreibenlernen von Fachtexten eingebettet ist in den fachlichen Betreuungsprozess bei Diplom- und Doktorarbeiten, eine explizte Schulung des Schreibens von technischen Fachtexten jedoch (noch) nicht stattfindet. Das ist vermutlich an deutschsprachigen technischen Hochschulen durchaus typisch, denn Schreiben – so die wohl verbreitete Auffassung – lernt man ja schließlich in der Schule. Und der „Rest" bleibt dem Selbststudium von einschlägigen Ratgebern, dem Learning by Doing und der Beratung durch Experten im Fach überlassen (vgl. Jakobs/Schindler 2006). An den 1997 gegründeten technischen Fachhochschulen in der Schweiz gibt es innerhalb der Bachelor-Programme fest in das Curriculum integrierte Kurse bzw. Module, die sich als Basis für ein spezielles Schreibtraining zum Schreiben technischer Fachtexte anbieten.

„Don't fight forces – use them" so formulierte Richard Buckminster-Fuller mit Bezug auf seine geodätischen Kuppeln, die aus einfachen geometrischen Grundkörpern wie Tetraeder oder Oktaeder aufgebaut sind. Ihre Kombination konstituiert ein spezielles Kräftefeld. Es entstehen ausgesprochen stabile Raumstrukturen bei geringem Materialaufwand. Von diesem Gedanken habe ich mich bei der

Konzeption des Schreibtrainings leiten lassen. Zunächst geht es darum, die vorhandenen Kräfte, d. h. Haltungen gegenüber Texten bzw. der Textproduktion und Erwartungen an Texte bzw. die Textproduktion zu identifizieren. Danach werden geeignete Methoden gesucht, wie die Kräfte genutzt werden können, um die Textproduktion zu unterstützen. Welche Kräfte wirken bei der Produktion von Texten durch (angehende) Ingenieure? Das beschreibe ich im folgenden Kapitel auf der Basis von Erfahrungen aus bisherigen Schreibkursen (vgl. Verhein-Jarren 2006), sowie von Feedbacks der Studierenden zu diesen Schreibkursen bzw. zum Schreiben von Projektberichten in technischen Fächern.

Dokumentieren – Was?

An der technischen Fachhochschule schreiben die angehenden Ingenieure vor allem Projektberichte (Technische Berichte), so wie sie sie auch später im Beruf verfassen müssen. Bevor sie an das Schreiben des Projektberichts gehen, planen sie einen Problemlösungsprozess in dessen Verlauf sie ein technisches Problem lösen. Während dieses Prozesses erarbeiten sie sichtbare Ergebnisse z. B. in Form von CAD-Modellen oder Prototypen. Im Vordergrund steht die Frage, ob das Problem gelöst ist, ob die Sache funktioniert. Für den Projektbericht gilt es, die Vielzahl der Zwischen- und Teilergebnisse auf DIN A4-Seiten unterzubringen. „Keine Angst vor dem leeren Blatt" – so ermuntert Otto Kruse (Kruse 1995) seine Leser, sich mit dem Schreiben im Studium auseinanderzusetzen. Das leere Blatt haben die angehenden Ingenieure eher nicht als Problem – oder sie würden es zumindest so nicht beschreiben. Sie schreiben auf oder dokumentieren, was sie „gemacht" haben – und da ist das Blatt eher zu klein als leer. Diese Perspektive auf das Schreiben geht einher mit einer distanzierten oder ablehnenden Haltung: Schreiben wird als nachrangig, als nicht zur Ingenieurleistung gehörend angesehen.

Dokumentieren – Wozu?

Technische Berichte sind im beruflichen Umfeld auf vielfältige Weise in einen Handlungskontext eingebettet. Pflichtenhefte regeln Umfang und Zeitperspektive der Leistungsvereinbarung zwischen Auftraggeber und Auftragnehmer. So weiß der Auftragnehmer, was er tun muss, der Auftraggeber, was er verlangen kann. Nutzungsvereinbarungen stecken das Handlungsumfeld der Beteiligten hinsichtlich Anwendungsbereich oder Dauer der Anwendung z. B. einer Anlage ab.[1]

Technische Berichte geben Auskunft darüber, unter welchen Bedingungen und mit welchem Material ein Prozess mit dem gewünschten Ergebnis steuerbar ist, wie ein neues Produkt konzipiert oder hergestellt werden kann. Sie sind die Basis für Entscheidungen über Investitionen, über weiterführende Forschungsprojekte

---

1 Die verschiedenen Normen und Richtlinien zum Dokumentieren (z. B. SN EN 62079 oder auch Scholz 2001) zeigen, dass dieser Bereich wichtig genug ist, dass ein Regelungsbedarf besteht, umgesetzt und ggf. auch eingeklagt wird.

oder gar ganze Forschungsprogramme, über Marketingstrategien, Service- und Schulungskonzepte. Technische Berichte in den verschiedensten Formen begleiten zudem in immer aktualisierten Versionen den Arbeitsprozess von Ingenieuren.[2] D. h. bei aller Ingenieurleistung am Objekt – die Dokumentation, der technische Bericht, gehören zur vollständigen Leistung dazu. Ingenieuren mit langjähriger Berufserfahrung ist das sehr präsent (vgl. dazu Jakobs/Schindler 2006 und Lehnen/Schindler 2007). Die Energie angehender Ingenieure ist häufig sehr stark absorbiert vom Auftrag, ein Ergebnis am Objekt zu erzielen. Darum müssen sie erleben können, dass Schreiben im Beruf „Handeln im Fach" ist. Diese Perspektive verändert den Blick auf Texte: Die Texte, respektive Technischen Berichte sind Bestandteile einer Handlungskette. Sie haben vor allem einen Zweck: Der Leser soll nach der Lektüre in der Lage sein, eine sinnvolle Anschlusshandlung auszuführen. Hofer (2001) verwendet dafür den Begriff „Befähigungskommunikation".

Dokumentieren – Wie?

Ingenieure orientieren sich in ihrer Arbeit an den Schritten eines Problemlösungsprozesses. Sie lernen dafür in verschiedenen Fächern spezielle Methodiken kennen, so z. B. Konstruktionsmethodik mit den Schritten Klären – Konzipieren – Entwerfen – Ausarbeiten. Auf dieser Basis planen sie den Arbeitsprozess und erarbeiten Lösungen. In Feedbacks zu früheren Schreibkursen aber auch in den technischen Fächern haben Studierende ihre Erwartungen formuliert: Wenn sie schon dokumentieren (müssen), dann seien Checklisten und konkrete Anleitungen hilfreich. Wie eine gute Dokumentation entsteht, soll in einer solchen Checkliste systematisch, geordnet, nachvollziehbar dargestellt sein. Die Checkliste macht es möglich, mithilfe der Anweisungen möglichst schnell (-er als bisher) eine gute Dokumentation anzufertigen. Die Erwartung richtet sich also vor allem auf ein Muster für das Ergebnis.

2 Kräfte nutzen: Methodische Unterstützung für die Textproduktion

Das Kräftefeld für die Textproduktion ist geprägt von der Perspektive, dass es sich „nur" um dokumentieren oder aufschreiben handelt, ebenso wie durch eine gewisse Reserviertheit gegenüber dem Nutzen des Dokumentierens und der Bewertung nach Aufwand und Ertrag. Weitere Kräfte sind die Erwartungen an eine Unterstützung in Form von Checklisten, Anleitungen und Beispielen. Damit ist verbunden die Erwartung, dass aus einer solchen Unterstützung schnell und

---

2 Pogner (1999) hat dazu eine ausführliche Untersuchung vorgelegt. Darin geht es um die Planung und Umsetzung eines Energieversorgungskonzepts in einer ostdeutschen Gemeinde durch ein dänisches Ingenieurbüro.

problemlos gute Texte resultieren. Wie können diese Kräfte genutzt werden, um die Produktion von guten Texten zu unterstützen? Zwei Prinzipien sind wichtig: Zum einen muss eine methodische Hilfe möglichst nah an die Ingenieurmethodik angebunden werden, zum anderen möglichst nah an der Ausbildung in den technischen Fächern.

(Angehende) Ingenieure erarbeiten ihre Aufträge orientiert an den Schritten eines Problemlösungsprozesses. Fachbezogen setzen sie dafür spezielle Problemlösungsmethodik ein, wie z. B. Konstruktionsmethodik. Welche Möglichkeiten gibt es, die Dokumentation der Problemlösung durch eine entsprechende methodische Hilfe zu begleiten?

Ich betrachte dafür in diesem Kapitel zunächst den Zusammenhang zwischen Problemlösungsprozess und Schreibprozess und arbeite heraus, dass es bei der methodischen Hilfe um die gezielte Begleitung des Prozesses vom Denken zum Darstellen ankommt. Danach erläutere ich die Prinzipien Strukturierten Schreibens. Sie sind als methodische Hilfe geeignet, um den Prozess vom Denken zum Darstellen zu gestalten. Ich setze die Prinzipien für die Beschreibung von Textsorten ein und leite daraus ein Textmodell ab, das die Basis für Textbaupläne bildet.[3] Textmodell und Textbaupläne sind dann der Ausgangspunkt für das prozessorientierte Schreibtraining, wie es in Kapitel 4 vorgestellt wird.

2.1 Problemlösungsprozess und Schreibprozess

Schreiben und Kognition

Sylvie Molitor-Lübbert akzentuiert in ihren Überlegungen zum Zusammenhang von Schreiben und Kognition, dass Schreibprozesse als Problemlösungsprozesse betrachtet werden können (Molitor-Lübbert 1989, 278). Mit Hilfe des epistemischen Schreibens werden kognitive Repräsentationen aufgebaut und diese zum richtigen Moment auf der richtigen Ebene vergegenwärtigt. Molitor-Lübbert weist darauf hin, dass es sich dabei nicht um spezifische Schreibfähigkeiten handelt, sondern um allgemeine Problemlösefähigkeiten bzw. Fähigkeiten zur Metakognition (Molitor-Lübbert 1989, 284). Mit Bezug auf den methodengeleiteten Prozess der Problemlösung in den Ingenieurwissenschaften leite ich daraus ab, dass der technische Bericht nichts anderes als die Explikation des fachlichen Problemlösungsprozesses ist.

Schreibprozess: Vom Denken zum Darstellen

Es lohnt sich daher, diese Explikation genauer zu betrachten. Ich beziehe mich dafür auf das Schreibprozessmodell von Hayes/Flower in der von Hayes optimierten Version (Hayes 1996). Hayes/Flower unterscheiden im Schreibprozess die Planungs-

---

3   Ähnliche Ansätze finden sich z. B. bei Keller (2005) für Fachtexte in Fachzeitschriften oder Ballstaedt (1997) für Lerntexte.

phase, die Textgenerierungsphase und die Überarbeitungsphase. Besondere Bedeutung kommt der Planungsphase und dem Übergang von der Planung zur sprachlichen Realisierung zu. In der Planungsphase unterscheiden Hayes/Flower Ideenfindung, Organisation und Zielsetzung. Erst wenn darüber Klarheit geschaffen wurde, kann eine Textfassung generiert werden (Hayes 1996, 3, zitiert nach Göpferich 2002, 234). Göpferich unterscheidet mit Bezug auf Hayes/Flower als Elemente des Planungsprozesses „Informationsgewinnung" und „Reflexion" wobei Reflexion das Planen, Problemlösen, Strukturieren von Informationen und Zielsetzen beinhaltet (Göpferich 2002, 246).

Die Textproduktion ist in dieser Perspektive „als ein ‚Übersetzen' einer mentalen Repräsentation in wahrnehmbare Zeichen (als eine Exteriorisierung mentaler Modelle) zu verstehen" (Göpferich 2002, 246f.). In diesem Übersetzungsprozess geht es um Wissensselektion und um Wissenslinearisierung. Das ausgewählte Wissen wird strukturiert, in eine Reihenfolge gebracht (Göpferich 2002, 248) und danach versprachlicht.

Und genau die Einordnung des Übersetzens in das Schreibprozessmodell ist interessant. Hier gibt es eine bemerkenswerte Differenz in der Modellbildung bei Hayes/Nash bzw. Göpferich. Hayes/Nash (1996) differenzieren zwischen mentalen Repräsentationen (Abstract Planning) und deren Kodierung (Language Planning) und betrachten beide als Bestandteile der (Text-)Planung (Hayes/Nash 1996, 45; zitiert nach Göpferich 2002, 252). Göpferich dagegen schlägt die Kodierung in ihrem Modell bereits der Textproduktionsphase zu. Genau um diese Schnittstelle zwischen Denken und Darstellen geht es mir. Ich suche nach einer Möglichkeit, das „Abstract Planning" methodisch geleitet abzustützen und damit zugleich eine Verbindung zum „Language Planning" zu schaffen, den Linearisierungsprozess zu unterstützen.

2.2 Strukturiertes Schreiben

Um die Explikation des fachlichen Problemlösungsprozesses (Molitor-Lübbert 1989) oder das Content Planning (Göpferich 2002; Hayes 1996; Hayes/Nash 1996) methodengeleitet zu unterstützen, ist der Rückgriff auf Methoden des Strukturierten Schreibens hilfreich. Von den verschiedenen Strukturierungsmethoden, die bislang vor allem in der Technischen Kommunikation eingesetzt werden, sind für meinen Zusammenhang Information Mapping® und Funktionsdesign® relevant (vgl. Böhler 2001 zum Information Mapping® und Muthig/Schäflein-Armbruster 2002 zum Funktionsdesign®).

In beiden Ansätzen zum Strukturierten Schreiben wird jeweils zwischen Inhalt und Struktur von Texten unterschieden. Diese Verdoppelung der Perspektive lenkt den Blick entweder auf die Art der Information (z. B. Prozedur, Prozess, Struktur) oder auf die Funktion, die sich in der (sprachlichen) Struktur zeigt (z. B. Anleitung). Die Verdoppelung der Perspektive dient einerseits dem Verfasser eines Textes als Leitlinie für die Auswahl, die Anordnung und den Detaillierungsgrad der Information. Sie hilft andererseits dem Leser, sich sehr schnell im Text zu orientieren.

Information Mapping® ist ein Strukturierungsansatz aus der Kognitionspsychologie. In dem Ansatz werden unterschiedliche Informationsprinzipien, wie z. B. Gliederung, Relevanz, Einheitlichkeit und unterschiedliche Informationsarten, wie z. B. Prozedur, Prozess, Begriff unterschieden. Informationen werden im Modell anhand von Informationsarten analysiert, in Blöcken und Maps organisiert und unter Beachtung der Informationsprinzipien präsentiert (vgl. Böhler 2001).

Funktionsdesign® ist ein Strukturierungsansatz auf der Basis der Sprachhandlungstheorie. Kommunikation ist danach regelbasiertes sprachliches Handeln. Daher impliziert eine sprachliche Aussage eine spezifische Funktion. Diese Funktion spiegelt sich in der Struktur der sprachlichen Handlung wider. Mit Bezug auf die Technische Dokumentation werden beim Funktionsdesign auf dieser Basis Sequenzmuster, wie z. B. Handlungsanleitung oder Warnhinweise unterschieden. Die Sequenzmuster enthalten funktionale Einheiten, die jeweils aus dem Inhalt und der Auszeichnung bestehen. Auszeichnungen des Sequenzmusters „Handlungsanleitung" sind z. B. „Zielangabe, Voraussetzung, Handlungsaufforderung Resultat" (Muthig/Schäflein-Armbruster 2002).

2.3 Textmodell

Textstruktur und Schreibprozess

Die im Rahmen eines Problemlösungsprozesses erarbeiteten Inhalte können mit Hilfe der Trennung von Inhalt und Struktur analysiert und mit den Bausteinen bzw. Betrachtungsperspektiven von Information Mapping® und Funktionsdesign® organisiert und präsentiert werden. Mit Bezug auf die verschiedenen Textsorten sind zwei Elemente zu ergänzen: Funktionsblöcke und organisierende Textteile. Funktionsblöcke begründen innerhalb von Kapiteln Wissensauswahl und Wissenslinearisierung (Anordnung). Sie können explizit gekennzeichnet sein, wie z. B. Lernziele in Lerntexten, oder implizit eine bestimmte Funktion repräsentieren, wie z. B. Interpretation von Versuchsergebnissen in Projektberichten. Organisierende Textteile begründen den textsortenspezifischen Verstehensrahmen für den gesamten Text. Beide Elemente sind für die Konstituierung einer spezifischen Textsorte wesentlich.

Die Anordnung der Bausteine in Abbildung 1 zeigt, wie die mentalen Repräsentationen zunehmend näher an die sprachliche Realisierung herangeführt werden. Die gewonnenen Informationen lassen sich unter der Perspektive Informationsarten bzw. Auszeichnungen klassifizieren. Informationsprinzipien und Sequenzmuster bestimmen, welche Informationen zueinander gehören. Funktionsblöcke ermöglichen ggf. eine funktionale Perspektivierung der Informationen. Sie schaffen so einen ersten textsortenspezifischen Bezug. Organisierende Textteile

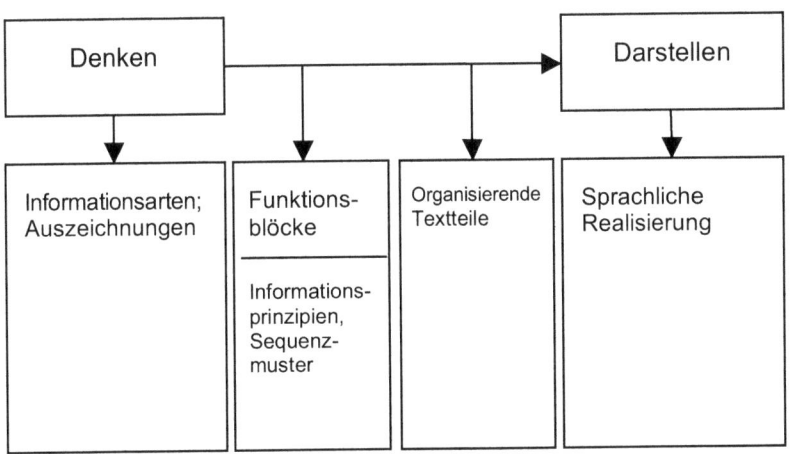

Abbildung 1: Vom Denken zum Darstellen – Bausteine

schließlich begründen und bestimmen den textsortenspezifischen Rahmen für die Darstellung und grenzen damit auch Formulierungsrepertoires ein.

Mit Bezug auf einen Text lassen sich die Bausteine wie in Abbildung 2 gezeigt anordnen.

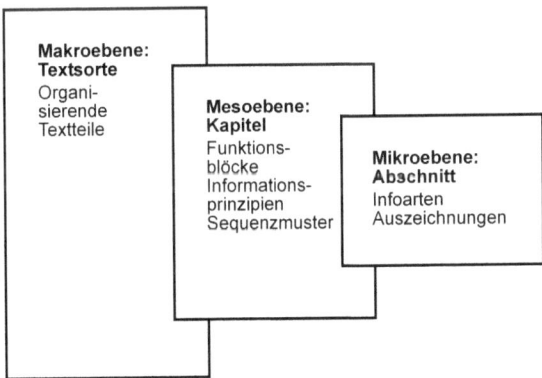

Abbildung 2: Bausteine und Textebenen

Überlegungen zu Infoarten und Auszeichnungen ermöglichen dem Schreiber die Auswahl von Details. Funktionsblöcke, Info-Prinzipien und Sequenzmuster leiten Anordnung der Details und betten sie in eine funktionale Perspektive ein.

Mit den organisierenden Textteilen schließlich stellt der Schreiber den Kontext her.[4]

Zu den organisierende Textteilen in Technischen Berichten gehören: Inhaltsverzeichnis – Abstract – Einleitung – Hauptteil – Schluss – Literatur – Anhang. Ein Abstract kann als Funktionsblöcke enthalten: Ausgangslage – Aufgabenstellung – Problem – Ziel – Vorgehensweise – Material – Ergebnisse. Funktionsblöcke innerhalb eines Kapitels können z. B. Zusammenfassungen jeweils am Kapitelanfang sein oder Schlussfolgerungen am Ende eines Kapitels. Zum Sequenzmuster „Darstellung eines Verfahrens" gehören z. B. Ziele – Abläufe – Ergebnisse.

Zu den organisierende Textteilen in Technischen Berichten gehören: Inhaltsverzeichnis – Abstract – Einleitung – Hauptteil – Schluss – Literatur – Anhang. Ein Abstract kann als Funktionsblöcke enthalten: Ausgangslage – Aufgabenstellung – Problem – Ziel – Vorgehensweise – Material – Ergebnisse. Funktionsblöcke innerhalb eines Kapitels können z. B. Zusammenfassungen jeweils am Kapitelanfang sein oder Schlussfolgerungen am Ende eines Kapitels. Zum Sequenzmuster „Darstellung eines Verfahrens" gehören z. B. Ziele – Abläufe – Ergebnisse.

Organisierende Textteile und Funktionsblöcke sind textsortenspezifisch. So hat z. B. ein Technischer Bericht ein eigenes Inhaltsverzeichnis, während im wissenschaftlichen Aufsatz darauf verzichtet wird, die Kapitelüberschriften zu einem eigenen Verzeichnis am Anfang zusammenzufügen. Ein Funktionsblock „Lernziele" ist zwar Bestandteil eines Lerntextes, wird aber in einem Technischen Bericht nicht vorkommen. Eine Zusammenstellung der Bausteine für Technische Berichte ermöglicht dem Schreiber, mit Bezug auf die eigene Problemstellung einen Textbauplan zusammenzustellen.

Schreibprozess und Ingenieurmethodik

Schreiben lehren und Schreiben lernen wird durch die Zusammenschau von Problemlösungs- und Schreibprozess und mit dem Ansatz des Strukturierten Schreibens nah an Ingenieurmethodik angekoppelt. Aus der Verbindung von Elementen des Strukturierten Schreibens mit der Textsortenperspektive lassen sich Textbaupläne entwickeln. Der Weg vom Denken zum Darstellen kann so methodengeleitet unterstützt werden. Lehrende gewinnen damit eine didaktische Hilfe für das Lehren von Schreiben. Lernende können diese Elemente einsetzen, um ihre Textkonzepte zu verbessern. Ggf. weist die Methode auch auf „unfertige" Inhalte hin. Ist der Übergang vom Denken zum Darstellen – bzw. in der Terminologie von Göpferich (2002) die Wissensselektion und Wissenslinearisierung – gut ausgearbeitet, ist schon der erste Verbindungsschritt zur sprachlichen Realisierung

---

4 Ein ähnliches Denkmuster einer „zunehmenden Explizierung" entwickelt Pospiech (2005), Kapitel 3 für wissenschaftliche Texte.

gemacht. Das setzt kognitive Kapazitäten für das eigentliche Formulieren frei. Das aus diesen Ansätzen entwickelte Textmodell ist in diesem Beitrag speziell für Technische Berichte umgesetzt, lässt sich aber auch auf andere Textsorten, z. B. Lerntexte übertragen.

Ein Schreibtraining, das auf diesem methodengeleiteten Übergang vom Denken zum Darstellen beruht, wird in Kapitel 4 vorgestellt. Der Prozess vom Denken zum Darstellen soll über das einführende Schreibtraining hinaus unterstützt werden durch einen Werkzeugkasten Technische Berichte (vgl. Kapitel 4.2). Der Werkzeugkasten ist als konkrete Produktionshilfe gedacht, in der die Prinzipien Strukturierten Schreibens und der aus dem Textmodell resultierende Textbauplan wieder aufgenommen werden.

Damit die Lehre bzw. das Lernen einen möglichst guten Effekt erzielen, ist es sinnvoll, das Training im Zusammenhang mit technischen Fächern durchzuführen. Wenn zeitgleich in einem technischen Fach auf der Basis einer Projektarbeit ein Technischer Bericht verfasst werden muss, können die angehenden Ingenieure die Prinzipien dann gleich auf komplexe fachliche Fragestellungen anwenden. Dadurch erweitert und verstärkt sich der Übungseffekt. Wird diese methodische Hilfe dann immer wieder im Laufe des Studiums explizit eingesetzt, kommt ein zeitlicher Ausdehnungsfaktor hinzu, der auch Reifungsprozesse ermöglicht. Hilfreich ist es, wenn die Betreuer in den technischen Fächern mit dieser Methode vertraut sind. Damit steigt die Möglichkeit schneller, differenzierter Feedbacks zur (sprachlichen) Qualität der Texte, da Studierende und technische Fachbetreuer auf der Basis einer allen Beteiligten bekannten Methode argumentieren. Nicht zuletzt ermöglichen diese Kenntnisse dann auch, dass sich die technischen Fachdozenten untereinander anhand dieses methodischen Zugriffs gezielt über Ansprüche an die Qualität von Technischen Berichten verständigen können.

3 Kräfte lenken: Textproduktion trainieren

In diesem Kapitel zeige ich auf, wie Textproduktion auf der Basis der methodischen Unterstützung des Prozesses vom Denken zum Darstellen trainiert werden kann. Das Training ist Bestandteil des Ingenieurstudiums an einer technischen Fachhochschule und richtet sich an angehende Elektro-, Maschinentechnik- und Informatik-Ingenieure. Hauptsächliche Schreibaufgaben für die angehenden Ingenieure sind Technische Berichte. Im Laufe ihres Studiums verfassen sie zwei Technische Berichte im Rahmen von technischen Fachkursen, zwei weitere Berichte im Rahmen von Kommunikations- und Managementkursen sowie zwei umfangreichere Technische Berichte auf der Basis von Projekten. Die Projekte basieren in der Regel auf einem externen Auftrag, die Technischen Berichte (= Projektberichte) gehen auch an den Auftraggeber und müssen insofern die Anforderungen erfüllen, wie sie auch später im Beruf bestehen. Hauptziel ist, dass die Studierenden gute Technische Berichte schreiben. Dazu müssen sie eine Vorstellung entwickeln, was die Qualität eines Technischen Berichts jenseits von korrekter Rechtschreibung und Grammatik ausmacht und Werkzeuge und Methoden kennen lernen und einüben.

3.1 Schreibtraining Stufe 1

3.1.1 Rahmenbedingungen und Ziele

Das Schreibtraining Stufe 1 findet im Rahmen des Kurses Kommunikation 1 statt. Kommunikation 1 ist ein eigenständiger Kurs ohne formelle Verbindung zu einem technischen Fach. Zweites Thema im Kurs ist professionelle Gesprächsführung. Für das Schreibtraining stehen 24 Kurs-Lektionen sowie 12 Stunden Selbststudium zur Verfügung. Die Teilnehmerzahlen liegen zwischen 25 und 40 Studierenden.

Erstes Ziel des Schreibtrainings ist, die Perspektive der Studierenden auf Texte zu verändern. Technische Projektberichte dienen weder der Unterhaltung noch der bloßen Information: Sie lösen eine Anschlusshandlung aus, indem etwa finanzielle Mittel bewilligt werden; indem entschieden wird , welche Varianten weiterentwickelt oder produziert werden; indem Zeit- und damit Handlungsfenster für die weitere Arbeit festgesetzt werden. Dieser Funktion müssen die Texte gerecht werden. Zweites Ziel ist, dass die Studierenden mit Schreiben als Prozess vertraut sind. Dabei geht es darum, dass sie die unterschiedlichen Phasen des Schreibprozesses und Beziehungen zwischen Schreibprozess und fachlichem Problemlösungsprozess erkennen. Drittes Ziel ist, Strukturiertes Schreiben als eine methodische Hilfe auf dem Weg vom Denken zum Darstellen kennen zu lernen und für Technische Berichte umzusetzen und anzuwenden.

3.1.2 Themen und Schritte

Gemäß den Zielen hat das Training drei Themen: Text und Handlung, Schreibprozess und Problemlösungsprozess, Vom Denken zum Darstellen: Strukturiertes Schreiben für Technische Berichte. In allen Themenbereichen gibt es Übungen, die wichtige Aspekte des Themas erfahrbar machen. Leitend für die Konzeption aller Übungen ist, dass die Studierenden wechselweise die Leser- und die Schreiberperspektive einnehmen und jeweils Handlung/Beobachtung/Problemlösung und Dokumentation miteinander verknüpft werden (vgl. Tabelle 1).

Thema	Unterthema	Input/Übungen	Umfang
Text und Handlung		• Textsorten im Ingenieur-Beruf • Handlungskontext der Textsorten • Handeln auf der Basis Technischer Berichte	4 Lektionen
Schreibprozess und Problemlösungsprozess		• Schreibphasen im Autorenteam erleben • Schreibstrategien für Technische Berichte • Problemlösungsprozess und Dokumentation: Anordnung, Auswahl und Detailtiefe der Informationen erproben und reflektieren	4 Lektionen
Vom Denken zum Darstellen: Strukturiertes Schreiben für Technische Berichte	Einführung Strukturiertes Schreiben	• Unterscheiden von Inhalt und Struktur • Informationsprinzipien/ Sequenzmuster • Informationsarten/ Auszeichnungen • Funktionsblöcke	4 Lektionen
	Strukturiertes Schreiben in Technischen Berichten	• Organisierende Textteile • Qualität von Organisierenden Textteilen • Schreibregeln für Organisierende Textteile • Textbaupläne	4 Lektionen
	Anwenden und Einüben	• Entwürfe • Feedbacks Arbeitsgruppe, Feedback DozentIn • Vergleich und ggf. Erarbeitung von Mustertexten • Beurteilen und Optimieren von eigenen oder fremden Entwürfen	8 Lektionen

Tabelle 1: Unterrichtsplan Schreibtraining Stufe 1

Als Beispiel sei hier Ziel, Methodik und Erkenntnisse für das Thema „Zusammenhang zwischen Schreibprozess und Problemlösungsprozess" dargestellt. Innerhalb von

4 Lektionen geht es darum, dass die Studierenden erleben und reflektieren, wie Problemlösungsprozess und Schreibprozess zusammenhängen und was für eine gute Dokumentation wichtig ist.

Die Übung läuft folgendermaßen ab: Den Studierenden wird die Aufgabe gestellt, innerhalb einer Vierergruppe ein Problem mit Hilfe einer bekannten Methodik zu lösen. In der Maschinentechnik bietet sich z. B. an, ein Konzept für den Bau eines Turms oder die Konstruktion einer Brücke aus Papier anhand von Konstruktionsmethodik Klären, Konzipieren, Entwerfen, Ausarbeiten zu entwickeln – nur gebaut wird nicht.[5]

Der Problemlösungsprozess wird anschließend dokumentiert. Zielgruppe ist ein potentieller Geldgeber, der anhand der Dokumentation entscheidet, welchen Vorschlag er umsetzen will. Je zwei Studierende arbeiten gemeinsam eine Dokumentation aus. So entstehen pro Arbeitsgruppe zwei Entwürfe, die verglichen und dann optimiert werden. Die optimierten Dokumentationen werden dem potentiellen Geldgeber (= Person außerhalb des Kurses) zur Entscheidung vorgelegt. Er entscheidet innerhalb kurzer Zeit, welchen Vorschlag er finanziell unterstützt und begründet seine Entscheidung mündlich mit Bezug auf die Dokumentation. Aus den Begründungen wird sichtbar, wieweit die Entscheidung textbasiert fällt und was entsprechend gefolgert werden kann, was für die Qualität der Dokumentation wichtig ist. Der Kommentar des potentiellen Geldgebers sowie die eigenen Erfahrungen bei Problemlösung und Schreiben werden unter dem Gesichtspunkt Auswahl, Anordnung und Detailtiefe der Informationen ausgewertet. Die Übung kann bei genügend Zeit erweitert werden um eine Dokumentation für diejenigen, die den Vorschlag umsetzen, d. h. „bauen" sollen.

Gerade für die Phase des Anwendens und Einübens ist der Bezug zu einer komplexen technisch-fachlichen Fragestellung wünschenswert. Im derzeitigen Curriculum an der HSR ist eine solche Parallelisierung z. B. mit Modulen der Abteilung Maschinentechnik vorhanden. Parallel zum Schreibtraining erarbeiten die Studierenden einen Technischen Bericht zu einem Projektauftrag in der Konstruktion. Die Intensität der Auseinandersetzung und die Qualität der Ergebnisse steigen dadurch erheblich.

3.2 Werkzeugkasten Technische Berichte

Im Werkzeugkasten finden sich die Themen aus dem Schreibtraining Stufe 1 wieder, jetzt jedoch in Form von Produktionshilfen für die eigenen Texte. Statt eines Leitfadens mit Beschreibungen gibt es Dokumentvorlagen, sowie Regeln und Beispiele. Die Produktionshilfen des Werkzeugkastens sind Mustergliederungen, Schreibregeln für orientierende Textteile und Mustertexte. Sie werden von den

---

5 Die Aufgabenstellung ist angelehnt an typische Aufgaben aus Teamtrainings, wie z. B. Vopel (2004), Übung „Ein neues Patent" (Ei im freien Fall), S.94 oder „Wolkenkratzer" (Turmbau), S. 96.

Studierenden in Eigenregie bei ihren weiteren Schreibaufgaben eingesetzt. Wie die Produktionshilfen aussehen, beschreibe ich in diesem Kapitel.

3.2.1 Mustergliederungen

Die Idee, Mustergliederungen als Produktionshilfe einzusetzen, ist abgeleitet aus dem Ansatz des Strukturierten Schreibens. Je nach Textsorte – in meinem Fall Technische Berichte – und Art der Aufgaben- bzw. Problemstellung gibt es typische Funktionsblöcke bzw. organisierende Textteile (s. Kapitel 3). Ein Teil der Funktionsblöcke bzw. organisierenden Textteile kommt in allen Technischen Berichten vor. Dazu gehören etwa Titel, Abstract, Inhalt, Einleitung, Schluss, Verzeichnisse. Die Funktionsblöcke im Hauptteil des Technischen Berichts lassen sich je nach Aufgaben- bzw. Problemstellung unterscheiden. Die Auswertung von Diplomarbeiten in der Maschinentechnik unter diesem Gesichtspunkt ergab zwei unterschiedliche Aufgaben- und damit Gliederungstypen: prozessorientierte bzw. produktorientierte Typen von Aufgaben mit experimenteller bzw. konstruktiv-methodischer Gliederung (zu einer entsprechenden Systematisierung vgl. Scholz 2001, 91). Entsprechend wurden für die Fachrichtung Maschinentechnik zwei Mustergliederungen entwickelt und Dokumentvorlagen dazu erarbeitet. Mustergliederungen ebenso wie Mustertexte erfordern eine kreative Auseinandersetzung des Schreibenden mit dem vorgegebenen Muster. Das Muster muss der konkreten Aufgabenstellung entsprechend ausgeführt bzw. variiert werden. Diese Auseinandersetzung muss in der ersten Stufe des Schreibtrainings angestossen und angeleitet werden. Insbesondere bei den Mustervorgaben des Hauptteils muss der Unterschied zwischen Formular und Muster herausgearbeitet werden.

3.2.2 Organisierende Textteile und Schreibregeln

Für die Funktionsblöcke bzw. die organisierenden Textteile wurden jeweils Schreibregeln formuliert. Die Schreibregeln enthalten die Beschreibung der Funktion, Hilfen zur Umsetzung und Beispiele (Mustertexte). Die Funktionsbeschreibung streicht noch einmal heraus, was der Textteil für das Verständnis des Berichts leistet. Hilfen zur Umsetzung können Fragen oder Angaben zu Sequenzmustern dieses Textteils sein. Beides hilft dem Schreibenden, die richtigen Inhalte zusammenzustellen bzw. nach dem Schreiben zu überprüfen, ob der Abschnitt die ihm zukommende Funktion erfüllen kann.

3.2.3 Mustertexte

Erfahrungen aus früheren Schreibkursen haben frappierende Ergebnisse mit dem Lernen am Muster gezeigt. Gute Beispiele können für die eigene Arbeit als Vorlage genutzt werden. In der Vorbereitung des Werkzeugkastens im Unterricht können Mustertexte als didaktisches Mittel eingesetzt werden: Diskussion guter Beispiele, Rankings von verschiedenen Lösungen ermöglichen den Perspektivenwechsel zwischen Leser und Schreiber. Ein reflektierender Umgang mit dem Mustertext wird geübt und damit die Fähigkeit, das Muster für den eigenen Fall zu variieren. Anhand der Schreibregeln werden die Mustertexte überprüfbar und in ihrer Qualität diskutierbar. Dies bietet auch die Möglichkeiten, Studierende und Dozierende bei der weiteren Entwicklung des Werkzeugkastens durch eigene (gute) Beispiele zu beteiligen, Qualitätsansprüche diskutierbar zu machen und Qualitätsanforderungen zu beschreiben. Die Einbindung von Mustertexten hat sich bei der Erarbeitung der Pilotfassung des Werkzeugkastens als schwierig herausgestellt: In der ersten Version des Werkzeugkastens sind nur einige wenige Mustertexte enthalten. Die guten, illustrativen Texte müssen nach und nach produziert und in den Werkzeugkasten eingebaut werden.

3.2.4 Einführung des Werkzeugkastens

Der Werkzeugkasten wird als Pilot erstmals im Wintersemester 2006/2007 an der HSR in der Maschinentechnik eingesetzt. Er ist zunächst pragmatisch und damit möglichst einfach umgesetzt worden. Mustergliederungen bzw. Dokumentvorlagen, sowie die orientierenden Textteile samt Schreibregeln und bislang vorhandenen Mustertexten wurden in MindManager übertragen und als html-Seite dargestellt. Dokumentvorlagen wurden zusätzlich in einem eigenen Ordner abgelegt. Der Werkzeugkasten steht den Studierenden so für eine elektronische Nutzung über den Skript-Server der HSR zur Verfügung kann ggf. aber auch als PDF heruntergeladen werden.

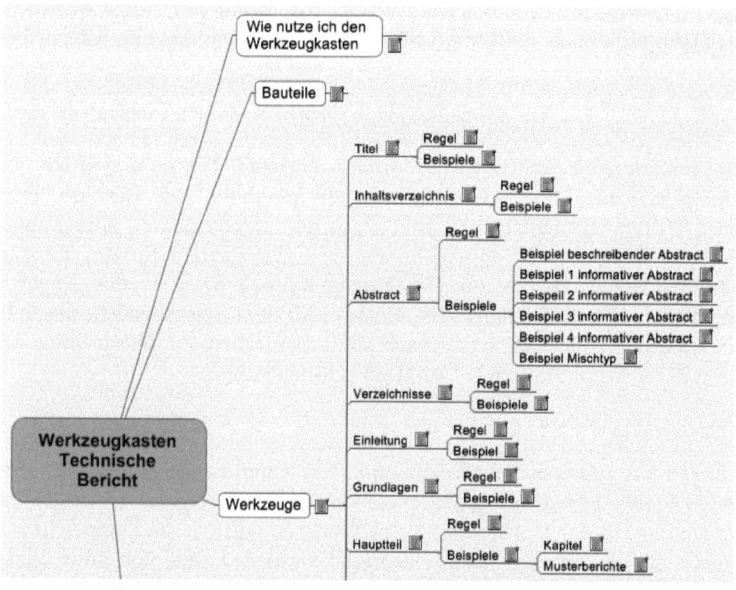

Abbildung 3: Übersichtsmap Werkzeugkasten (Ausschnitt, Stand WS 06)

Genutzt wird er in diesem Semester von Diplomanden, Studierenden, die eine Studienarbeit schreiben, sowie von Erstsemestern (Schreibtraining Kommunikation 1 in Verbindung mit Technischem Bericht Konstruktion). Diplomanden und Studienarbeiter sind am Anfang des Semesters in das Angebot eingeführt worden. Die Erstsemester werden anhand des Schreibtrainings auf das Angebot des Werkzeugkastens vorbereitet.

3.3 Schreibtraining Stufe 2

3.3.1 Rahmenbedingungen und Ziele

Um die Lerneffekte aus dem Schreibtraining Stufe 1 zu verstärken und die Qualität der Technischen Berichte weiter zu verbessern, ist eine zweite Stufe des Schreibtrainings sinnvoll. Diese zweite Stufe aktiviert Nutzung und Nutzen des Werkzeugkastens für die komplexen Schreibaufgaben am Ende des Studiums. Kern des Schreibtrainings Stufe 2 ist die Begleitung von zwei umfangreicheren Projektberichten durch ein individuelles Schreibcoaching. In beiden Fällen wird ein Technischer Bericht zu einem Projekt erstellt. Die Studierenden arbeiten allein bzw. in Zweiergruppen; das Arbeitspensum für das gesamte Projekt bewegt sich zwischen 120 und 180 Stunden. Das Schreibcoaching wird derzeit im Rahmen eines Pilot-Projekts angeboten und ist für die Studierenden fakultativ.

3.3.2 Themen und Schritte

Der Schwerpunkt des Schreibcoachings liegt gemäß dem Ansatz des Werkzeugkastens auf dem Strukturierten Schreiben. Angeboten werden den Studierenden zwei Coaching-Termine mit dem Schreibexperten. Der erste Termin findet nach ca. 1/3 der Arbeitszeit statt, der zweite nach ca. 2/3 der Arbeitszeit. Beim ersten Coaching werden der erste Entwurf des Inhaltsverzeichnisses und einer Einleitung gemeinsam besprochen. Beim zweiten Coaching werden eine aktualisierte Version des Inhaltsverzeichnisses sowie ein ausformuliertes Kapitel des Technischen Berichts vorab eingereicht und dann besprochen. Die Studierenden haben darüber hinaus die Möglichkeit, ihre eigenen Fragen zur Erstellung des Berichts zu stellen. Für beide Coaching-Termine ist ein enges Zeitgerüst gesetzt: Für das erste Coaching sind 30 Minuten, für das zweite Coaching 60 Minuten vorgesehen.

4 Ausblick

Evaluation

Um den Nutzen von Schreibtraining und Werkzeugkasten zu überprüfen, wird die Pilotphase evaluiert. Dabei geht es erstens darum, ob und in welchen Punkten die Studierenden Schreibtraining und Werkzeugkasten als hilfreich beurteilen. Zweitens ist interessant, wie sich beides in der Qualität der Technischen Berichte niederschlägt. Drittens soll anhand der Evaluation nochmals das Konzept Werkzeugkasten als Produktionshilfe kontra üblicher Leitfaden überprüft werden. Schließlich ist viertens von Interesse, wie der Zusammenhang zwischen dem Nutzen des Werkzeugkastens und dem mentalen Modell vom Thema der Arbeit aussieht: Wird der Werkzeugkasten vor allem von denjenigen mit Gewinn eingesetzt, die bereits über ein differenziertes mentales Modell zum Thema verfügen oder hilft er besonders denjenigen, deren mentales Modell noch nicht so differenziert ist? Befragt werden sowohl die Erstsemester als auch die Studierenden aus dem dritten Studienjahr (Studienarbeiten). Die Befragung wird ergänzt um eine Produktanalyse.

Erweiterung und Etablierung

Die Ergebnisse werden genutzt, um Training und Werkzeugkasten zu optimieren. Jetzt schon ist klar, dass der Werkzeugkasten vor allem bei den Mustertexten ergänzt werden kann und muss. Außerdem werden in künftige Versionen spezielle Formulierungshinweise, der Umgang mit Abbildungen und Bezügen zwischen Abbildungen und Text eingearbeitet

Schreibtraining und Werkzeugkasten wurden in der Pilotphase speziell für die Abteilung Maschinentechnik ausgelegt. Es ist geplant, das Angebot auch auf andere technische Abteilungen an der HSR zu übertragen. Die Erfahrungen mit dem individuellen Schreibcoaching werden wichtige Hinweise geben, was es an Zeit und anderen Faktoren braucht, um dieses Pilotangebot fest in die technischen Kurse zu integrieren. Eine gute Voraussetzung dafür ist, dass die Studierenden der Pilotphase das Angebot als hilfreich empfinden und die Produkte besser werden – das wird die Evaluation zeigen.

Literatur

Ballstaedt, Steffen-Peter (1997): Wissensvermittlung. Die Gestaltung von Lernmaterial. Weinheim: Beltz

Böhler, Klaus (2001): Modulare Informationseinheiten nach Information Mapping ® als Basis für effizientes Informationsmanagement. In: Hennig, Jörg/Tjarks-Sobhani, Marita: Informations- und Wissensmanagement für technische Dokumentation. Lübeck: Schmid-Römhild [Schriften zur technischen Kommunikation 4], 26-139

Göpferich, Susanne (2002): Textproduktion im Zeitalter der Globalisierung. Entwicklung einer Didaktik des Wissenstransfers. Tübingen: Stauffenburg [Studien zur Translation; 15]

Hayes, John R. (1996): A New Framework for Understanding Cognition and Affect in Writing. In: Levy C. Michael/Ransdell, Sarah (eds.) (1996): The Science of Writing. Theories, Methods, Individual Differences and Applications. Mahwah (NJ): Lawrence Ehrlbaum, 1-27

Hayes, John R./Nash, Jane Gradwohl (1996): On the Nature of Planning in Writing. In: Levy C. Michael/Ransdell, Sarah (eds.) (1996): The Science of Writing. Theories,

Methods, Individual Differences and Applications. Mahwah (NJ): Lawrence Erlbaum, 29-55
Hofer, Klaus (2001): Angewandte Psychologie für Industriekommunikation. In: tekom (Hrsg.): Jahrestagung 2001. Zusammenfassung der Referate. Stuttgart, 157-159
Jakobs, Eva-Maria (2005): Writing at Work. Fragen, Methoden und Perspektiven einer Forschungsrichtung. In: Jakobs, Eva-Maria; Lehnen, Katrin; Schindler, Kirsten (Hrsg.): Schreiben am Arbeitsplatz Frankfurt am Main: Verlag für Sozialwissenschaften, 13-43
Jakobs, Eva-Maria/Schindler, Kirsten (2006): Wie viel Kommunikation braucht der Ingenieur? Ausbildungsbedarf in technischen Berufen. In: Efing, Christian/Janich, Nina (Hrsg.): Förderung der berufsbezogenen Sprachkompetenz. Befunde und Perspektiven. Paderborn: Ernst, 133-153
Keller, Christian (2005): Fachjournalismus – Schreiben für technische Fachzeitschriften. Zürich: Intelligent book production
Kruse, Otto (2005[11]): Keine Angst vor dem leeren Blatt... Ohne Schreibblockaden durchs Studium. Frankfurt am Main/New York: Campus Verlag
Lehnen, Katrin/Schindler, Kirsten (2007/im Druck): Schreiben in den Ingenieurwissenschaften. Anforderungen, Bedingungen, Trainingsbedarf. In: Niemeyer, Susanne/Diekmannshenke, Hajo (Hrsg.): Profession und Kommunikation. Frankfurt am Main: Peter Lang
Levy C. Michael/Ransdell, Sarah (eds.) (1996): The Science of Writing. Theories, Methods, Individual Differences and Applications. Mahwah (NJ): Lawrence Erlbaum
Molitor-Lübbert, Sylvie (1989): Schreiben und Kognition. In: Antos, Gerd und Krings, Hans Peter (Hrsg.): Textproduktion: Ein interdisziplinärer Forschungsüberblick. Tübingen: Niemeyer, 278-296
Muthig, Jürgen/Schäflein-Armbruster, Robert (2002): Funktionsdesign: eine universelle und flexible Standardisierungstechnik. In: Böcher, Kornelius R. (Hrsg.): Technische Dokumentation. Band 2. Kissing: Weka Fachverlag (Weka Praxishandbuch Plus). 8.2.7.7
Pogner, Karl-Heinz (1999): Schreiben im Beruf als Handeln im Fach, Tübingen: Narr [Forum für Fachsprachenforschung; 46]
Pospiech, Ulrike (2005): Schreibend schreiben lernen. Über die Schreibhandlung zum Text als Sprachwerk, Frankfurt am Main: Peter Lang [Theorie und Vermittlung der Sprache; 39]
Scholz, Dieter (2001): Diplomarbeiten normgerecht verfassen: Schreibtipps zur Gestaltung von Studien-, Diplom- und Doktorarbeiten, Würzburg: Vogel
SN EN 62079. Ausgabe: 2001-04. Erstellen von Anleitungen – Gliederung, Inhalt und Darstellung (IEC 62079:2001)
Verhein-Jarren, Annette (2006): Schreibende Experten. Wie Ingenieurinnen und Ingenieure Schreibkompetenz für Studium und Beruf entwickeln. In: Kruse, Otto/Berger, Katja/Ulmi, Marianne (Hrsg.): Prozessorientierte Schreibdidaktik. Schreibtraining für Schule, Studium und Beruf. Bern: Haupt-Verlag, 237-258
Vopel, Klaus W. (2004): Teamfähig werden. Spiele und Improvisationen. Band 2. Salzhausen: iskopress

Schreiben als Kernkompetenz polizeilichen Handelns

Ergebnisse eines studienbegleitenden Projektes an der Fakultät Polizei der Niedersächsischen Fachhochschule für Verwaltung und Rechtspflege

Annette Flos

Written communication requirements shape the average working day of police officers. Writing tasks are an important part of police work. The text products influence work processes, professional efficiency and work results of police and justice executives. This far-reaching importance of text production in the area of police work is not reflected in scientific research. This article presents the first results of a pilot study into the writing requirements in the occupational area of police work and focuses on the needs of the text recipients. The research is based on two data sources: the reconstruction of subjective assumptions of students concerning the requirements of police writing tasks as well as a series of interviews conducted with police text recipients in justice departments and middle police management.

The recipients in justice departments as well as police executives advise to include written communication competence into the training of police staff. However, a well-founded training calls for detailed knowledge of police writing processes, context conditions of writing in the different areas of occupation as well as an adaptation of the perceptions of the writing at work field of research to the area of police work.

1 Einleitung

Die fiktionale Darstellung der Polizeiarbeit in den Medien zeichnet ein Bild von erfolgreich handelnden Beamtinnen und Beamten, die nur wenig Zeit und Energie am Schreibtisch aufwenden. Die Realität sieht anders aus. Strafverfolgung, Kriminalprävention oder Gefahrenabwehr – polizeiliches Handeln ist zu einem großen Teil Handeln im schriftsprachlichen Bereich. Jedes polizeiliche Tun muss schriftlich festgehalten, jede Vernehmung protokolliert, jeder Tatort beschrieben werden. Ziel dieser Textproduktion ist zum einen, das Handeln der Polizei zu dokumentieren und transparent werden lassen. Gleichzeitig aber werden die Texte einer weiteren Funktion zugeführt: Sie sind Arbeitsgrundlage für Kollegen und Kolleginnen, die den Vorgang in der nächsten Arbeitsschicht aufnehmen, für Vorgesetzte, die weitere Maßnahmen veranlassen oder für die Justiz, die auf der Basis der schriftlichen Vorgänge rechtliche Schritte einleitet.

Diese weitreichende Bedeutung der Textproduktion im Berufsfeld Polizei spiegelt sich nicht in wissenschaftlichen Untersuchungen. Zum Forschungsgegenstand Writing at Work – Schreiben am Arbeitsplatz – sind in den vergangenen Jahren zahlreiche Studien erschienen, die Schreibprozesse und Kontextbedingungen beruflich veranlasster Texte untersuchen (Jakobs 2005). Schreiben ist von der Forschung als eigenständige Form des Handelns definiert worden: Schreiben im Beruf als Handeln im Fach (Pogner 1999). Dieses Handeln hat direkte Konsequenzen für die Unternehmung ebenso wie für den Textproduzenten, es nimmt einen großen Teil der Arbeitszeit in Anspruch (Woudstra/Gemert 1997) und ist qualifikations- und karriererelevant (vgl. Jakobs 2005). Die komplexen Anforderungen, die mit dem beruflichen Schreiben verbunden sind, sind nicht allein mit den in der Schule vermittelten Kenntnissen und auch nicht durch das in der Ausbildung erworbene Fachwissen zu meistern (Perrin 2003). Berufliches Schreiben setzt situiertes Wissen und Können voraus (vgl. Pogner 1999, 281). Selbst jemand, der eine bestimmte Textart in einem bestimmten Kontext gut schreiben kann, hat nicht zwangsläufig Erfolg beim Verfassen von Dokumenten anderer Domänen, da Textsorten, Ziele, Lexik und Inhalte von Diskursgemeinschaft zu Diskursgemeinschaft variieren (Beaufort 2005, 204; Beaufort 1999).

Die Textproduktion im Berufsfeld Polizei ist bisher kaum empirisch untersucht worden. Nur wenige Studien, wie jene von Couture und Rymer (1993) und Jakobs (2005; 2006) berücksichtigen am Rande das Schreiben von Polizeibeamten, eine unveröffentlichte Untersuchung (N.N. 2007) fokussiert die Schreibanforderungen bei der Kriminalpolizei. Aber weder der Schreibprozess noch die Kontextbedingungen des Schreibens im Berufsfeld Polizei sind systematisch untersucht. Auch über die Erwartungen der Adressaten (Kollegen, Justiz) existieren keine Erhebungen. Welche Auswirkungen haben zum Beispiel Status- und Rollenverständnis (Jakobs 2005) oder Berufsgruppenidentität (Kröniger 2006) auf den Schreibprozess im Rahmen der textbasierten Zusammenarbeit mit der Staatsanwaltschaft, wenn die Polizei sich als statusniedere Gruppe wahrnimmt oder aber von der Staatsanwaltschaft so wahrgenommen wird? Der sozial-kommunikative Kontext, in den die Texte eingebunden sind, hat großen Einfluss auf den Herstellungsprozess (Lehnen 2005, 154). Hier liegt ein weiteres Forschungsdesiderat vor.

Das Fehlen von Forschungsergebnissen für das Berufsfeld Polizei hat auch ausbildungspraktische Relevanz. Konzepte, die im Rahmen der Hochschulausbildung die Studierenden auf die Schreibanforderungen im Beruf vorbereiten, sind in den letzten Jahren vereinzelt domänen- und disziplinspezifisch vorgestellt worden (Kruse/Berger/Ulmi 2006, Lehnen 2005, Schindler 2005). Für den Bereich der Polizei liegen noch keine Untersuchungsergebnisse oder Konzepte vor, die Möglichkeiten einer Vermittlung der berufsspezifischen Anforderungen bereits im Polizei-Studium diskutieren oder die Optimierung der Schreibleistung der Berufsausübenden fokussieren.

Im vorliegenden Beitrag werden erste Ergebnisse einer Voruntersuchung zu den Schreibanforderungen im Berufsfeld Polizei vorgestellt und Vorschläge von Rezipienten polizeilicher Texte zur Vermittlung der Schreibanforderungen in der Ausbildung dargelegt. Die Untersuchung habe ich im Sommer 2006 gemeinsam mit Professor Dr. Thomas Ohlemacher an der Fakultät Polizei der Niedersächsischen Fachhochschule für Verwaltung und Rechtspflege (Nds. FHVR) durchgeführt. Der Beitrag schließt mit einem Ausblick auf offene Forschungsfragen.

2 Fragestellung und methodisches Vorgehen

Insbesondere diensterfahrene Polizeibeamte betonen, dass der Polizeiberuf viel „Schriftstellerei" erfordere. Was aber heißt das konkret? Welche Anforderungen sind mit dem Schreiben im Berufsfeld Polizei verbunden? Welche Erwartungen haben die Text-Adressaten? Und: Welche Schreiberfahrungen haben die Studierenden während ihrer Praktika gemacht, welche – subjektive – Sicht haben die Studierenden auf die schriftbasierten Anforderungen an Kommunikation im Polizeiberuf? Diesen Fragen sind wir in einem dreiwöchigen Seminar-Projekt an der Fakultät Polizei in Hildesheim nachgegangen. Teilgenommen haben Polizei-Studierende im Abschlusssemester, die bereits während ihrer Praktika auf Polizeidienststellen (zweimal sechs Monate) Erfahrungen mit Schreibaufgaben und Schreibanforderungen sammeln konnten. Einige der Teilnehmer verfügten über mehrjährige Erfahrungen im „Schreiben am Arbeitsplatz Polizei", da sie vor Beginn des Studiums im mittleren Dienst bei der Polizei tätig waren.

Die Vorstudie stützt sich auf zwei Datenquellen – die Rekonstruktion subjektiver Annahmen von Studierenden (mit Dienst- bzw. Praktikaerfahrungen) zu den Anforderungen polizeilichen Schreibens sowie eine Interviewstudie mit Textadressaten der Polizei. In der Interviewstudie, die den Schwerpunkt der Untersuchung bildet, wurden Daten zu folgenden Fragen erhoben:

1. welche Relevanz das schriftliche Handeln der Polizei für das berufliche Handeln der Textadressaten hat
2. welche Anforderungen die Textadressaten an die schriftbasierte Kommunikation mit den Polizeibeamten stellen
3. ob und wenn ja auf welchen Textebenen Defizite benannt werden und
4. ob die Vermittlung berufsspezifischer Schreibanforderungen bereits im Studium als sinnvoll erachtet wird.

Der Fragenkatalog wurde gemeinsam mit den Studierenden entwickelt. Die Interview-Fragen sind standardisiert und überwiegend offen gehalten.
Befragt wurden Adressaten der polizeilichen Texte aus den Arbeitsfeldern Polizeiausbildung, Justiz und aus der mittleren Leitungsebene der Polizei. Als interne Adressaten wurden ein Dienstabteilungsleiter (DAL), ein Leiter eines Polizeikommissariates (PKL), ein Dezernatsleiter (LDez) und ein Leiter Einsatz (LE)

befragt. Als externe Textadressaten wurden eine Jugendrichterin am Amtsgericht (RiAG), eine Staatsanwältin der Staatsanwaltschaft (STA) und ein Strafrichter am Amtsgericht (RiAG) interviewt. Als Vertreter der Hochschulausbildung wurde ein Studiendekan (StD) der Fakultät Polizei an der FHVR befragt.

Die Schreibaufgaben im Berufsfeld Polizei umfassen ein breites Spektrum von Textsorten. Die internen und externen Adressaten haben jeweils spezifische Erwartungen an die textbasierte Zusammenarbeit und stellen Anforderungen, die der Textproduzent erfüllen muss. Die Interviewpartner der Studie wurden so ausgewählt, dass mit ihnen eine Vielzahl von Textsorten erfasst ist. Nachstehend sind den Befragten die Textsorten zugeordnet, mit denen diese – nach eigenen Angaben – überwiegend(!) arbeiten:

Dienstabteilungsleiter
- Strafanzeigen
- Verkehrs-Unfall-Anzeigen
- Einsatzblätter

Leiter eines Polizeikommissariats
- Strafanzeigen
- Berichte
- Stellungnahmen
- Beschwerdeschreiben

Leiter Einsatz
- Strafanzeigen
- Ordnungswidrigkeitsanzeigen
- Stellungnahmen
- Verfügungen

Dezernatsleiter
- Sämtliche polizeiliche Textsorten

Jugendrichterin am Amtsgericht
- Sachverhaltsdarstellungen im Rahmen der Strafanzeige
- Beschuldigten- und Zeugenvernehmungen
- Polizeiliche Vermerke
- Anträge auf Durchsuchungen, Telefonüberwachungen, Haftbefehle
- Abschlussberichte

Strafrichter am Amtsgericht
- Abschlussberichte
- Strafanzeigen

- Berichte
- Stellungnahmen

Staatsanwältin der Staatsanwaltschaft
- Alle Textsorten

Der Studiendekan (StD)
- Klausuren der Studierenden[1]

3 Ergebnisse

3.1 Schreibanforderungen im Polizeiberuf – die studentische Sicht

Im Folgenden wird die subjektive Sicht der Studierenden, die aus Praktika bzw. Diensterfahrungen resultiert, auf die Schreibanforderungen im Polizeiberuf beschrieben. Ihre Text- und Schreiberfahrungen beziehen sich auf die Arbeitsbereiche Einsatz- und Streifendienst (ESD), Zentraler Kriminaldienst (ZKD) und Kriminal-Ermittlungsdienst (KED). Diesen Aufgabenbereichen gemeinsam ist nach Kenntnis der Studierenden: „Es gibt keinen Dienst ohne schriftliche Arbeit!" Erhebliche Unterschiede in den genannten Arbeitsbereichen werden in den Produktionsbedingungen des Schreibens gesehen und den Anforderungen, die an die Texte gestellt werden: Im ESD ist die Textproduktion gekennzeichnet durch ein hohes Maß an Diskontinuität. Die Schreibtätigkeit muss häufig unterbrochen werden, da neue Einsätze die Beamten fordern. Jeder neue Einsatz ist wiederum schriftlich darzulegen. Auch wenn ein Textvorgang ohne Unterbrechung fertig gestellt wird, findet das Schreiben in dem Bewusstsein statt, dass eine Unterbrechung jederzeit möglich ist.[2] Aufgrund des Schichtdienstes verteilt sich die Textproduktion über den ganzen Tag (24 Stunden). Oft wird aber gerade nachts und in den frühen Morgenstunden geschrieben, da dann das Einsatzgeschehen weniger stark ist als am Tag oder am Abend. Gefordert ist nach Kenntnis der Studierenden eine kurze und prägnante Darstellung der Sachverhalte.

In den Organisationseinheiten des ZKD/ KED wird am Tag geschrieben. Unterbrechungen der Textproduktion sind wesentlich seltener als im ESD. Erwartet wird, so die Einschätzung der Studierenden, eine detaillierte und präzise Darstel-

---

1 Zu den Aufgaben eines Studiendekans gehört das Verfassen und Bearbeiten zahlreicher Textsorten, in die Untersuchung eingegangen ist hier aber lediglich die Textsorte Klausur.

2 Untersuchungen über die Häufigkeit der Unterbrechung eines Schreibvorgangs im ESD liegen nicht vor. Bei einer unveröffentlichten Untersuchung 2007 in einer Polizeiinspektion wurden die Beamten über einen Zeitraum von 62 Stunden gebeten, jede dienstlich notwendige Unterbrechung der Textproduktion zu notieren. Das Ergebnis: Fast die Hälfte der Schreibvorgänge mussten mindestens einmal unterbrochen werden, 17% der gesamten Vorgänge dreimal und häufiger.

lung des Sachverhalts. Einige Texte werden kooperativ verfasst. Die Studierenden wissen: „Absprachen werden umso entscheidender, je mehr Kollegen am Einsatz beteiligt sind, [...] die einzelnen Darstellungen sollten inhaltlich zueinander passen." Bekannt ist weiter, dass die Texte von internen und externen Adressaten gelesen werden. Textproduktion bedeutet daher sich zu fragen „Wer schaut sich den Bericht, der in die Akte geheftet wird, überhaupt an? Welche Details sind wichtig und was spielt keine Rolle? Wo kann ich Zeit sparen bzw. gewinnen, die ich für meine anderen Aufgaben nutzen kann? Was will ich als Schreibender erreichen?" (Studierende)

Aber auch: „Was muss ich anders schreiben, um nicht aufgrund einer falschen Wortwahl auf einmal selbst als Beschuldigter dazustehen?" (Studierende)

Trotz dieser Kenntnisse der Erwartungen, die an die Texte gestellt werden und dem Wissen über die Produktionsbedingungen in den Arbeitsbereichen besteht eine große Handlungsunsicherheit in Bezug darauf, wie der „richtige" Text zu formulieren und aufzubauen ist. „Gerade für die Berufseinsteiger ist es", so die diensterfahrenen Studenten, „schwierig", denn: „Jeder macht es halt irgendwie anders." Wir wollten wissen, wie diese subjektive Sicht der Studierenden mit den Erwartungen der Adressaten korrespondiert.

3.2 Schreiben im Polizeiberuf – die Erwartungen der Rezipienten

Die Polizei kommuniziert weite Teile ihres beruflichen Handelns schriftlich. Diese textbasierte Kommunikation hat in aller Regel mehrere Funktionen zu erfüllen und ist organisations- und fachübergreifend adressiert. Wie die produzierten Texte bei ihren Rezipienten „ankommen", welche Schwierigkeiten und Probleme sich ergeben, werde ich im Folgenden darstellen.

3.2.1 Textfunktion und Lesedauer

„Aus allen Texten der Polizei ergibt sich mein Bild von der Tat" (Richterin)

Für die von uns Befragten aus der Justiz und der mittleren Leitungsebene der Polizei sind die Texte Grundlage der eigenen Arbeit, die sie als „abhängig" von der zur Verfügung gestellten „Textqualität" bezeichnen. Das vorangestellte Zitat einer Richterin verdeutlicht, wie sehr das schriftliche Handeln der Polizei mit dem Handeln der Judikative verzahnt ist. Für die Justiz ist nicht das Tatgeschehen selbst Grundlage des Handelns, sondern die schriftlich dargelegten Informationen über das Geschehen.[3] Die Polizei nimmt mit ihren Texten unmit-

---

3 Dass neben der Schreibkompetenz der polizeilichen Textproduzentinnen und -produzenten auch die Rezeptionsgewohnheiten und Wahrnehmungsmuster der Lesenden Einfluss auf die „Bildentstehung" haben, ist evident, wurde aber aus der Untersuchung ausgeklammert. Ebenso soll hier nur erwähnt sein, dass in die Wahrnehmung einer Tat durch die Justiz auch weitere (überwiegend schriftliche) Quellen einfließen, wie z. B. Zeugenaussagen und Sachverständigengutachten, aber auch Beweisstücke.

telbar Einfluss auf das weitere Vorgehen, so hat „[...] die Sachverhaltsdarstellung der Strafanzeige zum Beispiel großen Einfluss darauf, wie die Anklageschrift später aussieht" (RiAG). Oder zugespitzt: Die polizeilichen Texte bestimmen in hohem Maße die Qualität der Arbeit der Strafverfolgungsbehörden. Es ist deshalb erforderlich sicherzustellen, dass Tatbestände vollständig, präzise und sachangemessen dargestellt werden (STA).

Auch auf die inhaltliche Arbeit der Leitungsebene der Polizei hat die Qualität der polizeilichen Texte Einfluss; unter anderem, wenn Sachverhalte bewertet und für Stellungnahmen beispielsweise für Aufsichtsbehörden oder oberste Landesbehörden umgesetzt werden. Die Abhängigkeit der eigenen Arbeit von der Schreibkompetenz der Informationsgeber wird klar formuliert: „Ich bin auf fast jedes einzelne Wort und auch auf die Gewichtung der Worte angewiesen" (LDez).

Neben der Informationsfunktion, die für die Rezipienten handlungsleitend ist, erfüllen die Schreiben polizeiintern eine Kontroll- und Repräsentationsfunktion. Die Kontrollfunktion umfasst die Dienst- und Fachaufsicht: „Im Rahmen der Dienst- sowie Fachaufsicht dienen die gefertigten Schriftstücke meiner Mitarbeiter letztlich der Überprüfung, ob sie ihren Dienst adäquat versehen" (PKL). Überprüft werden somit das polizeiliche Handeln und gleichzeitig auch die Darstellung des polizeilichen Handelns nach außen. Die Überprüfung der Darstellungsqualität fokussiert zunächst basale Ausdrucksanforderungen: „Ich prüfe die Texte auf [...], Rechtschreibung, Struktur, Aufbau, Gliederung[...]" (DAL), gefolgt von einer inhaltlichen Qualitätskontrolle: „Mir geht es [...] darum, dass sich präzise ausgedrückt wird und dass das, was unseren Aufgabenbereich anbelangt, auch tatsächlich und wirklich nur im erforderlichen Umfang zu Papier gebracht wird" (PKL). Gleichzeitig werden die Texte in dem Bewusstsein gelesen, dass sie von Dritten als „Visitenkarte" wahrgenommen werden und die Organisation repräsentieren: „Jede Stellungnahme, jeder Bericht, den ich lese und der über meinen Tisch geht, reflektiert auf die Leistungsfähigkeit der Organisationseinheit, für die ich verantwortlich bin" (PKL).

Die Bedeutung der polizeilichen Texte für den eigenen Arbeitsprozess zeigt sich auch in der Dauer des Lesens. Die Befragten schätzen, dass sie erhebliche Anteile der Gesamtarbeitszeit ausschließlich auf das Lesen verwenden: Die Angehörigen der Justiz schätzten (!) den prozentualen Leseanteil auf 20-50%. Die Polizei nennt geschätzte Werte zwischen 50% und 80%. Bei einigen Schriftstücken steht nach Angaben der Interviewten die Lesedauer in unmittelbarem Zusammenhang mit der Textqualität. Ein Dienstabteilungsleiter formuliert: „Eine schlechte Qualität der Texte bedeutet für mich zusätzliche Arbeit"(DAL). Dieses Mehr an Investition in die Ressource Zeit kann erheblich sein: „Meine Arbeitszeit ist unmittelbar von der Qualität der Schriftstücke betroffen. Der eine oder andere Bericht, den ich lese, erfordert schon mal eine halbe Stunde meiner Arbeitszeit. Wenn er denn exakt, flüssig und verständlich formuliert wäre, wäre das Lesen gegebenenfalls auch innerhalb von fünf Minuten zu erledigen" (PKL).

3.3 Textbasierte Kommunikationsprobleme

Die Interviewpartner wurden gebeten, schriftsprachliche Defizite der Texte zu nennen, die nicht ihren Erwartungen an eine textbasierte Zusammenarbeit entsprechen. Genannt wurden Phänomene auf fünf Anforderungsebenen: auf der Ebene basaler Fertigkeiten und der Ebene der Textstruktur, im Bereich fachspezifischer Anforderungen sowie auf der Ebene des Formulierens der eigenen Wahrnehmung und des Wissens um die Textfunktion.

Basale schriftsprachliche Fertigkeiten (Orthographie, Grammatik, Ausdruck) werden ausschließlich von internen Text-Adressaten und dem Vertreter der Fachhochschule genannt.

Die Struktur einiger Texte wird sowohl von internen als auch von externen Adressaten als problematisch beschrieben. Defizite werden in der linearen Darstellung von Sachverhalten gesehen; insbesondere wenn es sich um Ereignisse mit vielen Beteiligten und einer Gleichzeitigkeit des Geschehens handelt. Kritisiert wird ein Textaufbau, der dem Rezipienten kein zügiges Handeln ermöglicht: „Teilweise gibt es Probleme mit dem Aufbau von Schriftstücken, wenn nicht sofort aus ihnen hervorgeht, wer beispielsweise die beschuldigte Person ist, bei der unter anderem durchsucht werden [...] soll" (RiAG).

Eine fachspezifische Anforderung an die Schreibkompetenz der Polizeibeamten ist die Fähigkeit zu einer präzisen „Bildbeschreibung", einer schriftlichen Tatortaufnahme, bei der die Wahrnehmung von der Bewertung getrennt wird (StD). Eine detaillierte Beschreibung der eigenen Wahrnehmung ohne subjektive Wertung aber fällt einigen schwer.

Die Forderung nach größtmöglicher Objektivität wird – so die Einschätzung der Befragten – zum Teil missverstanden. Die Textproduzenten präferieren das Passiv, mit dem Verzicht auf die Aktivform verschwindet der Berichtende als Subjekt und erzeugt Distanz zum Berichteten. Berichtet werden scheinbar nur noch Fakten, nicht jedoch Wahrnehmungen. So kritisiert der Leiter eines Polizeikommissariats: „Sie nehmen sich mit ihren Formulierungen nicht selber für ihr Handeln in die Verantwortung. Ich reflektiere damit auf das passive Schreiben sowie auf die Distanz im eigenen Tun, indem man sich selber als Unterzeichner beschreibt bzw. indem man sich selber und das, was man tut, aus der Distanz heraus betrachtet und dann versucht zu beschreiben." Dies kann Auswirkungen auf die Erinnerungsfunktion der Texte haben, die im Berufsfeld Polizei wichtig ist: Wer im Passiv schreibt und nicht die eigene Wahrnehmung formuliert, hat häufig Schwierigkeiten, das Geschehene nach Monaten zu erinnern und vor Gericht authentisch auszusagen.

Als problematisch wird auch das Wissen um die Funktion und das Ziel des Textes beschrieben: „Viele wissen nicht, warum sie etwas schreiben und welches Ziel mit dem Schreiben verfolgt wird[...]" (PKL). Wer über das Warum nicht ausreichend informiert ist, kann nicht erkennen, an welcher Stelle welche Detaildichte notwendig ist. Dadurch können „langatmige" Texte entstehen, die nicht das Wesentliche fokussieren: „Das Problem besteht überwiegend in einer mangelnden präzisen und gleichzeitig treffenden Formulierung – kurz und knapp, ohne etwas auszulassen" (StA).

Eine ungenügende Kenntnis der Textfunktion und Textbedeutung hat darüber hinaus Auswirkungen auf den Schreibprozess und das Bemühen um Schreibkompetenz. Wem nicht deutlich ist, dass der eigene Text die Adressaten zu einer Anschlusshandlung befähigen muss (Verhein-Jarren 2006), kann diese Textfunktion nicht für das Schreiben produktiv machen. Schreiben wird dann nicht als Bestandteil, sondern als eine der „eigentlichen" Tätigkeit nachgeordnete Handlung (Jakobs 2006) gesehen. Der Leiter eines Kommissariats betont aus Erfahrung: „Der Polizeiberuf ist ein Beruf der Kommunikation. Er ist ein sprechender und ein schreibender."

3.3.1 Berufsbezogenes Schreiben in der Ausbildung: Pflicht oder Kür?

Die Frage „Ist es Ihrer Meinung nach sinnvoll, „Berufliches Schreiben" an der Polizeiakademie zu unterrichten?" wurde mit „ja" (alle), „absolut" (PKL), „in jedem Fall!" (LDez) und „sehr" (LE) beantwortet.

Ein Vertreter der Justiz wünscht die Vermittlung der Schreibaufgaben im Polizeiberuf „unter Berücksichtigung der Anforderungen der Gerichte und der Staatsanwaltschaft" (RiAG), eine Richterin schlägt vor: „[...] die Schriftstücke, die in den jeweiligen Bereichen zu schreiben sind, sollten als Formulare oder Vorgaben an die Hand gegeben werden, um Aufbau und Formulierungen an diesen Stücken zu lernen" (RiAG). Der Vertreter der Ausbildung weist darauf hin, dass die Polizei-Ausbildung in Niedersachsen, die künftig an einer akkreditierten Akademie mit einem Bachelor-Abschluss durchgeführt wird, auch mit einer Verkürzung der Praxiszeiten im Vergleich zur Fachhochschulausbildung verbunden ist: „[...] folglich steht weniger Zeit zur Verfügung, polizeiliche Texte in der Praxis zu erlernen. Deshalb ist es notwendig, „Berufliches Schreiben" im Theoriesemester anzubieten. Zugleich würde dadurch die sinkende Zahl von Aufstiegsbeamten kompensiert, die in der Vergangenheit ihre Erfahrung bei der Erstellung von polizeilichen Texten an die Anwärter und Anwärterinnen weitergeben konnten."

Die Befragten wurden gebeten, die vorgegebenen Inhalte
- Textsortenkompetenz
- Adressatenorientierung
- Präzision

- Strukturierter Textaufbau
- Situationsangemessene schriftliche Reaktion und
- Zehn-Finger-Schreibtechnik[4]

vier Ausbildungsschritten (1 = Kernbereich der Erstausbildung, 2 = Wahlpflicht-Bereich der Erstausbildung, 3 = Fortbildung, 4= nicht relevant[5]) zuzuordnen.

Kernbereich: Die Befragten (n=8) sind sich einig, dass im Kernbereich die Inhalte „Textsortenkompetenz", „Präzision" und „Strukturierter Textaufbau" behandelt werden sollten, 75% wünschen hier auch das Thema „Adressatenorientierung" behandelt, 62% die „situationsangemesse schriftliche Reaktion".

Wahl-Pflicht-Bereich: 37,5% der Befragten wollen im Wahlpflicht-Bereich die „situationsangemessene schriftliche Reaktion" vermittelt wissen, 12,5% die „Adressatenorientierung". Das Tastaturschreiben soll nach Ansicht von 25% in diesem Bereich unterrichtet werden.

Fortbildung: 12,5% der Befragten wollen das Tastaturschreiben im Fortbildungsbereich angesiedelt wissen.

Nicht relevant: 62,5 der Befragten sehen das Tastaturschreiben als nicht relevant für die Ausbildung an[6].

4   Zusammenfassung und Ausblick

Das schriftliche Handeln der Polizei hat große Bedeutung für den Arbeitsprozess und die Arbeitsqualität der internen und externen Textadressaten. Texte, die nicht dem Bedarf der Abnehmer entsprechen, haben negative Auswirkungen auf die Arbeitsabläufe der Organisation Polizei ebenso wie auf die Arbeitsabläufe der Justizbehörde.

Zeitlich ist die Textproduktion im Berufsfeld Polizei – von Ausnahmen abgesehen – dem Geschehen nachgeordnet, nicht aber qualitativ. Gemessen an der Relevanz der Texte für interne und externe Verfahrensabläufe oder für den Prozess der Strafverfolgung, ist die Textproduktion Kerngeschäft polizeilichen Handelns. Erst die von der Polizei schriftlich zur Verfügung gestellten Informationen

---

4   Den Studierenden war es wichtig, die Frage nach der Relevanz des Tastaturschreibens in den Fragenkatalog aufzunehmen. Möglicherweise zeigt dies, ebenso wie die starke Gewichtung dieser Fertigkeit bei den Befragten (Kategorie 1 oder 2), dass die quantitativen Anforderungen an die schriftliche Kommunikation im Polizeiberuf nur schwer zu bewältigen sind, wenn Zeit (und Energie) in das Suchen der richtigen Tasten investiert werden muss.

5   Die Einteilung orientiert sich an einer Untersuchung zum „Ausbildungsprofil der FHVR, Fakultät Polizei, Niedersachsen" (Ohlemacher/Weiß/Aust 2005).

6   Hier wurde der Vorschlag gemacht, diese Fertigkeit in den Kanon der Einstellungsvoraussetzungen für die Polizeianwärter und -anwärterinnen aufzunehmen.

ermöglichen den Rezipienten ein dem Tatbestand angemessenes Weiterführen des Verfahrens – oder aber sie verhindern dies.

Polizeiliches Handeln im schriftsprachlichen Bereich muss mit der gleichen Professionalität und Kompetenz ausgeführt werden wie andere dienstliche Handlungen. Die Abnehmer polizeilicher Texte aus der Justiz und der Leitungsebene der Polizei wünschen die Vermittlung von schriftsprachlichen Kommunikationskompetenzen bereits in der Ausbildung von Polizeibeamtinnen und Polizeibeamten.

Die Polizeiausbildung in Niedersachsen wird derzeit umstrukturiert. Die zukünftige Polizeiakademie in Niedersachsen, die im Herbst 2007 die ersten Studierenden aufnehmen wird, reagiert auf den oben postulierten Bedarf im Rahmen der Bachelor-Ausbildung mit einer theoriebasierten und praktischen Lerneinheit zum berufsbezogenen Schreiben.

Hierbei kann derzeit nicht auf Forschungsergebnisse zurückgegriffen werden. Eine fundierte Ausbildung setzt andererseits detaillierte Kenntnisse über polizeiliche Schreibprozesse, ihre Anforderungen und Produkte voraus. Desiderate betreffen die Adaption von Erkenntnissen der Forschungsrichtung Writing at Work auf die Domäne sowie Studien zu den Kontextbedingungen des Schreibens in den verschiedenen Arbeitsfeldern der polizeilichen Textproduktion. Auch zu dem sozial-kommunikativen Kontext der an der schriftlichen Kommunikation beteiligten Statusgruppen liegen keine Erhebungen vor. Die Beamtinnen und Beamten der Polizei legen – und dies ist mit nur wenigen Berufsgruppen vergleichbar – mit ihrem Text immer auch das eigene Handeln nicht nur gegenüber den Vorgesetzten, sondern auch gegenüber der Justiz dar. Zu klären wäre in diesem Zusammenhang, ob die Mehrfachadressierung und insbesondere die Adressierung an die Judikative Einfluss hat auf den Schreibprozess und das Schreibprodukt und welche Konsequenzen sich daraus ergeben. Hier liegt weiterer Forschungsbedarf vor.

Literatur

Beaufort, Anne (1999): Writing in the real world: Making the transition from school to work. New York: Teachers College Press

Beaufort, Anne (2005): Adapting to new writing situations. How to gain new skills. In: Jakobs, Eva-Maria/Lehnen, Katrin/Schindler, Kirsten (Hrsg.): Schreiben am Arbeitsplatz. Wiesbaden: Verlag für Sozialwissenschaften, 201-216

Couture, Barbara/Rymer, Jone (1993): Composing process on the job by writer's role and task value. In: Spilka, Rachel: Writing in the workplace: New research perspectives. Carbondale: Southern Illinous University Press, 4-20

Jakobs, Eva-Maria/Lehnen, Katrin/Schindler, Kirsten (Hrsg.) (2005): Schreiben am Arbeitsplatz. Wiesbaden: Verlag für Sozialwissenschaften

Jakobs, Eva-Maria (2005): Writing at Work. In: Jakobs, Eva-Maria/Lehnen, Katrin/ Schindler, Kirsten (Hrsg.): Schreiben am Arbeitsplatz. Frankfurt am Main: Verlag für Sozialwissenschaften, 13-40

Jakobs, Eva-Maria (2006): Texte im Berufsalltag. Schreiben, um verstanden zu werden? In: Blühdorn, Hardarik/Breindl, Eva/Waßner, Ulrich Hermann (Hrsg.): Text – Verstehen. Grammatik und darüber hinaus (Jahrbuch des Instituts für deutsche Sprache 2005). Berlin/New York: de Gruyter, 315-331

Kröniger, Silke (2007): Die Rolle einer Berufsgruppenidentität bei der Zusammenarbeit von Polizei und Staatsanwaltschaft. In: Ohlemacher, Thomas/Mensching, Anja/ Werner, Hans-Jochen (Hrsg): Empirische Polizeiforschung VIII: Polizei im Wandel? Organisationskultur(en) und -reform. Frankfurt am Main: Verlag für Polizeiwissenschaft, 129-152

Kruse, Otto/Berger, Katja/Ulmi, Marianne (Hrsg.) (2006): Prozessorientierte Schreibdidaktik. Bern,/Stuttgart/Wien: Haupt

Kruse, Otto/Perrin, Daniel (2003): Institution und professionelles Schreiben. In: Perrin, Daniel/Böttcher, Ingrid/Kruse, Otto (Hrsg): Schreiben. Von intuitiven zu professionellen Schreibstrategien. Wiesbaden: Westdeutscher Verlag, 7-14

Lehnen, Katrin (2005): Vermittlung berufsbezogener Schreibkompetenzen im Studium. Am Beispiel des ‚Usability Testing'. In: Jakobs, Eva-Maria/Lehnen, Katrin/ Schindler, Kirsten (Hrsg.): Schreiben am Arbeitsplatz. Frankfurt am Main: Verlag für Sozialwissenschaften, 235-250

Lehnen, Katrin/Schindler, Kirsten (2003): Repertoires erweitern. Für andere Domänen trainieren. In: Kruse, Otto//Böttcher, Ingrid/Perrin, Daniel: Schreiben. Von intuitiven zu professionellen Schreibstrategien. Institution und professionelles Schreiben. Wiesbaden: Westdeutscher Verlag, 153-170

N.N. (2007): Schreiben bei der Kriminalpolizei. Kontextbedingungen kriminalpolizeilicher Textproduktion und deren Rückwirkungen auf den Produktionsprozess. Magister-Arbeit, Professur für Textlinguistik/Kommunikationswissenschaft an der RWTH Aachen, 2007

Ohlemacher, Thomas/ Weiß, Horstrüdiger/ Aust, Natascha (2005): Ausbildungsprofil Fakultät Polizei (Abschlußbericht). Hildesheim: FHVR

Pogner, Karl-Heinz (1999): Schreiben im Beruf als Handeln im Fach. Tübingen: Narr

Schindler, Kirsten (2005): Studierende schreiben beruflich. Beobachtungen einer empirischen Studie. In: Jakobs, Eva-Maria/Lehnen, Katrin/Schindler, Kirsten (Hrsg.): Schreiben am Arbeitsplatz. Wiesbaden: Verlag für Sozialwissenschaften, 217-234

Verhein-Jarren (2006): Schreibende Experten. Wie Ingenieurinnen und Ingeniere Schreibkompetenz für Studium und Beruf entwickeln. In: Kruse, Otto/Berger, Katja/Ulmi, Marianne (Hrsg.): Prozessorientierte Schreibdidaktik. Bern/Stuttgart/ Wien: Haupt, 237-256

Werbung texten

Ein domänenspezifisches Schreibtraining

Hartmut Stöckl

The present contribution suggests ways to design a course in writing advertising copy which is to facilitate students' access to professional and creative writing. Hands-on methodological suggestions are made after theoretically reflecting on typical writing tasks in advertising and analysing the specific processes and requirements involved in conceiving and crafting all kinds of advertising texts. Looking at authentic student copy drafts, the article argues that it is of paramount importance for students to become competent in analyzing, criticizing and optimizing their own text versions.

1 Einführung: Kontext und Ziele

Ließe sich der Text-Output öffentlicher Kommunikation verlässlich quantifizieren, würde man zweifelsohne feststellen, dass werbliche Textsorten daran einen immens großen Anteil haben. Wir erleben derzeit eine „Marketingisierung" der Kommunikation im öffentlichen Raum; wir leben in einer ‚promotional culture' (Wernick 1991, Fairclough 2004, 112–115). Redaktionelle Inhalte werden immer stärker mit werblichen Inhalten zersetzt und es entstehen hybride Textgenres wie z. B. das ‚advertorial' (Ungerer 2004). Zugleich werden die Texte selbst immer mehr zur Ware; ein Prozess, den man in Anlehnung an semiotische Theorien als ‚commodification' von Kommunikation bezeichnen kann. Dies alles folgt dem Prinzip der akzelerierten und mit semiotischen Reizen überladenen Mediengesellschaft, nach dem nur der Gehor und Blickfang finden kann, der in Texten und mit der immer neuen und authentischen Qualität seiner Texte wirbt.

Dieser anhaltenden Konjunktur des werblichen Schreibens und seiner großen gesellschaftlichen Bedeutung steht ein relativ blinder Fleck in der Schreibforschung gegenüber. Zwar blüht das Werbeagenturwesen weltweit, doch zeigt sich die Branche der Introspektion von außen sowie der Kommunikations- und Schreibberatung gegenüber relativ resistent. Dies hat vielfältige Gründe. Zum einen üben sich Agenturen unter Verweis auf die Auftraggeber gern in Geheimniskrämerei. Schwerer wiegen hier aber eine im Geiste des Kreativentums betriebene elitäre Isolation und die Mythologisierung von kommunikativen Praktiken, die bei aller Notwendigkeit von Intuition und künstlerischer Veranlagung eben doch zu einem nicht geringen Teil festen Regeln und Rezepten folgen. Auf die Sprach-, Kommunikations- und Medienwissenschaften andererseits üben Werbetexte eine magische Anziehungskraft aus. Hier hat man – mit allem Respekt vor der Vielfalt und Wandelbarkeit von werblicher Kommunikation in Abhängigkeit von Branche und Medium etwa – in den letzten Jahrzehnten viele Erkenntnisse über Struktur und sprachlich-stilistische Gestaltung des Werbetexts gewonnen (Sowinski 1998, Janich 2001, Stöckl 2004a). In ihrer Gesamtheit deuten diese Befunde durchaus auf das Systematische und Musterhafte werblichen Textens hin.

Auf dem Hintergrund eines Seminars zum kreativen Schreiben an der TU Chemnitz plädiere ich in diesem Beitrag für die hohe Attraktivität und große Nützlichkeit des werblichen Schreibens als Zugangspfad zur Auseinandersetzung mit professionellem Schreiben allgemein. Der Artikel verfolgt drei Teilziele. Erstens sollen die Schreibprozesse und typischen Schreibaufgaben des Werbens beleuchtet werden. Zweitens stelle ich Überlegungen dazu an, welche Konzepte und Strategien sich für ein Werbetexttraining am ehesten eignen. Schließlich will ich anhand von studentischen Schreibarbeiten das Potenzial von Textreflexion und Textkritik für die Optimierung werblicher Kommunikation ausloten.

2 Das Werbetexten

2.1 Schreibaufgaben der Werbung

Eine kritische Sichtung der Werbetext-Trainingsliteratur ergibt zunächst zwei interessante Erkenntnisse. Die generelle Einstellung zum werblichen Schreiben variiert zwischen zwei extremen Polen. Auf der einen Seite steht ein pragmatischer Positivismus, nach dem es für jede Text-Aufgabe eine Methode, ein Raster oder ein Rezept gibt. Dem entgegen tritt eine Auffassung, die das Texten von Werbung als kaum erlernbare und begabungsbedingte Kreativität mythologisiert. Die folgenden Zitate illustrieren diese nur scheinbar unvereinbaren Positionen. Historisch betrachtet ist der Positivismus von der Mythologisierung und Mystifizierung abgelöst worden.

> Wirksame Werbetexte sind nicht die Frucht himmlischer Eingebungen, sondern das Ergebnis systematischer Arbeit (Hartwig 1978, 5).

> Wer [...] nicht schon einen guten Schuss kreatives Denken mit auf die Welt gebracht hat, kann es sich nicht durch noch so viele Techniken und Methoden anlernen (Högn/Pomplitz 1991, 117).

In Wirklichkeit natürlich ist werbliches Schreiben sowohl methodisch und rezeptgeleitet als auch intuitiv und kreativ. Ersteres begründet den Bedarf nach der Reflexion von Mustern, letzteres die Notwendigkeit von weniger planbaren, originellen Einfällen. Besonders wertvoll für den praktizierenden Werbetexter sind jenseits dieses anhaltenden Streits um Methode und Kreativität vor allem die Publikationen, die ausgefallene, d. h. von den jeweils eingefahrenen, viel benutzten Mustern abweichende Werbetexte typologisierend sammeln und reflektieren (Gaede 2002).

Die zweite Erkenntnis lautet: Es gibt eine große Fülle etablierter Schreibaufgaben, deren Training dem angehenden Werbetexter besonders empfohlen wird. Hier scheint sich die Qualität des Texttrainings im Wandel der Zeit kaum verändert zu haben, wenn man etwa das Maßstäbe setzende Buch von Keyenburg (1987) mit dem in gleicher Weise praxisnahen Buch von Seyn (2004) oder dem etwas stärker theoretisierenden Buch von Pietzcker (2003) vergleicht. Diese und andere gesichtete Ratgeber- und Trainingsbücher erlauben die Listung typischer Schreibaufgaben des Werbetexters (s. Tab. 1), die ich zu größeren Typen von Schreibpraktiken zusammengefasst habe.

a.	Ideenfindung/Konzeptionelle Arbeit	1. 2. 3.	Namen zu Produkt erfinden Assoziationen sammeln Text-Bild-Ideen generieren
b.	Kurze Textteile zu vorhandenen Texten	4. 5. 6.	Slogan zu Produkt schreiben Headline zu Copy schreiben Headline zu Bild schreiben
c.	Eigenständige längere Texte	7. 8.	Copy texten nach: Beispiel, Stichworten, Recherche Headline und Copy texten
d.	Variationsübungen (bei ähnlichen oder gleichen Inhalten)	9. 10. 11.	Copy-Genres schreiben (z. B. argumentativ vs. narrativ) Textserien texten Mediale Typen texten (z. B. Anzeige, Plakat, Spot)
e.	Formale Übungen	12. 13.	Copy auf Länge schreiben Interpunktion setzen

Tabelle 1: Schreibaufgaben in der Werbetext-Trainingspraxis

Natürlich stellt die praxisnahe Ausbildung von Werbetextern andere Anforderungen an Vielfalt und Fülle der zu bearbeitenden Schreibaufgaben als dies der Fall ist, wenn man Studierenden einen Einblick in eine Domäne des zugleich professionellen und kreativen Schreibens geben möchte. Hier ist einerseits eine sorgfältige Auswahl bestimmter Schreibaufgaben notwendig. Andererseits bedarf es zusätzlicher Komponenten, die es dem Seminarteilnehmer erlauben, die Schreibübungen als Reflexionsbasis für systematische Erkenntnisse über die Natur von Schreibprozessen allgemein und deren Steuerung durch Techniken nutzen zu können.

Im Folgenden will ich der Frage nachgehen, wie das Üben von werblichem Schreiben in praktischen Textaufgaben durch andere Lehrinhalte komplettiert werden kann. Die vorgeschlagenen Themen und Sachgebiete zielen darauf, ein Seminar als möglichst praxisnahe Simulation der Domäne des Werbetextens zu gestalten. Sie sollen dem Lernenden zudem ein realistisches Bild von den Einflussfaktoren werblicher Textgestaltung vermitteln und ihn durch die Kenntnis relevanter Theorien und Modelle in die Lage versetzen, sein eigenes schreiberisches Tun nutzbringend zu reflektieren.

Den meisten Studierenden werden die Arbeitsabläufe in einer Werbeagentur fremd sein. Um aber z. B. ein Briefing verstehen zu können und eine Werbetextaufgabe effizient anzugehen, ist es zunächst sinnvoll, Grundlegendes über die Organisationsstruktur und Aufgabenverteilung einer Agentur zu erfahren (Hattemer 1995, Seidenabel 1998). Die Medienlinguistik weiß recht genau, welche sprachlich-kommunikativen Eigenschaften den Werbetext generell auszeichnen (Stöckl 2004a). Es scheint mir gewinnbringend, die Studierenden mit den Textstrukturen und rhetorischen Techniken der Werbung vertraut zu machen, weil die Hoffnung berechtigt ist, dass sich aus der Kenntnis der Muster Rezepte und Strategien entwickeln lassen, die das Texten erleichtern.

In einem Seminar, das Werbeaufgaben lediglich als Anlass zum (kreativen) Schreiben nimmt, letztlich aber Schreibprozesse und -techniken allgemein thematisieren möchte, sollten auch Erkenntnisse der Schreibforschung und Schreibdidaktik ihren Platz haben (Klemm 2004, Rothkegel 2005, Ortner 2002, Perrin 2002). Aus ihnen lassen sich sowohl Wissen über den Prozess des Schreibens als auch Methoden des Schreibens gewinnen, die dann, jeweils individuell gewendet, beim Werbetexten Anwendung finden können. Ein Manko der Werbetextpraxis ist die vielleicht ein wenig übermäßige Betonung der Einfälle gegenüber der meines Erachtens noch stärker benötigten Fähigkeit, eine erste einfallsbasierte Textversion schrittweise zu verbessern. Hierzu liefern Theorien der Textoptimierung wichtige Anregungen (Antos/August 1992, Ballstaedt 1999).

Voraussetzung für die Überarbeitung von Textentwürfen bzw. -versionen ist aber zunächst die Kritikfähigkeit und -fertigkeit eigenen und fremden Textversionen gegenüber. Daher ist es mir wichtig, dass Schreibseminare generell auch der praktischen Textanalyse gebührende Aufmerksamkeit schenken (Stöckl 2006). Nur wenn Schreiber die verbesserungsfähigen Stellen eines Texts identifizieren können und in der Lage sind zu benennen, auf welcher Ebene des Texts Veränderungen angebracht sind und wie diese vorgenommen werden sollen, können sie Texte zielorientiert optimieren. Dies ist vielleicht primär ein Problem der Verständigung über subjektiv empfundene Textqualitäten, die eben nur auf den Punkt gebracht werden können, wenn Begrifflichkeiten aus Textanalyse, Stilistik und Rhetorik verfügbar sind.

Schließlich kommt ein Werbetexttraining nicht umhin, die Studierenden dafür zu sensibilisieren, dass – wie in kaum einer anderen Kommunikationsdomäne – werbliche Sprachverwendung eng an ihre graphisch-bildliche Umgebung gebunden ist. Ein Auge und einen Sinn für Sprache-Bild-Verknüpfungen (Stöckl 2004b) sowie für die ganzheitliche Anmutung eines Layouts oder einer Schriftartenauswahl (Stöckl 2004c) zu entwickeln, wäre ein wichtiges Teilziel in einem werblich orientierten Schreibseminar.

Zusammengefasst schlage ich sechs Komponenten vor, die das reine Schreibtraining ergänzen sollten:
1. Arbeitsabläufe in einer Werbeagentur
2. Werbekommunikation/Werbesprache
3. Schreibtheorie/Schreibdidaktik
4. Textoptimierung
5. Textreflexion/Textanalyse/Textkritik
6. Ganzheitlichkeit werblichen Gestaltens: Bild/Typographie/Layout

2.2 Schreibprozesse beim Werbetexten

Will man Schreibprozesse, d. h. die Komponenten und diversen Einflussfaktoren des Werbetextens charakterisieren, so muss vorab geklärt werden, wie man werbliches Schreiben definieren möchte. Ich verstehe ‚werbliches Schreiben' als Etikett für jedwede Art persuasiven Schreibens; sei es in der reinen Form einer der eingebürgerten Werbetextsorten (Anzeige, Plakat, Spot etc.) oder aber als Teil in an sich redaktionellen, also werbefremden und eher sachlogisch beschreibenden oder erläuternden Textsorten. Werbliches Schreiben ist funktional bestimmt und zielt zumindest auf die folgenden Textwirkungen beim Rezipienten: 1) Aufmerksamkeit wecken, 2) Vorstellung aktivieren, 3) Verständnis garantieren, 4) Vergnügen bereiten, 5) Behalten fördern. Zu diesen Zwecken kommt erwartungsgemäß eine Reihe von Sprachhandlungen vor. So müssen der beworbene Gegenstand präsentiert und beschrieben, Sachverhaltszusammenhänge erklärt, Qualitäten bewertet und zum Produkttest aufgefordert werden. Aber auch im Hinblick auf die Verwendung sprachlich-stilistischer Mittel gibt es Musterbildendes, von dem hier nur das allerwichtigste genannt werden soll. Werbetexte tendieren aus Gründen der Zeichenökonomie zur Kürze (Syntax), es dominieren beschreibende und identifizierende Adjektive und Substantive (hier vor allem Marken- und Produktnamen sowie Hochwert- und Schlüsselwörter), die Texte sind quasi dialogisch gestaltet (direkte Ansprache des „Wir" der Firma an das „Sie" des Kunden), sie setzen auf Bedeutungsspielerisches und zeigen insgesamt eine starke Tendenz zur Rhetorisierung der Aussagen.

Nach den gängigen Modellen lässt sich das Schreiben als dreistellige Konstellation aus Schreiber (Wissen und Können), beim Schreiben ablaufenden kognitiven Prozessen und der Schreibumgebung fassen (s. Abb. 1). Folglich würde man werbliches Schreiben näher charakterisieren, wenn es gelänge, einige der in diesen drei Prozesskomponenten angesetzten Parameter mit Blick auf das Texten von Werbung zu präzisieren. Dies soll im Folgenden fragmentarisch und mit Blick auf den prototypischen Werbetext geschehen. Die kognitive Tätigkeit des Schreibers ist ein zyklischer Prozess, der nach dem Modell von Göpferich (2002) vier Phasen beinhaltet. Davon sind für das Texten von Werbung vor allem die gründliche und systematische Informationsgewinnung wie auch die Evaluation und das Überarbeiten der produzierten Textversionen besonders kritische Schritte. Dies hängt mit der hochgradigen Geplantheit werblicher Kommunikation und der starken Kontrolle der produzierten Texte durch den Auftraggeber und verschiedene Testverfahren zusammen.

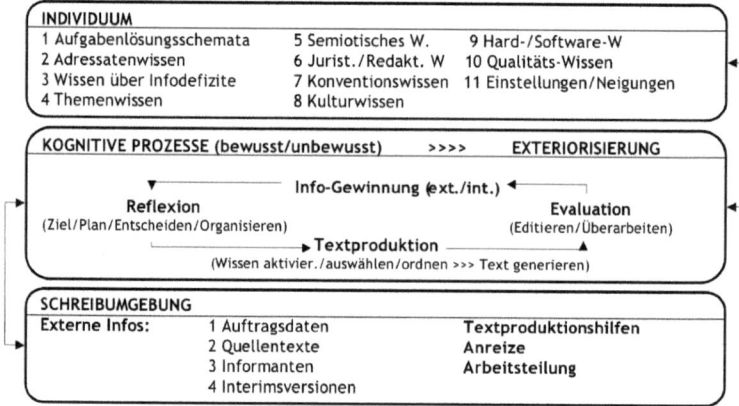

Abbildung 1: Schreibprozessmodell (adaptiert nach Göpferich 2002, 250)

Von den für einen Werbetexter wichtigen Wissensbeständen sollen hier lediglich vier in ihrer Bedeutsamkeit kommentiert werden. Werber schielen beständig auf die in Jahrbüchern prämierten Texte – in ihnen sehen sie besonders empfehlenswerte Aufgabenlösungsschemata für Textaufträge, weil sie offenbar über die beiden Kerneigenschaften Kreativität und praxiserprobte Methodik verfügen. Das Adressatenwissen der Texter stammt natürlich primär aus den Briefings der Auftraggeber, aber auch aus Recherchen der Agentur sowie – wahrscheinlich am wertvollsten für die Ideengenerierung und die Wahl einer angemessenen Tonalität – aus eigenen Beobachtungen zur Soziologie der Produktnutzung und den Gewohnheiten (auch kommunikativen) der anvisierten Zielgruppe. Informationsdefizite sind einerseits leicht zu überspielen, indem die Texte unspezifisch und allgemein gehalten werden. Dies sieht man vielen auswechselbaren, unauthentischen Werbetexten auch an. Andererseits sollte das Wissen über Informationsdefizite beim Werbetexter besonders gut ausgeprägt sein. Je besser er nämlich recherchiert, je mehr er über Produkt, Zielgruppe, Kontexte etc. weiß, desto reichhaltiger ist der Fundus, aus dem er schöpfen kann und desto wahrscheinlicher wird eine überzeugende, weil einfallsreiche und individuelle Lösung der Textaufgabe. Das Themenwissen kann nicht umfassend genug sein – oft ist nicht weniger als ein komplettes Hineinleben in die jeweilige Produkt- und Markenphilosophie verlangt. Neben Produkteigenschaften und -funktionalitäten sind das gesamte Marktumfeld eines

beworbenen Gegenstands sowie die Lebens- und Konsumgewohnheiten der Zielgruppe relevant.
Die Schreibumgebung des Werbetextens ist von einem Paradoxon gekennzeichnet. Auftragsdaten und Aufgabe sind per Briefing klar definiert, so dass man von hochgradig geplanter Kommunikation sprechen kann. Deren Wirkungen und Erfolge sind zudem in extremem Maße rechenschaftspflichtig, was einen immensen Druck auf den Schreiber bedeutet. Andererseits gibt es vermutlich dennoch immer viele Lösungen, die zum Ziel führen – es ist die Vielfalt möglicher Einfälle, die eventuell zu Entscheidungsschwierigkeiten und Strategiediskussionen führt. Mit Blick auf mögliche Quellentexte kann dabei in jedem Diskursfragment unserer alltäglichen Erfahrungswelt ein Einfall oder eine konkrete Textidee stecken. In diesem Sinne ist Werbekommunikation parasitär.

3 Seminarkonzepte zum werblichen Schreiben

Auf meinem Weg zu einem Konzept für ein Werbetexttraining habe ich zuerst bei Böttcher/Czapla 2002 eine für jede Art von professioneller Schreibdidaktik sinnvolle Anregung gefunden. Hier wird eine Vierteilung vorgeschlagen (s. Tab. 2, A): Auf eine Diagnose von vorhandenen Schreibfertigkeiten der Teilnehmer folgt die theoretische Auseinandersetzung mit Schreibtechniken; diese werden dann in diversen Schreibübungen erprobt, um anschließend in einem Portfolio reflektiert und in die eigene Schreibkompetenz transferiert zu werden. Mir selbst schienen vier andere tragende Säulen nützlich, die ich durch eine Zerlegung des Schreibprozesses gewonnen habe (s. Tab. 2, B). Das Texten bedarf der logisch-argumentativen Planung der Inhalte und diese müssen dann in der eigentlichen Schreibarbeit formuliert werden. Zusätzlich sind fertige Textversionen zu analysieren und zu optimieren. Bei alledem ist eine ständige Kontrolle der Arbeitsprozesse durch die sorgfältige Reflexion der jeweils wirkenden Kontextfaktoren erforderlich.

Mit Blick auf die zu entwickelnden Fertigkeiten der Studenten schienen mir dann zwei Aspekte zentral. Erstens ist es für das Optimieren wichtig, herauszufinden, warum ein Text in einer bestimmten Weise wirkt. Hier gilt es, ein Bewusstsein für die Relation zwischen eingesetzten Mitteln (Textstruktur, Sprache, Stil/Rhetorik) und ausgelösten Anmutungen und Wirkungsqualitäten zu entwickeln (s. Tab. 2, C). Nötig ist dafür vor allem auch eine Terminologie der Sprachbeschreibung, die aber einfach gehalten werden kann. In meinem Seminar wollte ich vor allem ‚best-practice' Werbetexte als Modelle analysieren, um gewissen Grundtechniken des Textens und den Bedingungen ihres Erfolgs nachzuspüren. Zweitens war es mir wichtig, eine Textkritikfertigkeit herauszubilden, die die Grundlage für vorzunehmende Optimierungen bilden kann. Die Studierenden sollten lernen, die Textebenen und Kriterien der Textqualität zu identifizieren, die verbesserungsfähig sind (s. Tab. 2, D).

A SEMINARPLAN (Böttercher/Czapla 2002)			
1| Diagnose Schreibfertigkeiten	2| Theorie Schreibtechniken	3| Anwendung Schreibübungen	4| Transfer Portfolio

B DIMENSIONEN DES SCHREIBENS			
1| Inhalt Textthemen/Logik	2| Prozess Schreibarbeit/ Schreibtechnik	3| Produkt Text-/Stilanalyse	4| Kontext Einflussfaktoren
C Textanalyse		Beurteilungs- kriterien	Stilmittel Stilwirkungen
D Optiermierungsebenen		Logische Struktur Lexik/Syntax Rhetorik Adressatenzuschnitt	Umfang/Kodierung Textgestalt Orthographie/ Normen

Tabelle 2: Methodische Grundsäulen für ein professionelles Schreibtraining

Ideal wäre es nun, die in Tab. 2 dargestellten Komponenten zu einem Seminarkonzept zu verbinden. Dabei ergeben sich prinzipiell zwei Designmöglichkeiten (s. Tab. 3). Erstens könnte man die konventionelle Arbeitsteilung in einer größeren Werbeagentur (Kontakter: Daten erheben; Creative Director: Einfälle generieren, Konzept erstellen; Texter: Schreiben; Art Director: Bild, Layout, Typographie gestalten) zum Raster für die seminaristische Arbeit machen und so eine Art praxiszugewandtes Kommunikations-Planspiel veranstalten. Nicht nur die Schreibaufgaben ließen sich auf diese Weise modularisieren, sondern auch die oben vorgeschlagenen theoretischen Komponenten (s. 2.1) könnten den relevanten Tätigkeitsprofilen zugeordnet werden. Zweitens steht ein „klassisches" Seminardesign zur Verfügung, in dem in verschiedenen Blöcken nacheinander bzw. abwechselnd theoretische Modelle, Schreibaufgaben, Textreflexion und -analyse sowie Textoptimierung Gegenstand der Sitzungen sind. Beiden didaktischen Designs ist gemeinsam, dass das Portfolio – entsprechend den Ideen von Bräuer (1998, 2000) – die individuelle Auseinandersetzung mit konkreten Schreibaufgaben summarisch und prozesshaft dokumentiert. Beide Seminarmodelle haben Vor- und Nachteile: Das Planspiel ist sicherlich dynamischer, aber auch schwerer zu organisieren und zu moderieren; das klassische Seminar wirkt recht statisch, lässt sich aber vergleichsweise leicht kontrollieren und bringt die theoretischen Komponenten besser unter. Beide Designs ließen sich sicherlich auch in gewissem Maße miteinander verbinden.

Werbung texten

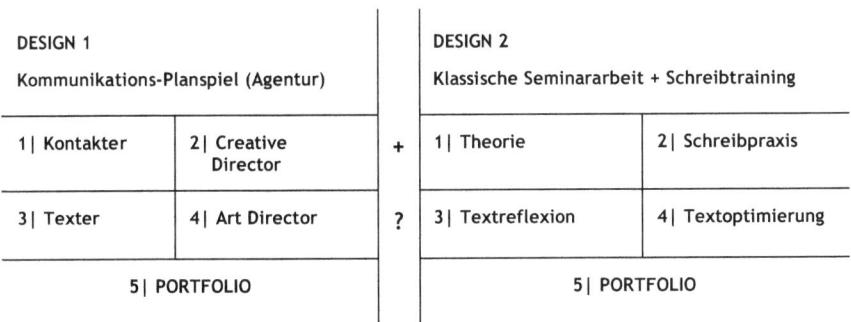

DESIGN 1 Kommunikations-Planspiel (Agentur)			DESIGN 2 Klassische Seminararbeit + Schreibtraining	
1 | Kontakter	2 | Creative Director	+	1 | Theorie	2 | Schreibpraxis
3 | Texter	4 | Art Director	?	3 | Textreflexion	4 | Textoptimierung
5 | PORTFOLIO			5 | PORTFOLIO	

Tabelle 3: Zwei Seminardesigns – Planspiel vs. klassisches Seminar

Für mein Seminar habe ich die klassische Variante gewählt. Die theoretischen Anteile des Seminars hatten die Form von kompakten, flexibel über das Semester gestreuten Vorträgen zu den am Ende von 2.1 aufgeführten Themen. Die Schreibpraxis war sowohl Gegenstand einiger Sitzungen als auch vor allem ein ständiger häuslicher Begleiter des Seminars. Flankiert wurden die auszuführenden Schreibaufgaben von Übungen zur Textreflexion, bei denen wir schrittweise einen Kriterienkatalog für die Analyse der Textversionen entwarfen. Ziel war es, die studentischen Texte so oft und intensiv wie möglich zu diskutieren, wozu wir auch eine Mailingliste nutzten. Das Ergebnis der Textreflexion waren dann jeweils Ansätze zur Optimierung, bei deren Umsetzung wir vor allem lernen wollten, vorgenommene Änderungen am Text zu erkennen, zu begründen und in ihrer Wirkung zu beurteilen. Das Portfolio als strukturierter Kommentar und umfassende Dokumentation einer erledigten Schreibaufgabe ersetzte die sonst übliche Hausarbeit.

4 Werbetext-Training: Befähigung zu Textkritik und -optimierung

Im Folgenden möchte ich anhand studentischer Textentwürfe die drei werblichen Schreibaufgaben vorstellen, die ausgewählt worden waren, um verschiedene, aufeinander bezogene Text-Kompetenzen zu trainieren. Zuerst sollte ‚short copy' geschrieben werden, um die Studierenden mit der Konzeption von Werbung sowie dem Stil von Werbesprache vertraut zu machen. Darauf folgte eine Übung in ‚long copy', bei der die Musterhaftigkeit von Werbetexten bezüglich der in ihnen verwendeten Argumentationen und Formulierungen fokussiert wurde. Abschließend war eine mittelmäßige Werbeanzeige zu optimieren. Hier sollte der Blick auf den Gesamttext gelenkt werden, um ganzheitliche Kritikfähigkeit und Optimierungsfertigkeiten herauszubilden.

4.1 Short Copy

Ich habe bewusst eine Textaufgabe gewählt, bei der ein großer Druck zum Kurzschreiben entsteht, damit einerseits die konzeptionelle Arbeit in den Vordergrund rücken kann und andererseits die werbetypischen sprachlich-rhetorischen Mittel auf kleinstem Raum komprimiert werden müssen. Die folgende Schreibaufgabe enthält kein richtiges Briefing, daher müssen die Schreiber selbst recherchieren (z. B. Produkte/Leistungen, Firmenphilosophie, Demographie und sozialer Stil der Zielgruppe, in Frage kommende Medien, Textinhalte). Zudem handelt es sich um eine junge Marke mit einer kurzen aber prägnanten Kommunikationsgeschichte, die sich leicht nachvollziehen lässt.

> Neue, aufmerksamkeitsstarke Kommunikationskanäle sind ein probates Mittel, um Botschaften nachhaltig zu übermitteln. Ihr Kunde, HLX, die Billigfluglinie, die Fliegen zum Taxipreis von 19,90 € anbietet, wünscht sich eine Banane als Werbeträger. Leider ist nicht viel Platz auf der Südfrucht. Was ritzen Sie in die Banane? (Scholz & Friends Group, Texter-Test, Januar 2006)

Textentwürfe entstanden zunächst in kleinen Gruppen, sie wurden dann ausgiebig diskutiert und zu Hause optimiert. In Tab. 4 habe ich sieben solcher Texte zusammengestellt und jeweils nach Strategie, sprachlicher Umsetzungstechnik und Wirkung kommentiert, eine Aufgabe, die wir uns oftmals im Seminar gestellt hatten.

Entwurf	Strategie | Sprachliche Form | Wirkung
1. IcH reLaXe! Machst Du mit? Flüge in die ganze Welt. Ab 19,99 €.	Name/interaktiv | Frage | aktivierend direkt
2. HLX: Keine krummen Dinger! Jetten zum Taxipreis.	provokant | elliptisch | salopp
3. FLUX° Zum Strand für 19,99 €. *www.hlx.com	bedeutungsspielerisch | Neologismus | drängend
4. Geradewegs der Sonne entgegen. Für bananige 19,99 €.	inhaltsorientiert | Neologismus | beschreibend
5. Alles Banane? Mit HLX schon. Fliegen ab 19,99 €.	Spruch | Frage & Antithese | kompetent
6. Die neue HLX. Fliegt für fast nix.	inhaltsorientiert | Klangbild | platt-stereotyp
7. HLX. Für den kleinen Urlaubshunger zwischendurch.	anspielend-assoziativ | Wortspiel | versprechend

Tabelle 4: HLX – Short Copy Textentwürfe

Trainiert und reflektiert haben die Studenten hier vor allem werbetypische Stilmittel (z. B. direkte Ansprache, Phraseologisches, Klangliches), Angemessenheit und ein Bewusstsein über die Vielfalt möglicher Lösungen. Bei aller Verschiedenheit der Texte lassen sich dennoch große Strategien bzw. Techniken erkennen. Die Schreiber orientieren sich am Medium Banane (N° 2, 4, 5, 7), am beworbenen

Produkt (Preis, Flugziele, Firma) in N° 1, 3 und 6 oder betonen die Interaktion mit dem Kunden durch eine direkte Ansprache (N° 1, 5) und Bedeutungsspiele (N° 2, 5, 7).

Abbildung 2: (links) Anzeige HLX (rechts) Studentischer Graphikentwurf

Bei der Arbeit an den Texten wurden auch potenzielle Fehlerquellen gut sichtbar. Ein zu offensichtlicher Bezug zur Banane wirkt schnell albern und ist der Bewerbung des Produkts nicht zuträglich (vgl. *Einmal beißen für nur 19,99 €; Zehn Kilo davon. Oder einmal Paris.*). Auch inhaltliche Fehler schleichen sich ein, wenn man nicht beachtet, dass die Reiseziele von HLX keine Länder sind, in denen Bananen wachsen (vgl. *Fliegen Sie doch dahin, wo die Banane wächst!*). Schließlich kommen auch Tonalitäts-Fehler vor, wenn der Text zu provokant oder salopp formuliert ist und dadurch anzüglich wirkt (vgl. *Für 19,99 € fliegen wir jeden Affen in den Süden. HLX – Nimm mich für 19,99 €.*).

Eine Schreibtechnik, die sich als sinnvoll erwiesen hat, war das Texten von Serien, d. h. ganzen inhaltlich oder strategisch verwandten Folgen von Texten, die eine Kampagne bilden könnten. Ebenso halfen Verweise auf unbedingt einzuhaltende Kürze und Klarheit sowie auf die durchgängige Verwendung des gültigen Slogans in Verbindung mit dem Markennamen. Aus den Kommentaren der Studenten geht hervor, dass bei dieser Textaufgabe vor allem ein Gespür für Rhythmus, Klang und Rhetorik werblicher Sprachgestaltung gefördert, die Einfallsgenerierung trainiert sowie die Notwendigkeit einer passenden graphischen Umsetzung des quasi unverzichtbaren Sprache-Bild-Bezugs vor Augen geführt wurde (s. Abb. 2).

4.2 Long Copy

Einen längeren Werbetext zu schreiben bietet vor allem die Möglichkeit, Textstrukturen reflektieren und bauen zu lernen. Ich habe hierfür aus den verfügbaren Daten zu einem Produkt des Fahrradherstellers ‚Diamant' ein Briefing rekonstruiert, das Informationen über Produkteigenschaften (z. B. Rahmen, Gabel, Felgen, Schaltwerk, Bremsen etc.), Funktionalität (z. B. Sport und Fitness, Straße), Zielgruppe (eingefleischte Fahrradfahrer, die gute Ausstattung und Ästhetik suchen) und Markenimage (z. B. traditionsreich, hochwertiges Produktdesign, sorgfältige Fertigung) verfügbar macht. Entstehen sollte daraus ein Katalogtext im Umfang von 680 Zeichen, der Headline, Fließtext und wichtige Produktfeatures in Listenform umfasst. Nachdem mögliche Textstrategien im Seminar besprochen worden waren, schrieben die Studenten ihre Entwürfe zu Hause, um sie dann im Seminar zur Analyse und Bewertung vorzustellen.

In Vorbereitung auf die Schreibaufgabe haben wir im Seminar prototypische Katalogtexte gesichtet und auf wiederkehrende Argumentations- und Formulierungsmuster hin untersucht. Ich verband damit die Hoffnung, die reflektierten Muster würden sich in den Schreibprozessen als Orientierung bewähren und könnten – gefüllt mit individuellen Inhalten und sprachlichem Material – reproduziert werden. Werfen wir einen Blick auf einige solcher Formulierungsmuster (s. Tab. 5), die in Stöckl (2007) in einer Studie zum Produktkatalog näher untersucht werden.

■ **Muster 1:** Funktionen & Wirkungen von Produkteigenschaften behaupten
PRODUKTEIGENSCHAFT --- FUNKTION / WIRKUNG / ERGEBNIS (konsekutiv)
Die 8-Gang-Kettenschaltung macht Sie fit für jede Steigung. (D 12)
... steigen Sie dank der speziellen Tiefensteiger-Rahmen leichter aufs Rad. (D 28)

■ **Muster 2:** Gegensätze vereinen & Vielfalt demonstrieren
PRODUKTEIGENSCHAFT 1 --- PRODUKTEIGENSCHAFT 2 (konzessiv)
City Cruiser Bereifung dämpfen fast wie eine Federung und rollen trotzdem gut. (D 13)
Ob kindgerechte Geometrie, bequeme Federung und Schaltung oder tolles Design, unser WEASEL garantiert Riesenspaß für alle Zwerge! (D 46)

■ **Muster 3:** Produkteigenschaften erläutern
PRODUKTFEATURE --- SPEZIFIKATION (explikativ)
Nabendynamo und Rücklicht mit Standlichtfunktion. Das Rücklicht leuchtet nach dem Anhalten weiter. (D 21)
Suntour NCX Federgabel: Die Blockierfunktion wird vom Lenker aus gesteuert. (D 31)

Tabelle 5: Ausgewählte Formulierungsmuster des Produktkatalogs

Das erste Muster leitet aus dem Vorhandensein einer bestimmten Produkteigenschaft einen positiven Produktnutzen ab und streicht, typisch für Kataloge, die Funktionalität der beworbenen Produkte heraus. Das zweite Muster besteht an sich aus zwei separaten Mustern, die gemeinsam haben, dass sie verschiedene Produkteigenschaften miteinander verbinden. Das erste Submuster kontrastiert zwei Produkteigenschaften und bringt zum Ausdruck, dass das Produkt beide in sich vereint. So wird die Güte der Ware hervorgehoben. Das zweite Submuster bedient eher den Topos der Vielfalt, indem es eine breite Palette von Eigenschaften aufzählt, die in ihrer Summe die positive Bewertung des Produkts erlauben. Das dritte Argumentations- und Formulierungsmuster schließlich erläutert eine Produkteigenschaft näher und ist für die sachlogische, beschreibende Natur des Katalogtexts maßgeblich verantwortlich.

(1) Speed Pacer: Diesen Blitz müssen Sie nicht mehr ölen.

(2) Ob Geschwindigkeit, Ausdauer oder einfach nur Fortbewegung, der Speed Pacer bringt Sie immer an Ihr Wunschziel und lässt Sie dabei auch noch gut aussehen. (3) Das ästhetisch anspruchsvolle und hochwertige Produkt vereint optimalen Nutzen mit maximalem Erleben.

(4) Kultiges Design und einfallsreiche Ausstattungsextras garantieren zudem den einen oder anderen Blickfang. (5) Kommen Sie nicht nur schnell voran, haben Sie auch Spaß dabei! [...]

Der obige studentische Textentwurf zeigt die fast ein wenig monotone Verwendung der katalogtypischen Muster. Zunächst wird in (2) mit „ob ... oder ..." die Vielfalt der Nutzungsmöglichkeiten demonstriert. Aber auch die Produktwirkung ist hier als Kombination scheinbarer Gegensätze formuliert (funktioniert gut und sieht gut aus). In (3) sind „Nutzen" und „Erleben" quasi antithetisch aufgebaut und dann „vereint". Schließlich leitet (4) dann aus Produkteigenschaften (Design, Ausstattungsextras) die Produktwirkung ab (garantiert Blickfang). Dank der Verwendung dieser Muster erhält der Text eine klare logische Struktur. Allerdings bleibt er recht abstrakt, da keine konkreten Produkteigenschaften erwähnt werden. Die Wiederholung gleichartiger Muster hat zudem den Effekt mangelnder Prägnanz, so dass sich auch ein Leserhythmus und Klang nicht richtig einstellen will. Vergleichen wir dies mit einem zweiten Textentwurf.

(1) Kommen Sie raus aus Ihrem Trott!

(2) Zugegeben: Jeder hat seinen eigenen Lebensrhythmus. (3) Aber, wäre es nicht schön, wenn Sie Pulsschlag, Atem und Adrenalin mal so richtig auf Trab bringen könnten? (4) Mit unserem Speed Pacer gelingt dies unfehlbar: ein Sportgerät erster Güte, das keinen Ausstattungswunsch offen lässt. (5) Und eine garantierte Augenweide für die Ästheten unter den Radfahrern. (6) Zelebrieren Sie Radkultur jeden Tag aufs Neue. (7) Mit der besten Schaltung seiner Klasse und edlen Scheibenbremsen. [...]

Hier finden sich eine Reihe zusätzlicher Techniken, die auflockern, rhythmisieren und Akzente setzen. In (1), (3) und (6) wird der Leser direkt angesprochen. Das Eingeständnis (2) gleich zu Beginn relativiert die werblichen Behauptungen und macht sie dadurch glaubwürdiger, dass Verständnis für die Individualität des Kunden vorausgeschickt wird. Das Produkt wird in (4)–(7) explizit positiv bewertet; in (7) werden sogar konkrete, hervorstechende Produkteigenschaften genannt. Außerdem umreißt der Text in (5) die Zielgruppe des beworbenen Produkts. Bei aller Flexibilisierung der Musterverwendung hat auch dieser Text noch Reserven. Ein narratives Muster z. B. wäre in der Lage, die Argumentation zu dynamisieren und die Beiläufigkeit des Werbens zu verstärken.

Die Fehlerquellen beim Schreiben eines längeren Werbetexts dieser Art (d. h. für einen Produktkatalog) sind vielfältig. Sehr häufig beobachtet und als besonders nachteilig empfunden wurden etwa ein unpersönlicher, technisierender Stil, ein zu hoher Abstraktionsgrad, überlange Sätze statt einer werbetypischen Zergliederung in logisch und rhythmisch sinnvolle Portionen, sachliche Inkorrektheiten und werbetypische Übertreibungen in einer formelhaft stereotypen Sprache. Die Orientierung an den analysierten Mustern schien den Schreibern hilfreich und war relativ leicht bewerkstelligt – eine zu starke Typisierung der Texte entlang der Muster allerdings führt zu Gleichförmigkeit und ist kontraproduktiv. Die Dynamisierung der Muster und deren kreative Abwandlung hingegen versprechen authentische und frische Texte.

4.3 Werbeoptimierung

Die letzte Texttrainings-Aufgabe des Seminars greift die Philosophie des Lehrbuchs der Texterschmiede Hamburg (Reins 2002) auf. Dort finden sich für mittelmäßig befundene, bereits geschaltete Anzeigen, die dann von erfahrenen Werbeprofis gestalterisch seziert und (teils drastisch) überarbeitet werden. Ziel dieser Übung ist es, Texte ganzheitlich kritisch analysieren zu lernen, die relevanten Optimierungsebenen zu identifizieren und Textverbesserungen vorzunehmen. Hier habe ich eine Anzeige für eine Designerküche aus Reins (2002, 238f.) verwendet. Das dort rekonstruierte Briefing habe ich auf die wichtigsten Informationen reduziert (s. Abb. 3).

1 | TEXTDESIGN
- 1/1 Anzeige in hochwertigem ‚look'
- Infoquelle, Adressen
- Produktabbildung (Katalogfoto)
- Award-Logos

2 | ZIELGRUPPE
- Double-Income-No-Kids ab 29
- Familien mit höherem Einkommen
- Design-/Stil-/Qualitätsbewusste, 30-50 Jahre

3 | MEDIEN
- Special-Interest-Magazine

4 | TEXT-INHALT
- prämiertes, außerordentliches Design (Awards)

Abbildung 3: SIEMATIC 6006 – Anzeige/Briefing (nach Reins 2002, 238f.)

Die Studierenden waren sich schnell einig, dass das Layout der Anzeige kaum veränderungsbedürftig ist – die großen Freiflächen passen zu dem elitären Charakter des Produkts und die strenge Symmetrie der Seite konnotiert Ordnung und ein Bewusstsein von Stil. Bestenfalls müssten die Logos der Design-Auszeichnungen vervollständigt und anders angeordnet werden. Der Text hingegen, so wurde übereinstimmend festgestellt, passt nicht zum Charakter des Produkts: er wirkt pedantisch und banal. Rhetorisch gesehen hat er kaum Attraktivität und Aktivierungspotenzial. In argumentativer Hinsicht fehlt es ihm an Substanz.

(1) Ausgezeichnet: 6006

(2) Der „reddot Award" des Design Zentrums Nordrhein-Westfalen, der „iF Award" des Industrie Forum Design Hannover, der „Good Design Award" des Chicago Athenaeum Museum of Architecture and Design: Drei Gründe mehr, die für die SieMatic 6006 sprechen.

(3) Lernen Sie den Design-Klassiker unter den Küchen neu kennen. (4) Bei Ihrem SieMatic Berater oder im „Buch zur Küche", das Sie für € 10,- bestellen können. (5) [großer Adressblock]

(6) Am liebsten das Beste. SieMatic

Wir haben den Text dann etwas genauer analysiert und auf verschiedenen Ebenen Mängel identifiziert, die es zu beheben galt. Die Headline (1) ist trotz ihrer Doppeldeutigkeit ein wenig lahm. Dies liegt vor allem daran, dass auch in dem Fließtext nur von den Auszeichnungen die Rede ist. Einen Text mit einer Aufzählung von Namen zu beginnen (2) ist kaum aufmerksamkeitsstark, zumal die Auszeichnungstitel lang und nichtssagend sind. Insgesamt bietet der Fließtext keine sinnlich erfahrbaren Produkteigenschaften und konstruiert eine denkbar „dünne" Argumentation: Designauszeichnungen als Beweis für Güte. Im Gesamttext überwiegt das Schlüsselwort „Design"; es gibt keine wirkliche Kundenansprache, keine Glaubhaftmachung der behaupteten Bewertungen. Der Text hat keine Struktur, keinen Rhythmus und vor allem keine Spannung – ein minderwertiger Text für eine hochwertige Küche. Abschließend bilden übergroße Informationsmenge und deren mangelnde Relevanz in den Kontaktdetails (4)–(5) einen schwachen und wenig elitär wirkenden Textabschluss. An dieser detaillierten Textkritik, die weit über die impressionistischen und fragmentarischen Kommentare der Profitexter in Reins (2002, 239ff.) hinausgeht, setzt die Optimierungsarbeit nun an.

(1) Stilsicher.

(2) Vielleicht wissen Sie schon von den drei Design-Auszeichnungen aus Essen, Hannover und Chicago. (3) Oder bilden sich lieber Ihre eigene Meinung.

(4) Vielleicht geben Sie sich nicht mit bloßer Funktionalität zufrieden. (5) Sondern erfreuen sich daran, was andere nur gebrauchen.

(6) Vielleicht wollen Sie nicht einfach nur eine Küche.

(7) Die SieMatic 6006. (8) [kleiner Adressblock]

Der vorliegende studentische Text ist eine mehrfach verbesserte Endversion, an der aber unter Umständen immer noch punktuell „gefeilt" werden könnte. Zunächst hat der Schreiber in (1) den Küchennamen getilgt, spricht nun den Leser direkt an und charakterisiert die Zielgruppe als „stilsicher". Damit wird aber auch das Produkt gleich zu Anfang bewertet. Statt des modisch klingelnden „Design" steht jetzt „Stil". Im Fließtext sind zunächst die langen Namen durch erfahrbare Orte ersetzt worden – dadurch verbessern sich Lesbarkeit und Verständlichkeit enorm. Die Auszeichnungen selbst sind immer noch präsent, allerdings werden sie durch die Fortführung mit „oder" relativiert, was den Leser zum mündigen Kunden ermächtigt. Insgesamt lebt der Fließtext in (3), (5) und (6) von dem Aufbau scheinbarer Gegensätze – dies verleiht dem Text Struktur und liefert durch die Antithesen ‚fremde Urteile vs. eigenes Urteil' und ‚Funktionalität vs. Ästhetik' eine tragfähige Argumentation. Die parallelisierten Satzmuster („vielleicht" und „oder"/„sondern" als Epiphern und „nicht" als Wiederholung) rhetorisieren den Text, halten ihn argumentativ zusammen und geben ihm Rhythmus. Statt der Schlagwortwiederholung wird der Leser hier mit Alternativen konfrontiert. Dadurch tritt das aufdringlich Werbende des Ausgangstexts in den Hintergrund. Das unsichere „vielleicht" relativiert den Werbeappell und erzielt die Beiläufigkeit, die zum elitären Charakter des Produkts und einer elitären Zielgruppe mit großen Entscheidungsspielräumen passt. Der Text wird schließlich durch die Nennung des Produktnamens abgerundet, auf den der Spannungsbogen logisch hinführt. Der Adressblock ist – auch ganz im Sinne des ‚weniger ist mehr' – ausgedünnt.

Gegenüber dem Ausgangstext ist die optimierte Version ein Quantensprung. Die Headline (1) könnte eventuell noch durch einen Zergliederungseffekt dynamisiert werden: Stil? Sicher! Und in (6) könnte das „nicht einfach nur" durch „mehr als nur eine Küche" ersetzt werden. Insgesamt aber zeigt der Text, dass sich ausgehend von einer gründlichen und klar artikulierten Kritik sinnvolle Optimierungen mit wenigen simplen, aber klar geplanten Mitteln erzielen lassen. Nicht unerheblich ist die Feststellung, dass Agenturen zwar in einigen Texten Kritiker und Optimierer mit ‚gut feeling' besitzen. Die Angewandte Linguistik jedoch kann subjektive und oft vage Wahrnehmungen von Textqualitäten durch eine entsprechende Methodik und Terminologie festmachen und somit den kommunikativen Austausch über solche Phänomene fördern. In der Befähigung zum systematischen Sprechen über Textqualitäten liegt der eigentliche Wert der Textoptimierungspraktik für die Agenturen. Denn Entscheiden bedeutet Varianten und Alternativen zu kommunizieren.

5 Fazit: Kreative Einfälle plus methodisches Schreiben

In diesem Beitrag habe ich – ausgehend von einer Skizze der Bedingungen und Eigenarten werblichen Schreibens – versucht, Einblicke in und Anregungen für mögliche Werbetext-Trainings zu geben. Insbesondere wollte ich den großen Stellenwert systematischer Textanalyse- und Textoptimierungsfertigkeiten für die Praxis des werblichen Schreibens unterstreichen. Was lässt sich nun lernen, und was lässt sich verallgemeinern?

Schreibaufgaben und Schreibumgebung des Werbens sind ideale Ansatzpunkte für kreatives und professionelles Schreiben zugleich. Die Studenten schätzen die Vielfalt möglicher Aufgaben und spüren die Herausforderung und die Neugier, die sich aus der reizvollen Kombination von hohem Planungsbedarf und funktionaler Ausrichtung der Kommunikation einerseits und dem dennoch großen Freiraum gestalterischer Arbeit andererseits ergibt. Mit Blick auf den Streit zwischen Befürwortern einer erlernbaren Methodik und denen, die für unhinterfragbare Intuition und Kreativität plädieren, lässt sich Werbetexten meines Erachtens als das methodische sprachlich-kommunikative Arbeiten an guten Einfällen kennzeichnen.

Ganz gleich, wie man ein Texttraining oder Schreibseminar zur Werbung konkret aufbaut, eines steht fest: Der Vorteil solcher Lehr- und Lernformen besteht in ihrer Anwendungsorientierung bei gleichzeitiger Vermittlung von „praktischen Theorien". Die Studenten können Einfallsfähigkeiten, Schreibfertigkeiten, Akribie und Ausdauer trainieren. Jenseits des einsamen Schreibens sind solche Kurse ein Ort des Austauschens über Textarbeit und Kommunikationsstrategien.

Bei aller Bedeutsamkeit der Intuition und spontanen Schreibarbeit sollte die Grundhaltung des Werbetexters in einem beharrlichen Optimierungsdrang bestehen. Gemäß dem Motto „wider das Mittelmaß" strebt der gute Werbetexter nach auftragsadäquaten, kontextsensiblen Textlösungen. Voraussetzungen dafür sind sein Stilempfinden – d. h. die systematische Reflexion des Verhältnisses von eingesetzten Mitteln und erzielten Effekten – und die Kenntnis der für das Optimieren in Frage kommenden Textebenen.

Literatur

Antos, Gerd/Augst, Gerhard (Hrsg.) (1992): Textoptimierung. Das Verständlichmachen von Texten als linguistisches, psychologisches und praktisches Problem. Frankfurt am Main: Lang

Ballstaedt, Steffen-Peter (1999): Textoptimierung. Von der Stilfibel zum Textdesign. In: Fachsprache, 21/3-4, 98–124

Böttcher, Ingrid/Czapla, Cornelia (2002): Repertoires flexibilisieren. Kreative Methoden für professionelles Schreiben. In: Perrin, Daniel (Hrsg.): Schreiben. Von intuitiven zu professionellen Schreibstrategien. Tübingen: Stauffenburg, 185–203

Bräuer, Gerd (1998): Portfolios: Lernen durch Reflektieren. In: Kreatives Schreiben. ide. Informationen zur Deutschdidaktik, Jg. 22, Heft 4/98, 80-91

Bräuer, Gerd (2000): Schreiben als reflexive Praxis. Tagebuch, Arbeitsjournal, Portfolio. Freiburg: Fillibach

Fairclough, Norman (2004): Analysing discourse. Textual analysis for social research. London: Routledge

Gaede, Werner (2002): Abweichen ... von der Norm. Enzyklopädie kreativer Werbung. München: Langen Müller/Herbig

Göpferich, Susanne (2002): Textproduktion im Zeitalter der Globalisierung. Entwicklung einer Didaktik des Wissenstransfers. Tübingen: Stauffenburg

Hartwig, Heinz (1978): Werbetextgestaltung. Verbale Kommunikation heute. München: Thimig

Hattemer, Klaus (1995): Die Werbeagentur. Kompetenz und Kreativität – Werbung als Profession. Düsseldorf: Econ

Högn, Ernst/Pomplitz, Hans-Jürgen (1991): Der erfolgreiche Werbetexter. Landsberg/Lech: Moderne Industrie

Janich, Nina (2001): Werbesprache. Ein Arbeitsbuch. Tübingen: Narr

Keyenburg, Wolf (1987): Werbetext-Training: praxisnahe Aufgaben, professionelle Tipps. Landsberg/Lech: Moderne Industrie

Klemm, Michael (2004): Schreibberatung und Schreibtraining. In: Knapp, Karlfried et al. (Hrsg.): Angewandte Linguistik. Ein Lehrbuch. Tübingen: Francke, 120–142

Ortner, Hanspeter (2002): Schreiben und Wissen. Einfälle fördern und Aufmerksamkeit staffeln. In: Perrin, Daniel (Hrsg.): Schreiben. Von intuitiven zu professionellen Schreibstrategien. Tübingen: Stauffenburg, 63–81

Perrin, Daniel et al. (Hrsg.) (2002): Schreiben. Von intuitiven zu professionellen Schreibstrategien. Wiesbaden: Westdeutscher Verlag

Pietzcker, Dominik (2003): Werbung texten. Von Idee und Konzept zur medienwirksamen Botschaft. Berlin: Cornelsen

Reins, Armin (2002): Die Mörderfackel. Lehrbuch der Texterschmiede Hamburg. Mainz: H. Schmidt

Rothkegel, Annely (2005): Zur Modellierung von Schreibaufgaben. In: Jakobs, Eva-Maria (Hrsg.): Schreiben am Arbeitsplatz. Wiesbaden: VS Verlag für Sozialwissenschaften, 57–72

Seidenabel, Christian (1998): Das Kommunikationsmanagement von Werbeagenturen. Wiesbaden: DUV

Seyn, Marc (2004): Gehirnwäsche für den Copytest. So schaffst Du den Einstieg als Werbetexter. Norderstedt: bod

Sowinski, Bernhard (1998): Werbung. Tübingen: Niemeyer

Stöckl, Hartmut (2004a): Werbekommunikation. Linguistische Analyse und Textoptimierung. In: Knapp, Karlfried et al. (Hrsg.): Angewandte Linguistik. Tübingen: Francke, 233–254

Stöckl, Hartmut (2004b): Bilder - Konstitutive Teile sprachlicher Texte und Bausteine zum Textstil. In: Mitteilungen des Deutschen Germanistenverbandes, Jg. 51, Heft 2/2004 (= Themenheft: Sprache und Bild II, herausgegeben von Werner Holly, Almut Hoppe und Ulrich Schmitz), 102–120

Stöckl, Hartmut (2004c): Typographie: Körper und Gewand des Textes. Linguistische Überlegungen zu typographischer Gestaltung. In: Zeitschrift für Angewandte Linguistik (ZfAL), 41/2004, 5–48

Stöckl, Hartmut (2006): Zeichen, Text und Sinn – Theorie und Praxis der multimodalen Textanalyse. In: Eckkrammer, Eva Martha/Held, Gudrun (Hg): Textsemiotik. Studien zu multimodalen Medientexten. Frankfurt am Main: Peter Lang, 11–36

Stöckl, Hartmut (2007): „Der gedruckte Verkäufer" – Ein medienlinguistisches und textstilistisches Profil des Produktkatalogs. In: Villiger, Claudia/Gerzymisch-Arbogast, Heidrun (Hg.): Kommunikation in Bewegung. Multimedialer und multilingualer Wissenstransfer in der Experten-Laien-Kommunikation. Frankfurt am Main: Peter Lang, 187–216.

Ungerer, Friedrich (2004): Ads as News Stories, News Stories as Ads: The Interactions of Advertisements and Editorial Texts in Newspapers. In: Text, 24(3), 308–328

Wernick, Andrew (1991): Promotional Culture. Advertising, Ideology and Symbolic Expression. London: Sage

Kommunikation im Lehrerberuf
Schreib- und medienspezifische Anforderungen

Katrin Lehnen

The professional writing of teachers contains more than just the teaching process itself. Teachers nowadays have to write "institutional" texts like reports and surveys, they have to journalize conferences or give presentations with the help of Power Point, while they also have to communicate with different target groups like colleagues, parents and administration. The need to keep record of certain processes is – like in several professional contexts – growing. So far, there has been little research on the specific writing tasks and requirements of teachers. In order to prepare students, who are going to become teachers, more efficiently, one needs to know more about the circumstances and norms of writing in the particular profession. The paper discusses results of an explorative study on writing- and media-specific demands; the study is based on interviews with teachers. After describing the theoretical and methodic background, the paper presents central results of research and discusses them in regard to their didactic consequences. Special attention is paid to the problems of writing evaluative texts and to the question, how teachers gain professional writing practice in their job.

1 Schreiben und Medien im Berufsalltag

Kommunikative Anforderungen im Lehrerberuf sind vielfältig und beschränken sich nicht auf die Unterrichtssituation im engeren Sinne. Befragungen zeigen, dass sich insbesondere die schriftlich zu bewältigende Arbeit von LehrerInnen auf sehr unterschiedliche Tätigkeiten erstreckt. Dazu zählt u. a.:

- das Anfertigen von Berichten und Gutachten
- die Dokumentation von Elterngesprächen
- die Korrespondenz mit schulischen Behörden sowie
- das Formulieren von Anträgen und Stellungnahmen in leitender Position.

Eine steigende Bedeutung im Schulalltag von LehrerInnen gewinnt die schriftliche Dokumentation und Begutachtung von Lernprozessen. Schreiben ist hier mitunter von der Umsetzung sich verändernder Rahmenbedingungen geprägt, die gleichsam ‚von außen' in den beruflichen Schreiballtag eindringen. Sie lassen sich als Ausdruck der zunehmenden Normierung von Lernprozessen und darauf bezogener Lernstands- und Kompetenzmessungen interpretieren – die u. a. in der Festlegung von Standards (z. B. den Bildungsstandards der Kultusministerkonferenz (KMK 2003)) bzw. standardisierten Messverfahren resultieren (z. B. der PISA-Test (Klieme 2006)). Eng mit der Veränderung des Schreibens verknüpft ist der Einzug elektronischer Medien in den schulischen Alltag. Ihre Nutzung erstreckt sich über die Unterrichtssituation hinaus z. B. auf:

- die Informationsbeschaffung im Internet
- das Kompilieren und Kopieren von Lernmaterial aus digitalen Medien
- die Absprache mit KollegInnen über Email
- die Nutzung spezifischer Schreibprogramme und elektronischer Textbausteine, z. B. für das Schreiben von Zeugnissen
- die interaktive Lernprozessgestaltung über Lernplattformen wie Moodle und LoNet
- die Produktion digitaler Lerneinheiten über spezielle Programme (z. B. Hot Potatoes).

Will man angehende LehrerInnen auf die Anforderungen ihres Berufs vorbereiten, dann muss man wissen, worin diese Anforderungen im Einzelnen bestehen. Das Schreiben in einer Domäne verlangt das Wissen darüber, wie in der Domäne kommuniziert wird und welchen Normen, Mustern und Konventionen die Textproduktion unterliegt (Adamzik/Antos/Jakobs 1997; Lehnen/Schindler 2002).

Der Beitrag untersucht, welchen schreib- und medienspezifischen Anforderungen LehrerInnen im Berufsalltag ausgesetzt sind und fragt, wie man Lehramtstudierende auf diese Anforderungen vorbereiten kann. Die Untersuchung intendiert einen Perspektivwechsel. Im Mittelpunkt steht nicht die Frage, welche Schreibkompetenzen Gegenstand von Lehr-Lern-Prozessen im Unterricht sind, sein sollten bzw. wie sie zu definieren sind (vgl. für eine ausführliche Diskussion Becker-Mrotzek/Schindler 2006), sondern die Frage: über welche Schreibkompetenzen LehrerInnen verfügen müssen, um den stark heterogenen Schreibaufgaben und wechselnden AdressatInnen im schulischen Arbeitskontext gewachsen zu sein.

Der Beitrag nähert sich dem Gegenstand aus Sicht der Betroffenen. Er ermittelt, worin *aus Sicht von LehrerInnen* die besonderen kommunikativen, insbesondere schriftlichen Herausforderungen ihres beruflichen Alltags bestehen. Die Darstellung stützt sich auf die Auswertung von Interviews, in denen ReferendarInnen, LehrerInnen und SchulleiterInnen zu ihrem Berufsalltag befragt wurden (Kap. 2). Die Untersuchung hat explorativen Charakter.

Die Analyse stützt sich auf theoretische und methodische Ansätze zum „Writing at work" (Alamargot et al. 2007, Efing/Janich 2006, 2007; Jakobs 2005, 2006, 2007; Sharples/van der Geest 1996, van Gemert/Woudstra 1997), insbesondere auf das Modell von Jakobs (2005), in dem verschiedene Kontexte als Einflussgrößen für die Textproduktion am Arbeitsplatz unterschieden werden (Kap. 3). Die Darstellung konzentriert sich auf ausgewählte Aspekte und Befunde zum Schreiballtag von LehrerInnen (Kap. 4), einen Schwerpunkt der Analyse bilden das Schreiben von Texten mit bewertender Funktion sowie die Frage der Aneignung beruflicher Schreibpraxis. Die Ergebnisse werden im Hinblick auf didaktische Konsequenzen für die Lehramtsausbildung diskutiert (Kap. 5). Eher kursorisch fokussiert der Beitrag abschließend Fragen der beruflichen Mediennutzung und ihr zugrunde liegende Konzepte (Kap. 6). Der Beitrag endet mit einem Ausblick (Kap. 7).

2 Ermittlung kommunikativer Anforderungen

Studien zur Kommunikation am Arbeitsplatz belegen ein hohes, tendenziell steigendes Aufkommen schriftlich zu bewältigender Arbeitsanteile in den meisten Berufen (Jakobs 2005, 2006, 2008/in diesem Band). Das interne Wissensmanagement in Organisationen, die Standardisierung von Arbeitsprozessen und -abläufen, wie auch die rechtliche Absicherung von Sachverhalten und Entscheidungen führen in zahlreichen Arbeitskontexten zu erhöhter Dokumentationspflicht. Dies gilt, wie zu zeigen sein wird, auch für den Lehrerberuf. Der Lehrerberuf ist ein überaus schreibintensiver Beruf. Es gibt aber kaum Untersuchungen, die den Schreiballtag von LehrerInnen systematisch erfassen.

- Welche kommunikativen Prozesse und Aufgaben, welche Texte und Textsorten bestimmen den Arbeitsalltag von LehrerInnen?
- Welchen (institutionell bedingten) Veränderungen unterliegen Kommunikationsprozesse und wie sind sie begründet?
- Welchen Einfluss haben elektronische Medien im kommunikativen Alltag dieser Berufsgruppe? Welche Medien werden für welche Zwecke genutzt?
- Inwiefern unterstützen Vorlagen, Mustertexte und Formulierungshilfen – oder auch: KollegInnen – die Lösung wiederkehrender Kommunikations-aufgaben?
- Wie erwerben LehrerInnen Kenntnisse und Routinen für die Bewältigung beruflicher Schreibaufgaben?
- Wie gut fühlen sich LehrerInnen durch ihr Studium und das Referendariat auf diese Aufgaben vorbereitet? Wo sehen sie Weiterbildungsbedarf?

Die Untersuchung dieser Fragen verlangt theoretische Konzepte, die es erlauben, kommunikative Prozesse im bzw. *als* Zusammenhang individueller, personenbezogener, und übergreifender, domänenspezifischer Kontextbedingungen zu erkennen und zu analysieren. Einen geeigneten Ansatz liefert das Modell von Jakobs (2005), das für das berufliche Schreiben verschiedene Komponenten im Sinne von Einflussgrößen für die Textproduktion beschreibt (vgl. Kap. 3).

Die Untersuchung dieser Fragen verlangt andererseits Methoden, die sich sowohl auf die Erhebung des Kommunikationsalltags wie auch auf die Analyse ausgewählter Schreibprozesse, Textprodukte und ihnen zugrunde liegende Muster und Vorlagen stützen. Der hier gewählte Zugang beschränkt sich zunächst auf die Ermittlung von als typisch erachteten Schreibtätigkeiten und -anforderungen aus Sicht der Betroffenen. Die Untersuchung stützt sich auf leitfadengesteuerte Interviews mit LehrerInnen. Die Interviews sind Teil dreier unterschiedlicher Korpora, die im Folgenden skizziert werden.

Daten

Das erste Korpus ist Teil des in Aachen am Lehr- und Forschungsgebiet Textlinguistik angesiedelten Projekts von Eva-Maria Jakobs zum „Writing at work". In dem Projekt wurde ein Korpus von inzwischen über 500 Interviews aufgebaut, in dem unterschiedliche Berufsgruppen, u. a. LehrerInnen, zum Schreiben am Arbeitsplatz befragt wurden (vgl. Jakobs 2006). Das Korpus enthält 24 Interviews mit LehrerInnen unterschiedlicher Schultypen. Das zweite Korpus wurde von Jörg Jost, ebenfalls Aachen, aufgebaut und enthält 6 Interviews, in denen GrundschullehrerInnen eingehend zum Schreiben von Notenbegründungen befragt wurden (Jost eingereicht). Das dritte Korpus wurde von Kirsten Schindler (Köln) angelegt. Es umfasst 30 Interviews, von denen 12 zum Zeitpunkt der Analyse transkribiert vorlagen.1

	Korpus 1: Writing at Work **Jakobs**	**Korpus 2: Textsorte Notenbegründung** **Jost**	**Korpus 3: Schreiben im Lehrerberuf** **Schindler**
Zeitraum	ab 2003 fortlaufend	2005	2007
Anzahl	24 Interviews	6 Interviews	12 Interviews
Schultyp	Grundschule, Förderschule, Realschule, Gymnasium	Grundschule	Grundschule, Gesamtschule, Gymnasium
Position	ReferendarInnen, LehrerInnen, SchulleiterInnen	LehrerInnen	ReferendarInnen, LehrerInnen

Tabelle 1: Korpora der Untersuchung

Die den Interviews zu Grunde liegenden Leitfäden sind nicht identisch, sondern folgen unterschiedlichen Schwerpunktsetzungen. Während der Leitfaden in Korpus 1 Aspekte des Schreibens berufsübergreifend erfragt, um Schreibanforderungen, Schreibkonzepte und Textsorten für unterschiedliche Berufsgruppen (vergleichend) herauszuarbeiten, fokussiert der Leitfaden in Korpus 2 besondere, auf die Textsorte Notenbegründung gerichtete Schreibtätigkeiten. Der Leitfaden in Korpus 3 ist berufsspezifisch angelegt und orientiert sich an schultyp-, alters- und geschlechtsspezifischen Aspekten des Schreibens im Lehrerberuf. Eine Rei-

---

1 Ich danke Eva-Maria Jakobs, Jörg Jost und Kirsten Schindler für die – nicht selbstverständliche – Möglichkeit, ihre Korpora zu nutzen. Ich danke ihnen darüber hinaus für die hilfreichen Anregungen und Kommentare zu diesem Beitrag.

he der Interviews (Korpus 1 und 3) wurde im Kontext von Lehrveranstaltungen zum Schreiben am Arbeitsplatz bzw. Schreiben im Lehrerberuf von Studierenden geführt. Wenngleich die unterschiedlichen Schwerpunktsetzungen der Interviews die Vergleichbarkeit von Aussagen und Befunden einschränkt, liefert das entstandene Material – ganz im Sinne der Exploration – zahlreiche Hinweise und vertiefte Einblicke in Bedingungen und Spezifika des beruflichen Schreibens von LehrerInnen; des Weiteren werden Probleme der Aneignung berufsspezifischer Schreibnormen und -routinen offengelegt. Die Befunde bilden den Ausgangspunkt für weitergehende Studien.

3 Berufliche Textproduktion von LehrerInnen

Die Analyse der Interviews stützt sich auf das Modell von Jakobs (2005). Das Modell unterscheidet fünf Komponenten, die – als unterschiedliche Kontextgrößen beschreibbar – auf berufliche Textproduktionsprozesse einwirken. Das Modell wird im Folgenden exemplarisch auf Schreibanforderungen und -bedingungen im Lehrerberuf bezogen.

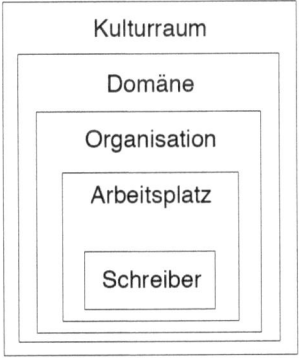

Abbildung 1: Komponenten des Schreibens am Arbeitsplatz (Jakobs 2005, 17)

Schreiber

Wesentliche, schreiberbezogene Bestimmungsgrößen sind in der Sozialisation auszumachen; dazu zählt die individuelle, durch Schule und Ausbildung geprägte Schreibbiografie. Einfluss auf die Schreibbiografie hat die fachspezifische Ausbildung (Studienfächer), die u. a. darüber bestimmt, in welchem Ausmaß Schreiberfahrungen und Schreibpraxis mit Eintritt in den Beruf vorliegen, insbe-

sondere welche Textmuster, Schreibkonzepte und disziplinenspezifischen Normen den Umgang mit schriftlichen Aufgaben prägen.
Entscheidenden Anteil haben Position und ausgeübte Funktionen an der Schule. Dies berührt u. a. die Frage, inwiefern sich der Schreiber im beruflichen Erwerbsprozess befindet (Referendar) oder Leitungsfunktionen ausübt (z. B. Ausbildungskoordinator, Bildungsgang- oder Schulleiter), an die spezifische Kommunikationsaufgaben gekoppelt sind. Mit der Position und Übernahme von Funktionen verändern sich Schreibaufgaben und daran gebundene Textsorten.

Eine weitere Bestimmungsgröße auf der Ebene des Schreibers ist seine Expertise, die mit der Berufserfahrung wächst und die sich in veränderten Schreibstrategien und –routinen manifestieren kann. Schließlich prägen persönliche Einstellungen, Normen und Werte die individuellen Schreibvoraussetzungen. Ausschnitte aus den Interviews zeigen, dass wachsende Routine nicht selten mit Kreativitäts- und damit auch Motivationsverlust verbunden wird:

(1) Also, generell vergeht einem mit der Zeit der Spaß am Schreiben, bei mir ist das jedenfalls so. (4 Sek. Pause) Irgendwann kommt da so eine Routine, ständig das Selbe (Gesamtschullehrerin, 58, KORP 3).

(2) Also, es ist schon monoton geworden. Jedes Jahr die gleichen Zeugnis-Formulierungen, die gleichen Anträge. Also, es ist unkreativer geworden. Es ist monotoner geworden. Es ist vom Anspruch her niedriger geworden, wenn ich an meine Studienzeit zurückdenke (Grundschullehrerin, 32, KORP 3).

Arbeitsplatz

Auf der nächst höheren Ebene beeinflussen Größen des *Arbeitsplatzes* kommunikative Abläufe und Strukturen sowie die Lösung darauf bezogener Schreibaufgaben. Der Arbeits*platz* von LehrerInnen ist in der Regel zweigeteilt: Sie arbeiten in der Schule (Klassenzimmer, Lehrerzimmer) und zu Hause – letzeres betrifft vor allem die Unterrichtsvor- und -nachbereitung und damit einen erheblichen Teil der schriftlichen Arbeit.

Merkmale des Arbeitsplatzes betreffen Arten und Weisen der Interaktion und Zusammenarbeit mit KollegInnen, etwa die Frage, inwiefern Schreibaufgaben kooperativ gelöst oder durch wechselseitiges Feedback zu Texten begleitet werden. Aber auch die räumliche Situation vor Ort nimmt Einfluss auf kommunikative Abläufe und die erfolgreiche Umsetzung kommunikativer Aufgaben. Der folgende Ausschnitt aus dem Interview mit einem Lehrer, der an einer großen Gesamtschule tätig ist, zeigt, dass der Aspekt der räumlichen Infrastruktur nicht trivial ist, sondern direkten Einfluss auf das Zustandekommen von Interaktionen und Arbeitskooperationen hat. Der Interviewte schildert seinen Tagesablauf an der Schule und die darin eingebundenen Schreibtätigkeiten. Gefragt danach, ob er auch in den Pausen im Klassenzimmer schreibe, antwortet der Befragte:

(3) Nein, da [in den Pausen] ist man in der Regel froh, wenn man hier und da ein Gespräch führen kann. Es kann sein, dass man Vorbereitungen machen muss (…). Das muss ich dann eben schnell in der Pause machen. Die Fünf-Minuten-

Pause ist dafür zu klein, weil man in dem großen Gebäude teilweise von links unten nach rechts oben laufen muss und dann sehr lange unterwegs ist. (5 Sek. Pause) Dadurch kommen Gespräche mit Kollegen, die eigentlich sehr wichtig sind, im Schulablauf zu kurz. Es ist nach wie vor so, dass man schon sehr stark ein Einzelkämpfer ist. Wir versuchen das natürlich aufzuheben. Im nächsten Schuljahr gibt es eine Kooperationsstunde, eine Randstunde an einem bestimmten Wochentag, in der alle Lehrer in einem bestimmten Bereich sein müssen. Da werden dann unterschiedliche, vorher festgelegte Themen besprochen, zum Beispiel zu Fachgruppen oder Jahrgangstutoren. Bisher kommen die Gespräche in der Regel zu kurz, da sie auf die fünf Minuten oder Viertelstunden der Pausen beschränkt sind und weil das Haus unterschiedliche Lehrerzimmer hat. Von denen entscheidet man sich in der Regel für eins, wodurch man dann die anderen nicht erreicht, was nicht so optimal ist. Wenn alle in ein Lehrerzimmer gingen, dann würde es vielleicht besser gehen.

Die eigene Wahrnehmung als „Einzelkämpfer" kann u. a. als Ausdruck der räumlichen Struktur der Schule gelesen werden. Das Beispiel einer Grundschullehrerin liefert dazu das ‚kommunikative Gegenmodell'. Ihr Kollegium besteht aus 18 Personen, Besprechungen und Absprachen über Ziele und Inhalte sind fester und regelmäßiger Bestandteil ihres beruflichen Alltags. Die räumliche und personelle Struktur des Arbeitsplatzes erhöht die Interaktionsdichte mit KollegInnen, die durch einen gemeinsamen Wahrnehmungsraum, das Klassenzimmer, gestützt wird:

(4) Wir besprechen (...) im Jahrgangsstufenteam immer die jeweiligen Lernzielkontrollen, wie wir auch überhaupt den ganzen Stoff der Woche immer wieder absprechen (...) (Grundschullehrerin, 52, KORP 2)

Organisation

Organisationsspezifische Merkmale beziehen sich im Falle der Schule u. a. auf den Schultyp. Schultypbezogen variieren Aufgaben, Ziele und Zielgruppen institutionellen Handelns. Entsprechend variieren Schreibtätigkeiten und zu produzierende Texte. Dies gilt beispielsweise für Gutachten, die Schreibtätigkeiten in der Förderschule und zunehmend auch an der Grundschule dominieren (vgl. Kap. 4.2).

Eine relevante Bestimmungsgröße der Organisation stellt im Falle der Schule auch das pädagogische Konzept dar. Aus dem pädagogischen Konzept erwachsen Festlegungen für die Lösung kommunikativer, insbesondere schriftlicher Aufgaben. Dies verdeutlicht exemplarisch der folgende Ausschnitt aus dem Interview mit einer Grundschullehrerin:

(5) I: Welchen Stellenwert haben Notenbegründungen im schulischen Alltag, für die Institution Schule?

B: Also, ich denke, dass das ganz unterschiedlich gehandhabt wird je nach Schulform, je nach Schule an sich und dann auch wieder bei unterschiedlichen Kollegien, je nach Schulen geführt werden; und wie das pädagogische Konzept/auch nachher eine Schule arbeitet, also ich bin davon überzeugt, je konservativer, je rigider eine Schule auch das eigene pädagogische Konzept gestrickt hat oder auch nicht gestrickt hat, dass die Begründungen auch dürftiger und weniger ausfallen als jetzt in Schulen, wo man auch an sich selber einen relativ hohen Anspruch hat und das ist dann wieder unterschiedlicher bei den verschiedenen Lehrerpersönlichkeiten, ganz bestimmt (Grundschullehrerin, 52, KORP 2).

Domäne und Kulturraum

Domänen- und kulturspezifische Bestimmungsgrößen betreffen die Schule als übergeordnete Institution mit Bildungsauftrag. Hier spielen gesellschaftliche Normen und Werte eine Rolle, z. B. das demokratische Selbstverständnis. Wesentlichen Einfluss auf das Vorkommen, die Lösung, aber auch die Veränderung kommunikativer Aufgaben im Berufsalltag von LehrerInnen haben hier u. a. gesetzliche Änderungen und Vorgaben. Den Stellenwert schriftlicher Anforderungen im Beruf, ihre Veränderung und den Bezug auf externe Vorgaben veranschaulicht der folgende Ausschnitt aus einem Interview mit einer Förderschullehrerin. Das Beispiel liefert Hinweis auf den zunehmenden Bedarf der Dokumentation von Lernprozessen, die auch der rechtlichen Absicherung dient.

(6) Das [Schreiben im beruflichen Alltag] ist ein ganz zentraler Faktor. Zum einen ist die Unterrichtsvorbereitung ein ganz wesentlicher Bestandteil, aber es wird auch der Punkt der Dokumentation immer wichtiger. Dokumentation von der Entwicklung der Schüler, auch im Hinblick auf eine Evaluation. Zum Beispiel Förderbereiche nennen und beschreiben, solche Sachen sind auch vom Schulträger inzwischen verlangt. Und das wird also immer wichtiger, auch im Hinblick auf juristische Fragestellungen (Förderschullehrerin, 43, KORP 1).

4 Explorative Analyse: Beobachtungen und Befunde zum Schreiben im Lehrerberuf

4.1 Schreibtätigkeiten

Befragt nach Schreibtätigkeiten und Textsorten im Berufsalltag, ergibt sich ein breites Spektrum an Textaufgaben, die sich in Adressaten, Zielen und kommunikativer Funktion zum Teil erheblich von einander unterscheiden. Die folgende Abbildung liefert einen Überblick der in den Interviews genannten schriftlichen Arbeitsaufgaben, die Darstellung orientiert sich an den Benennungen der Befragten, sie ist in diesem Sinne weder vollständig noch systematisch.

Die übergeordneten Kategorien bzw. Handlungsbereiche (Unterricht planen..., Lernprozesse bewerten..., Kommunikation mit Eltern...) stellen den Versuch einer vorläufigen Strukturierung dar. Eine Klassifikation von Schreibtätigkeiten nach übergeordneten Funktionen ist schwierig. Texte stehen nicht isoliert, sie sind meist das (Zwischen-)Ergebnis komplexer Kommunikationsprozesse, die sich auf verbale (das Protokollieren von Sitzungen) oder non-verbale Tätigkeiten (das Beobachten) beziehen und – z. B. im Falle von Zeugnissen und Stoffverteilungsplänen - auf andere Texte – z. B. Lehrpläne und Richtlinien – referieren.

Unterricht planen und durchführen	Lernprozesse/Leistungen beobachten, beschreiben, begutachten, bewerten	Kommunikation mit Eltern, KollegInnen, Institutionen
Arbeitsblätter Unterrichtsentwürfe Aufgabenstellungen (z. B. Hausaufgaben) Tafelanschriebe, -bilder PowerPoint-Präsentationen Klassenbuch Stundenauswertung	Zeugnisse bzw. Berichtszeugnisse Klassenarbeiten /Klausuren Bewertungsraster (für Klassenarbeiten) Notenbegründung Klausurkommentare Abiturvorschläge Gutachten Berichte Förderpläne Stoffverteilungspläne Hausaufgabenkorrektur	Elternbriefe schriftliche Vorbereitung von Elterngesprächen Stellungnahmen Tischvorlagen Firmenbriefe (Sponsoring) Anfragen Anträge Präsentationen/Reden E-Mail Aktennotiz Protokolle (Gespräche, Konferenzen, Fortbildungen) Entwicklungsberichte

Tabelle 2: Übersicht Schreibtätigkeiten/Textsorten im Lehrerberuf

Der Status und die Relevanz einzelner Schreibtätigkeiten variiert in Abhängigkeit von Ausbildungsstufe und Schultyp. Schreibtätigkeiten für die Unterrichtsplanung und –durchführung werden von nahezu allen Befragten genannt. Daneben haben Texte mit Bewertungs- und Begutachtungsfunktion eine Schlüsselrolle über alle Befragungsgruppen hinweg. Bewertungsrelevante Texte sind neben Klassenarbeits- und Klausurkommentaren, Notenbegründungen und Zeugnissen vor allem Berichte, Dokumentationen und Gutachten. So gehört z. B. das Schreiben von Förderkonzepten zunehmend zum beruflichen Alltag von LehrerInnen. Ebenso zählt die schriftliche Formulierung von Lernfeldern und darauf bezogener Lernsituationen verstärkt zu ihren Aufgaben.[2] Ihr Vorkommen variiert in Abhängigkeit vom Schultyp. Grundschul- und FörderlehrerInnen sind sehr viel stärker mit diagnostisch und förderbezogenen Schreibaufgaben konfrontiert als beispielsweise GymnasiallehrerInnen. Wie Beispiel (6) gezeigt hat, richten sich berufliche Texte zum Teil an übergeordnete, schulische Instanzen und haben in diesem Sinne häufig auch die Funktion der rechtlichen Absicherung nach außen.

---

2 Ich danke Birgit Schütz, Lehrerin an einem Aachener Berufskolleg, für die ausführliche Diskussion des Konzepts des lernfeldorientierten Unterrichts und den daraus erwachsenden Schreibaufgaben.

4.2 Beobachten, bewerten, begutachten

Das Formulieren bewertender Texte ist fester Bestandteil der täglichen Schreibpraxis; gleichwohl fühlen sich die Befragten den Formulierungsanforderungen texttypabhängig nicht immer gewachsen. Die Interviews zeigen, dass sich viele der Beteiligten mit dem Schreiben von begutachtenden Texten auf Grund fehlender Schreibausbildung und -expertise schwer tun. Fehlende Expertise geht auf veränderte Ausgangsbedingungen zurück; der Texttyp Gutachten – dies gilt für GrundschullehrerInnen – gehört erst in jüngster Zeit zum Textsortenrepertoire dieser Gruppe:

> (7) (…) und zwar diese neue Schuleingangsphase, die in unserer Schulform vor uns steht, die fordert sehr viel mehr Diagnostik, und da sind wir sehr, sehr wenig ausgebildet worden. Diagnostik heißt ja nicht nur beobachten, sondern nachher auch das Beobachtete niederschreiben und da sehe ich, wenn ich mit den Sonderschullehrern zusammen arbeite, eine ganz andere Ausdrucksweise, eine ganz andere Wortwahl, als wir sie als Grundschullehrer haben. Da müsste man schon enorm fortgebildet werden, ja […]
>
> Wir haben jetzt zum Beispiel bei uns an der Grundschule diesen gemeinsamen Unterricht, in dem Sonderschule, die früher zur Sonderschule überwiesen wurden an unserer Schule verbleiben und stundenweise kommen Sonderschullehrer zu uns in den Unterricht und betreuen diese Kinder spezieller und zu Beginn muss ein Gutachten erstellt werden, immer wieder aktualisiert werden, und wenn sie zur weiterführenden Schule gehen, muss es noch mal erstellt werden mit dem aktuellen Hintergrund. Und wenn dann Sonderschullehrer dieses Gutachten schreiben und ich schreibe das, das sind ganz andere fachliche Begriffe, die uns einfach fehlen, weil bisher die Sonderschule von uns völlig getrennt lief und wir nie was mitbekommen haben. (Grundschullehrerin, 53, KORP 1).

Der Ausschnitt liefert Hinweis auf das Fehlen einschlägiger Textmuster, insbesondere bezogen auf fachspezifische Formulierungsmuster. Die Befragte beschreibt Probleme auf der Ebene der „Ausdrucksweise" und „Wortwahl" und begründet sie mit fehlender Ausbildung und Vermittlung: „Da müsste man schon enorm fortgebildet werden". Der Ausschnitt verdeutlicht, dass die bestehende Schreibpraxis auf Grund domänenspezifischer Veränderungen nicht mehr hinreichend ist („weil bisher die Sonderschule von uns völlig getrennt lief").

Die Schilderung der Befragten bildet keinen Einzelfall. Viele Schreibtätigkeiten, die sich auf das Erfassen, Beschreiben, Bewerten und Begutachten von Lernentwicklungen und -leistungen beziehen, bewegen sich aus Sicht der Befragten im Spannungsfeld individueller Formulierungsleistungen (dem Einzelfall gerecht werden) und externen Vorgaben (dem Ziel, einheitliche und damit auch vergleichbare Texte herzustellen):

> (8) Wir haben zum Beispiel vor kurzem im Kollegium noch mal gesagt, dass wir ganz gerne noch mal gemeinsame Raster erstellen würden. Weil es dann doch immer wieder so ist, dass die einen sehr knapp und die anderen sehr weit schweifend berichten. Das führt aber dazu, dass die [Gutachten] nicht so gut

vergleichbar sind. Und manchmal habe ich auch das Gefühl, ein bisschen weniger würde mich auch entlasten. Sich noch mal mit den Kollegen zusammensetzen, das wäre für mich sicherlich auch noch mal gut (Förderschullehrerin, 43, KORP 1).

Die Beispiele liefern Hinweis auf das Fehlen geteilter Kriterien und verbindlicher Muster für die Formulierung wiederkehrender Texte – sowohl schulübergreifend (wie Beispiel 7 zeigt) als auch schulintern, also innerhalb des Kollegiums (wie Beispiel 8 zeigt).

Schreibprobleme und Formulierungsdefizite, die sich auf die Beobachtung, Erhebung und Bewertung von Sachverhalten beziehen, werden insbesondere von den befragten SchulleiterInnen herausgestellt. SchulleiterInnen bilden die kommunikative ‚Schnittstelle' nach innen (Kollegium) und außen (übergeordnete Instanzen). Sie sind in besonderem Maße auf die Qualität schriftlicher Produkte angewiesen, weil sich daraus Leitungsfunktionen ableiten: Auf der Grundlage von Texten werden Entscheidungen getroffen, wird der Handlungsbedarf bestimmt und werden Maßnahmen beschlossen. Dies setzt voraus, dass Texte ihren Funktionen gerecht werden bzw. umgekehrt: dass die SchreiberInnen eine Vorstellung von der Funktion zu schreibender Texte entwickeln und ihre Formulierung an den Zielen ausrichten. Dies gelingt nur bedingt, wie der folgende Ausschnitt zeigt:

(9) I: Sehen Sie bezogen auf ihr Berufsfeld, ihre Kollegen und die dort zu bewältigenden Arbeitsaufgaben Weiterbildungsbedarf?

B: Ja.

I: Und wie sollte dieser dann aussehen?

B: Wir haben einen Bereich, wo es um Berichterstattung bei Lese-/Rechtschreibschwäche geht, bei der Feststellung des sonderpädagogischen Förderbedarfs. Hier sind Kinder nicht nur aufgrund eines schematischen Rasters zu beurteilen, sondern es müssen Defizite und Fähigkeiten beschrieben werden. Da sind Formulierungen zu bringen, die angemessen sind, wo es um die Sache geht, die sachliche Darstellung, und nicht um eine Bewertung beziehungsweise „in Schubladen sortieren von Kindern". Es fällt manchen Kollegen schwer zwischen einer Zustandsbeschreibung und einer Bewertung zu trennen (Grundschulleiter, 56, KORP 1).

Befragt danach, ob solche Themen im Studium behandelt werden sollen, antwortet der Betreffende: „In jedem Fall. Wenn man das erst im Beruf lernen muss, ist das für die Schulleitung und für die Kollegen, für beide, unangenehm."[3]

Die Darstellung des Schulleiters richtet sich, wie schon in den Beispielen (7) und (8) gesehen auf textmusterspezifische Formulierungsprobleme, hier die Unterscheidung von beobachtenden und bewertenden Sprachhandlungsmustern. War es im Beispiel (7) die Schreiberin selbst, die fehlende Expertise bei der Darstellung begutachtender Sachverhalte zum Thema machte und dabei auf ein grup-

---

3 Flos (in diesem Band) beschreibt interessanterweise vergleichbare Probleme der polizeilichen Schreibarbeit bei der Trennung von Sachverhaltsdarstellung und Bewertung.

penspezifisches Problem verwies („da sind *wir* sehr, sehr wenig ausgebildet worden"; „eine ganz andere Wortwahl, als *wir* sie als Grundschullehrer haben"), wird dieses Problem hier aus der Sicht eines Schulleiters gespiegelt.

Ähnlich gelagerte Probleme verdeutlicht ein weiteres Beispiel des Interviews mit einem Schulleiter, der an einer Realschule tätig ist. Der folgende Ausschnitt macht deutlich, dass Anforderungen an die schriftliche Darstellung und Reflexion pädagogischen Handelns aus Sicht des Befragten von den LehrerInnen kaum erfüllt werden, und dass veränderte Schreibanforderungen grundlegende Formulierungsprobleme offenlegen:

> (10) In der letzten Zeit wird überhaupt erstmalig deutlich ein Feedback von Lehrerinnen und Lehrern zu ihrer eigenen Arbeit erwartet. Zum Beispiel durch Auswertung von Parallelarbeiten oder durch Lernstandserhebungen. Wo in einer Klasse oder in einem Jahrgang festgestellt wird, wir haben leistungsmäßig dieses und jenes Profil. Jetzt kommt die Frage, wieso ist das so und was kann ich daran ändern? Und das sollen die Kollegen aufschreiben. Da stelle ich fest, da kommen Halbsätze, da kommt nichts. Solch eine Reflexion dessen, was im eigenen Beruf passiert und wie man sich daran weiterentwickeln kann, das sind Sprachmuster, die sind überhaupt noch nicht entwickelt (Realschulleiter_57_KORP 1)

Was zeigen die Beispiele? Die Interviews verdeutlichen Probleme domänenspezifischen Schreibens im beruflichen Alltag. Diese Probleme resultieren u. a. aus veränderten Bedingungen und Schreibanforderungen, vor allem aber auch aus fehlenden Kriterien für die Texterstellung. Die gemeinsame Absprache von Unterrichtsinhalten, Lernzielkontrollen und Bewertungskriterien unter KollegInnen ist an einigen Schulen durchaus üblich, die Verständigung über entsprechende Texte, der Austausch von Texten, ihre kooperative Formulierung oder Textfeedback sind es aber in der Regel nicht.

Worauf sind diese Defizite zurückzuführen? Mir scheint, sie setzen etwas fort, was bereits den Aneignungsprozess in der Ausbildung kennzeichnet, d. h. den Prozess, wie im Studium und im Referendariat Kenntnisse und Kompetenzen zum Schreiben berufsrelevanter Texte erworben werden. Diesen Aspekt greift das folgende Kapitel auf.

4.3 Anleitung und Aneignung: Erwerb berufsspezifischer Schreibkompetenzen

Fragt man LehrerInnen, wie gut sie sich durch das Studium und das Referendariat auf Schreibanforderungen in der Schule vorbereitet fühlen, und wie sie Wissen für ihre Bewältigung erworben haben, dann wird der „Sprung ins kalte Wasser" und das „learning by doing" zu den meist genannten Metaphern bzw. Formeln. Die folgenden Ausschnitte aus den Interviews veranschaulichen einen gleichermaßen unbewussten wie mühevollen Prozess:

> (11) Es [die Notenbegründung] wird immer leichter. Am Anfang war es eine Katastrophe. [...] dass ich dann geguckt hab und mir die Sachen zusammengesucht hab. (Grundschullehrerin_ 35_KORP 2)

(12) Tja, das [wie ich das Notwendige gelernt habe] weiß ich auch nicht so genau. Learning by doing wahrscheinlich (Gymnasiallehrerin_50_KORP 1).

(13) (...) sieht, wie die Kollegin das macht und guckt sich das so mehr oder weniger ab (Grundschullehrerin_36_KORP 2)

Was kennzeichnet die in den Interviews geschilderte Aneignungspraxis des learning by doing?

1. Die Aneignung von Schreibwissen und Schreibexpertise verläuft individuell sehr unterschiedlich. Der Erfolg dieser Aneignung ist abhängig vom sozialen Umfeld, d.h., um die Darstellung einer Befragten aufzugreifen, es hängt ab vom „Glück oder Unglück, mit dem Mentor zusammen solche Sachen halt zu erstellen". Der Zufall wird hier gewissermaßen zum Risikofaktor.
2. Die Aneignung ist häufig eine Praxis des Abguckens und Kopierens von erfahrenden KollegInnen. Diese Praxis ist für BerufseinsteigerInnen effizient, weil sie sich an Textvorlagen orientieren und Muster übernehmen können. Jedoch läuft diese Praxis Gefahr, auch weniger effektive Prozesse und Problemlösungsmuster zu tradieren.
3. Die Aneignung erfolgt unbewusst, d.h. nicht Kriterien geleitet, ohne Zugriff auf systematisches Wissen und ohne Kontrolle des eigenen Lernprozesses.

Diese Ergebnisse sind vermutlich nicht überraschend. LehrerInnen teilen hier das Schicksal vieler anderer Berufsgruppen, wie die Studien zum Schreiben am Arbeitsplatz in unterschiedlichen Professionen (Jakobs 2006, 2008/in diesem Band; Lehnen/Schindler 2007), insbesondere beim Übergang vom Studium in den Beruf, zeigen (Beaufort 2005). Aus Sicht der Didaktik, insbesondere unter der Perspektive beruflicher Professionalisierung und zunehmender Standardisierung, sind die Befunde unbefriedigend. Dies gilt umso mehr, als DeutschlehrerInnen in einem spezifischen Berufskontext agieren: Sie müssen nicht nur schreiben können, sie müssen Schreibkompetenzen im Unterricht selber vermitteln. Aus Sicht der Schreibdidaktik wäre u. a. zu klären, wie LehrerInnen auf solche Aufgaben vorbereitet werden können. Die sprachwissenschaftliche und sprachdidaktische Ausbildung im Lehramtsstudium könnte hier eine wichtige Lücke schließen.

5 Konsequenzen für das Lehramtsstudium: Schreib- und Textdidaktik

Was ist aus den skizzierten Befunden für die Lehramtsausbildung abzuleiten? Ich möchte drei Aspekte für die Didaktik herausgreifen, die aus meiner Sicht viel versprechende Ansätze bieten und die dabei auch methodisch neue Wege der Vermittlung ermöglichen.

Ermittlung kommunikativer Anforderungen des Lehrerberufs als Teil des Studiums

Studierende sollten aus meiner Sicht einen differenzierteren Einblick in schreib- und medienspezifische Anforderungen und Bedingungen der Kommunikation im schulischen Umfeld gewinnen können. Eine Rekonstruktion dieser Anforderungen bietet die Chance der gezielten Auseinandersetzung und Reflexion domänenspezifischer Schreibprozesse im Studium und bietet damit eine bessere Vorbereitung auf berufliche Schreibaufgaben. Dies kann auf unterschiedliche Weise geleistet werden.

Es bietet sich beispielsweise an, Methoden wie das Interview in die Lehre zu integrieren und die Erhebung und Auswertung von Interviews mit LehrerInnen zum Gegenstand der Lehre zu machen. Die hier zu Grunde gelegten Korpora von Jakobs und Schindler (vgl. Kap. 2) sind z. T. auf diese Weise zustande gekommen, sie wurden als Teil von Lehrveranstaltungen von Studierenden erhoben und transkribiert. Die Integration von Interviews leistet – über den Einblick in das Berufsfeld hinaus – die Möglichkeit der gezielten Auseinandersetzung mit Sprache, sprachlichen Daten, ihrer Transkription und Interpretation – sie haben von daher auch sprachdidaktischen Wert. Lehrforschungsprojekte, die die Ermittlung beruflich relevanter Kommunikationsprozesse zum Gegenstand der Lehre machen, verknüpfen die Arbeit am Thema mit dem Erwerb von Methoden empirischer Forschung. In Adaption dieses Ansatzes von Jakobs und Schindler auf eine Lehrveranstaltung zur „Kommunikation im Lehrerberuf" an der Justus-Liebig-Universität Gießen in diesem Semester (WS 07/08) ist außerdem der besondere Motivationsgewinn auf Seiten der TeilnehmerInnen herauszustellen. Die Beteiligten, sämtlich Lehramtsstudierende, sind in hohem Maße interessiert, Einsichten in ihr zukünftiges Berufsfeld zu erlangen, ihre Bereitschaft, den Aufwand empirischer Arbeit auf sich zu nehmen, ist hoch.

Textmusterspezifische Analyse und Produktion berufsrelevanter Textsorten

Die Rekonstruktion kommunikativer Anforderungen und die damit einhergehende Auseinandersetzung mit domänenspezifischen Schreibprozessen sollte auch durch die Behandlung ausgewählter beruflicher Textsorten und Textexemplare im Studium geleistet werden (Bräuer 2006). Dafür ist zu bestimmen, welche Textsorten und daran gebundene Schreibkompetenzen im beruflichen Alltag besonders hervortreten. Dazu zählt offenbar die Fähigkeit, bewertungsrelevante Sachverhalte zu beobachten, präzise darzustellen und an vorgegebenen Kriterien auszurichten. Es impliziert die Fähigkeit zur Unterscheidung beschreibender und bewertender Sprachhandlungen.

Da Bewerten und Beurteilen eine dominante Tätigkeit im Schulalltag ist (Baurmann/Dehn 2004, Nussbaumer 1991), und da die Pflicht zur Dokumentation im schulischen Alltag wächst, sollte sich die didaktische Ausbildung auf einschlägige Textmuster schulischen Bewertens richten. Das Fach Deutsch bietet die Möglichkeit der systematischen, sprachwissenschaftlich fundierten Analyse von Textsorten im Lehrerberuf, die sich auf authentische Exemplare stützen kann. Dafür sind die Kriterien zu ermitteln, nach denen kontext-, adressaten- und aufgabenabhängig beschrieben und bewertet wird. Dies bedingt auch die Auseinandersetzung mit rechtlichen Vorgaben – und ist als interdisziplinäre Aufgabe zu verstehen.

Idealerweise werden beide Ansätze – die Erhebung von Anforderungen durch Interviews und die Analyse ausgewählter Texte (und ihrer Referenzobjekte, z. B. Lehrpläne) miteinander verbunden. Auf diese Weise bleibt die Auseinandersetzung mit Texten nicht isoliert, sondern sie erlaubt den Bezug auf organisations- und domänenspezifische Kontexte ihrer Entstehung (vgl. Jost (eingereicht), der dies für die Textsorte Notenbegründung unternimmt).

Methoden des Textfeedbacks und reflexives Schreiben

Die fehlende Praxis des Austauschs über das Schreiben, über Texte und Textnormen im Berufsalltag von LehrerInnen impliziert eine systematischere Verankerung von Methoden des gemeinsamen Schreibens und des Textfeedbacks. Schreiben im Studium sollte systematischer als bisher durch Methoden bzw. Methodentraining begleitet werden, die das Schreiben zum Reflexionsgegenstand machen und es als Lerninstrument in den Vordergrund stellen. Dafür eignen sich Schreibkonferenzen, Portfolios und Methoden des Text-Feedbacks unter Peers. Die Nutzung dieser Methoden etabliert eine Praxis des Sprechens über Texte (Bräuer 2004, Miskovich 2006). Text-Feedback eignet sich insbesondere auch für die Entwicklung und Reflexion von Bewertungskriterien. Denn die Rückmeldung auf Texte setzt die Benennung und Begründung von Kriterien voraus.

6 Exkurs: Berufliche Mediennutzung

Medienkompetenz wird in der Literatur meist mehrdimensional betrachtet (vgl. z. B. Groeben/Hurrelmann 2002). Die Differenzierung von Dimensionen ist unterschiedlich, beinhaltet aber im Wesentlichen die folgenden Aspekte:
- das Wissen über Medien
- den Umgang mit und die kompetente Nutzung von Medien für spezifische Zwecke
- die Medienreflexion im Sinne der Analyse, kritischen Rezeption und des Vergleichs von Medien sowie
- die Medienproduktion und –gestaltung.

Berufliche Medienkompetenz von LehrerInnen lässt sich mindestens unter zwei Perspektiven betrachten: mit Blick auf die Medienkompetenz von LehrerInnen und mit Blick auf die Kompetenz, diese Dimensionen im Unterricht zu vermitteln. Da medienspezifische Anforderungen in den Interviewleitfäden der zugrunde gelegten Korpora meist nur am Rande und nicht systematisch erfragt wurden, die Interviews aber interessante Hinweise auf die Nutzung bzw. Nutzungskonzepte elektronischer Medien liefern, beschränke ich mich in einem abschließenden Exkurs auf einige vorläufige Beobachtungen, die sich auf die Mediennutzung richten.

Mediennutzungskonzepte

Die Nutzung elektronischer Medien ist, sofern abgefragt, relativ fest im Arbeitsalltag der Befragten verankert.[4] Dies gilt vorzugsweise für den Computer und das Internet.

Der Computer wird in den Interviews wiederholt mit der Wiederverwendbarkeit einmal erstellter Texte in Verbindung gebracht, das Internet vor allem mit dem Recherchieren von Informationen und dem Herunterladen von Materialen für die Unterrichtsvorbereitung.

(14) Also dass ich mir Sachen aus dem Internet heraussuche, die ich scanne und dann zusammenfüge zu neuem Lernmaterial, das meiner Meinung nach auf die spezielle Klasse ausgerichtet ist (Grundschullehrerin, 50-55, KORP 1).

Weil es sich im Falle von Interviews um Selbsteinschätzungen der Befragten handelt, lassen sich keine Aussagen über die Kompetenz, als vielmehr über Einstellungen, die Verbreitung und den bewussten oder unbewussten Umgang mit ihnen treffen. Interessante Hinweise liefern die Interviews hier auf subjektive Theorien und Konzepte, die der Mediennutzung zu Grunde liegen. Das folgende Zitat verdeutlicht eine Sichtweise auf elektronische Medien, die wiederholt in den Interviews aufscheint:

(15) Also der PC ist ein Medium mit enormen Vorteilen, ich merke das auch, wie gesagt, ist ein super Ersatz für eine Schreibmaschine, erstens das, und ich merke das auch als Medium bei den Kindern, wie man das Internet benutzt, das können die in der Grundschule auch gut, man vorzüglich Informationen daraus herausziehen kann, wir haben Computer und Internetraum an der Schule, und den nutzen sie auch gruppenweise, um was zu verschriftlichen, darum ginge das, nicht um Mathematik zu rechnen oder was weiß ich (Grundschullehrerin, 50, KORP 1).

Die Konzeptualisierung des Computers als „Ersatz für die Schreibmaschine" und seine Nutzung „um was zu verschriftlichen" deutet hier auf den Werkzeugcharakter der Mediennutzung hin. Die Befragte ist 50 Jahre und mit der Schreibmaschine groß geworden, der Computer wird von ihr hier implizit als die Fortsetzung der Schreibmaschine mit anderen Mitteln betrachtet. Das Medium schreibt

---

4 Dies wird durch andere Studien zur Ausstattung und Nutzung von Medien in der Berufsgruppe der LehrerInnen belegt (vgl. Forschungsbericht des medienpädagogischen Forschungsverbund Südwest: Lehrer/-innen und Medien 2003). In dieser Studie wurden 2000 LehrerInnen zum Medienumgang – zu Hause und im Schulunterricht – befragt (Telefoninterviews).

in dieser Lesart bewährte Darstellungstechniken fort, ohne den Schreibprozess in der Wahrnehmung der Befragten selbst zu verändern. Dies wird im Umkehrschluss auch daran deutlich, dass der Stellenwert handschriftlichen Schreibens im Berufsalltag der Befragten meist hoch ist und z. T. explizit von den Befragten hervorgehoben wird:

> (16) I: Schreiben Sie zuhause mit dem Computer?
>
> B: Eigentlich nicht. Also Noten und Daten oder so speichere schon auf dem Computer ab – wir haben da extra ein Programm für bekommen. Aber meine Notizen schreibe ich lieber per Hand auf – das geht schneller.
>
> I: Ist nicht eigentlich der Computer schneller?
>
> B: Wenn man sich damit auskennt (lacht) (Gesamtschullehrerin, 58, KORP 3).
>
> (17) I: Wie schreibst du? Per Hand oder benutzt du den Computer?
>
> B: Das mit dem Computer war früher nicht da. Ich hab alles mit der Hand geschrieben. Das war gut, heute ist es eben anders. Ich habe mich daran gewöhnt und das wichtigste kann ich inzwischen am Computer. Bei Problemen hilft mein Mann. Der Computer hat ja seine Vorteile, man kann alles wieder ändern und verbessern. Find ich super. Vieles schreibe ich per Hand vor, wenn ich erst mal Ideen sammle und dann tippe ich es ab (Grundschullehrerin, 53, KORP 3).

Die Ausschnitte beziehen sich sämtlich auf InterviewpartnerInnen, die 50 Jahre oder älter sind. Es wäre zu untersuchen, ob und inwiefern die Mediennutzung (elektronisch und nicht-elektronisch) berufsgruppenspezifisch und/oder altersabhängig ist.

Das Alter wird von den Befragten häufig selbst zum Thema gemacht, wenn es um die Nutzung elektronischer Medien geht. Die kompetente Bedienung von Medien wird normativ gesetzt, z. T. an das Alter gekoppelt und z. T. mit der unterstellten Kompetenz von SchülerInnen kontrastiert, wie im folgenden Beispiel:

> (18) Ich denke, was noch mehr kommen muss, also sich auch bei älteren Kollegen durchsetzen muss, ist der Umgang mit dem Computer. Der ist aus den meisten Berufen gar nicht mehr wegzudenken. Deswegen müssen sich die Lehrer auch in dem Bereich weiterbilden. Die Schüler, die sie vor sich sitzen haben, arbeiten zum Teil schon sehr viel mit dem Computer und wenig handschriftlich. Sie wissen natürlich auch, wie man mit dem Computer umgeht." (Realschullehrerin, 27, KORP 1)
>
> (19) Gut, ältere Kollegen weigern sich schon mal, mit dem Computer zu arbeiten. Die sehen dann zunächst mal in der Anlaufphase, wenn halt, wenn man mit Powerpoint arbeitet oder wenn man mit dem Publisher arbeitet, dann braucht man ja zunächst mal mehr Zeit, bis man sich dann in das Programm mal rein gefunden hat. Wenn man sich dann einmal damit auskennt, sind die Möglichkeiten, das einzusetzen, natürlich ungeheuer groß (Grundschullehrerin, 50-55, KORP 1).

Die Thematisierung der Mediennutzung *im* Unterricht kommt in den Interviews vor – allerdings überaus selten. Inwiefern dies als Hinweis auf den seltenen Einsatz elektronischer Medien in der Unterrichtssituation zurückzuführen ist, kann hier allerdings nicht geklärt werden.

Die Frage nach der Nutzung elektronischer Medien von LehrerInnen liefert eine tendenziell instrumentelle Sicht auf Fragen der Medienkompetenz. Sie wäre durch Fragen zur qualitativen Veränderung des Berufsalltags durch den Einsatz elektronischer Medien zu erweitern:

- Wie wandeln sich Arbeits- und Kommunikationsprozesse durch elektronische Medien. Wie wirkt sich das auf das berufliche Umfeld aus? Was passiert mit KollegInnen, die diese Medien nicht nutzen?
- Wie wirkt sich das eigene Mediennutzungsverhalten auf den Einsatz neuer Medien im Unterricht aus und umgekehrt? Und wie verändert sich das Schreiben in unterschiedlichen medialen Kontexten?

Diesen Fragen wäre in weiteren Untersuchungen nachzugehen.5 Denn die Entwicklung didaktischer Konzepte für die Lehramtsbildung sollte sich an den Voraussetzungen orientieren, die die Medienpraxis von LehrerInnen bestimmen.

7 Zusammenfassung und Ausblick

Die Interviews liefern Einblick in das komplexe Beziehungs- und Bedingungsgefüge kommunikativ zu bewältigender Aufgaben im Lehrerberuf. Sie zeigen, wie das Handeln im und außerhalb des Unterrichts wechselseitig aufeinander bezogen ist, wo aus Sicht der Betroffenen, Defizite und Reibungsverluste entstehen bzw. umgekehrt: wo Bedarf für Professionalisierung gesehen wird. Die Methode, das leitfadengestützte, halb-offene Interview, erzeugt einen spezifischen Mehrwert: Die Methode fokussiert konsequent die Perspektive der Beteiligten. Sie erzeugt detaillierte Beschreibungen und Erklärungen, die Rückschlüsse auf Annahmen, Handlungsnormen und Problemlösungsmuster der Beteiligten zulassen. Diese als subjektive Theorien beschreibbaren Annahmen der Beteiligten prägen ihr alltägliches Handeln im Beruf (Jakobs 2006). Die Rekonstruktion dieser Theorien bildet eine wichtige Voraussetzung für die Entwicklung zielgruppenspezifischer Konzepte in der Lehramtsausbildung.

Die vorgestellten Befunde liefern eine Sichtung berufsspezifischer, insbesondere schreibspezifischer Anforderungen, die in weiteren Untersuchungen zu fundieren – oder zu revidieren wären. In der bisherigen Untersuchung wurden einige, wenige Aspekte fokussiert; weitere Aspekte, wie die unter Kap. 1 und Kap. 6 aufgeworfenen Fragen, z. B. die nach dem Vorhandensein und der Nutzung von Textvorlagen und Formulierungshilfen schließen sich an.

---

5 In der von mir durchgeführten Lehrveranstaltung zur „Kommunikation im Lehrerberuf (vgl. Kap. 5) ist das Mediennutzungsverhalten – die eigene Nutzung und die Nutzung im Unterricht – Gegenstand des Interviewleitfadens. Da die Interviews derzeit erst erhoben werden, liegen zu diesem Aspekt noch keine Ergebnisse vor.

Wichtig erscheint eine systematisch an Schultyp, beruflicher Position, Fachspezifik und Alter ausgerichtete Untersuchung ausgewählter Phänomene. So untersucht Kirsten Schindler beispielsweise in einer als Langzeitstudie angelegten Untersuchung den Erwerb beruflicher Schreibpraxis von ReferendarInnen. Ebenso besteht Bedarf für die Untersuchung ausgewählter Textsorten im Lehrerberuf, wie sie Jörg Jost für das Schreiben von Notenbegründungen geleistet hat (Jost eingereicht). Aus solchen Untersuchungen sind schreibdidaktische Konzepte für die Lehramtsausbildung abzuleiten. Insbesondere wäre noch stärker der Zusammenhang institutioneller Rahmenbedingungen und darauf bezogene individuelle Schreibprozesse zu untersuchen, ebenso wie der Zusammenhang zwischen unmittelbar unterrichtsbezogenen und auf den Unterricht zurückwirkende Schreibtätigkeiten genauer zu erforschen wäre.

Ein längerfristiges Forschungsprogramm hätte vor allem die spezifischen Kompetenzen zu untersuchen bzw. zu modellieren, die die Kommunikation im Lehrerberuf bestimmen, etwa so, wie es für Schreibkompetenzen von SchülerInnen unterschiedlicher Stufen derzeit diskutiert wird (Becker-Mrotzek/Schindler 2006).

Literatur

Adamzik, Kirsten/ Antos, Gerd/ Jakobs, Eva-Maria (eds.) (1997): Domänen- und kulturspezifisches Schreiben. Frankfurt/Main u. a.: Lang [Textproduktion und Medium; 3]

Alamargot, Denis/Terrier, Patrice/Cellier, Jean-Marie (eds.) (2007): Written Documents in the Workplace. Amsterdam: Elsevier

Beaufort, Anne (2005): Adapting to New Writing Situations. How Writers Gain New Skills. In: Jakobs, Eva- Maria/Lehnen, Katrin/Schindler, Kirsten (Hrsg.): Schreiben am Arbeitsplatz. Wiesbaden: Verlag für Sozialwissenschaften, 201-216

Becker-Mrotzek, Michael/Schindler, Kirsten (2007): Schreibkompetenzen modellieren. In: Becker-Mrotzek, Michael/Schindler, Kirsten (Hrsg.): Texte schreiben. [KöBeS. Kölner Beiträge zur Sprachdidaktik. Reihe A]. Duisburg: Gilles & Francke Verlag, 7-26

Bildungsstandards der Kultusministerkonderenz (2004):
<http://www.kmk.org/schul/Bildungsstandards/bildungsstandards.htm>

Bräuer, Gerd (Hrsg.) (2004): Schreiben(d) lernen. Ideen und Projekte für die Schule. Hamburg: Edition Körber-Stiftung.

Bräuer, Gerd (2006): Studierende auf die Textsorten des beruflichen Lebens vorbereiten. <http://www.zeitschrift-schreiben.eu/cgi-bin/blog/wp-content/uploads/2006/11/braeuerschreibcurriculum.pdf>

Dehn, Mechthild/Baurmann, Jürgen (2004): Lernen beurteilen – Beurteilen lernen. Praxis Deutsch, 31. Jg., Nr. 184

Efing, Christian/Janich, Nina (Hrsg.) (2006): Förderung der berufsbezogenen Sprachkompetenz. Befunde und Perspektiven. Paderborn: Eusl

Efing, Christian/Janich, Nina (Hrsg.) (2007): Sprache und Kommunikation im Beruf. [Der Deutschunterricht 1/2007]. Velber: Friedrich Verlag/Klett

Flos, Annette (in diesem Band): Schreiben als Kernkompetenz polizeilichen Handelns. Ergebnisse eines studienbegleitenden Projektes an der Fakultät Polizei der Niedersächsischen Fachhochschule für Verwaltung und Rechtspflege, 53-64

Groeben, Norbert/Hurrelmann, Bettina (Hrsg.) (2002): Medienkompetenz: Voraussetzungen, Dimensionen, Funktionen. Juventa: Weinheim

Jakobs, Eva- Maria (2005): Writing at work. In: Jakobs, Eva- Maria/Lehnen, Katrin/Schindler, Kirsten (Hrsg.): Schreiben am Arbeitsplatz. Wiesbaden: Verlag für Sozialwissenschaften, 13-40

Jakobs, Eva-Maria (2006): Texte im Berufsalltag. Schreiben, um verstanden zu werden? In: Blühdorn, Hardarik/Breindl, Eva/Waßner, Ulrich Hermann (Hrsg.): Text – Verstehen. Grammatik und darüber hinaus (Jahrbuch des Instituts für deutsche Sprache 2005). Berlin/New York: de Gruyter: 315-331

Jakobs, Eva-Maria (2007): „Das lernt man im Beruf..." Schreibkompetenz für den Arbeitsplatz. In: Werlen, Erika/Tissot, Fabienne (Hrsg.): Sprachvermittlung in einem mehrsprachigen kommunikationsorientierten Umfeld. Hohengehren: Schneider Verlag [Reihe Sprachenlernen konkret], 27-42

Jakobs, Eva-Maria (in diesem Band): Coaching und berufliches Schreiben. Überblick zu Gegenstand und Band, 1-14

Jost, Jörg (eingereicht): „Die Textsorte Lehrerkommentar in der Primarstufe. Ergebnisse einer Pilotstudie". Zur Veröffentlichung in der Zeitschrift für Angewandte Linguistik (ZfAL) eingereicht, z. Zt. in der Begutachtung

Klieme, Eckhard et al. (2006): Unterricht und Kompetenzerwerb in Deutsch und Englisch. Zentrale Befunde der Studie Deutsch Englisch Schülerleistungen International (DESI). Frankfurt am Main: Deutsches Institut für Internationale Pädagogische Forschung

Lehnen, Katrin/Schindler, Kirsten (2002): Repertoires erweitern – Domänengerichtet trainieren. In: Böttcher, Ingrid/Kruse, Otto/Perrin, Daniel/Wrobel, Arne (Hrsg.): Schreiben. Von intuitiven zu professionellen Schreibstrategien. Wiesbaden: Westdeutscher Verlag, 153-169

Lehnen, Katrin/Schindler, Kirsten (2007): Schreiben in den Ingenieurwissenschaften. Anforderungen, Bedingungen, Trainingsbedarf. In: Niemeyer, Susanne/Diekmannshenke, Hajo (Hrsg.): Profession und Kommunikation. Frankfurt: Lang, 231-249

Medienpädagogischer Forschungsverband Südwest (Hrsg.) (2003): Forschungsbericht des medienpädagogischen Forschungsverbund Südwest: Lehrer/-innen und Medien 2003. <http://www.mpfs.de/fileadmin/Einzelstudien/Lehrerbefragung.pdf>

Miskovic, Jeanina (2006): Das Lernpotential von reflexivem Schreiben in der LehrerInnenausbildung. In: Zeitschrift Schreiben. Schreiben in Schule, Hochschule und Beruf. <http://www.zeitschrift-schreiben.eu>

Nussbaumer, Markus (1991): Was Texte sind und was sie sein sollen. Ansätze zu einer sprachwissenschaftlichen Begründung eines Kriterienrasters zur Beurteilung von schriftlichen Schülertexten. Tübingen: Niemeyer.

Sharples, Mike/van der Geest, Thea (eds.) (1996): The New Writing Environment. Writers at Work in a World of Technology. London: Springer

Van Gemert, Lisette/Woudstra, Egbert (1997): Veränderungen beim Schreiben am Arbeitsplatz. Eine Literaturstudie und eine Fallstudie. In: Adamzik, Kirsten/Antos, Gerd/ Jakobs, Eva-Maria (Hrsg.): Domänen- und kulturspezifisches Schreiben. Frankfurt/Main u. a.: Lang, 103-126

Teil II

Berufliche Schreibkompetenz als Gegenstand der Weiter- und Fortbildung

Schreibtraining in Dänemark
Das Kursusangebot zum Writing at Work

Karl-Heinz Pogner

This article sketches out an overview of the vocational and in-service training market in the field of Writing at Work in Denmark – from the supply side. It reports and discusses observations and initial results of a pilot survey asking selected suppliers of professional/ vocational writing courses about the content, didactic foundations, pedagogic objectives and aims of the courses offered. Preliminary critical reviews of the answers show that the suppliers make up a very heterogeneous group and that the courses cover a brought range of different contents and pursue various interests. The majority of courses focus on general writing or communication courses – a smaller number deal with writing and communication at work or in professional settings. The market is not very transparent and the educational industry lacks common didactic norms and (quality) standards. In general, the courses do not address social-interactive aspects of Writing for Specific Purposes or Domain Specific Writing as central themes. Pedagogic practice in this field is primarily shaped by the suppliers' personal preferences, competencies, experiences and (sometimes rather stereotypical) ideas and the principle of muddling through – rather than informed by the results of research in the discipline of Writing at Work or by concepts of the field of Writing Didactics. Writing is predominantly perceived as individual, cognitive craftsmanship, rarely explicitly addressed or reflected upon as social acting in the profession. In conclusion, the pilot study suggests that there is a risk that the course suppliers underestimate the complexity and diversity of professional writing at the workplace.

1 Einleitung

Zwei Entwicklungen im Bereich der Unternehmens- und Organisationskommunikation haben die folgende Analyse des dänischen Weiter- und Fortbildungsangebots im Bereich der Textproduktionskompetenz in verschiedenen Berufskontexten und -feldern motiviert. Zum einen wird erfolgreiche Kommunikation zunehmend als wichtiger Konkurrenzparameter von Unternehmen und als wichtige Qualifikation ihrer Angestellten hervorgehoben (Søderberg 2001), womit sich – zumindest potentiell – ein wachsender Markt für die Vermittlung und Erwerbung beruflicher und domänenspezifischer Textproduktionskompetenzen eröffnet.

Zum anderen hat die Forschungsdisziplin des „Schreiben[s] am Arbeitsplatz" (Jakobs/Lehnen/Schindler 2005, vgl. Spilka 1993) damit begonnen, charakteristische Züge des Schreibens im Beruf und vor allen Dingen seiner sozialen und organisationalen Rahmenbedingungen in verschiedenen Domänen herauszuarbeiten (Jakobs 2005). Auf die Forschungsergebnisse dieser Disziplin könnten oder sollten entsprechende Kursusangebote in ihrer didaktischen Konzeption zurückgreifen. Sie sollten vor allem die Erkenntnis berücksichtigen, dass „Textproduktionsprozesse mehr als das Planen von Formulierungen und ihre grapho-motorische Ausführung umfassen" (Jakobs 2005, 16) und die Prozesse primär als Formen sozialen Handelns im Beruf innerhalb bestimmter Domänen (Adamzik/Antos/Jakobs 1997) und innerhalb von konkreten Diskursgemeinschaften (Pogner 2007 und 2003) angesehen werden sollten.

1.1 Das Praxisfeld: Kommunikation als Konkurrenzvorteil Zum anderen hat

Gute Kommunikation wird immer wieder von PR- und Kommunikationsbüros sowie universitären Ausbildungsstätten als wichtiger Konkurrenzvorteil für Institutionen, Unternehmen und andere Organisationen hervorgehoben. So heißt es beispielsweise in einer Pressemitteilung der Wirtschaftsuniversität Århus:

> Die heutige Gesellschaft ist vollständig durchdrungen von Kommunikation. Unternehmen, Organisationen und Institutionen haben längst entdeckt, dass gute Kommunikation das Erreichen ihrer Ziele unterstützt. Kommunikation ist zu einem Konkurrenzparameter geworden, der im gleichen Maße von Qualität geprägt sein muss wie technische Produktionsprozesse, juristische Absicherung und Personalpolitik.
> (<http://www.asb.dk/presse/pressemeddelelser/arkiv/2003/20031015/fagkommunikation.aspx>
> meine Übersetzung).

Ein Reklame- und Kommunikationsbüro behauptet sogar: „Kommunikation ist zu einem Konkurrenzparameter geworden – auf dem gleichen Niveau wie Preis, Qualität und traditionelle Reklame." (<http://www.kommunikation2.dk/pr.asp>, meine Übersetzung).

Die Universität Odense wirbt für ihre Masterausbildung in Internationaler Unternehmenskommunikation mit dem Argument, dass Kommunikation nicht nur in hohem Grad zu einem Konkurrenzparameter für die Unternehmen, sondern auch für den einzelnen Mitarbeiter geworden sei.
(<http://www.sdu.dk/Uddannelse/Uddannelsesoversigt/Master/MasterInternational_virksomhedskommunikation.aspx>).

Leiter von Kommunikationsabteilungen und -büros stimmen den genannten Argumenten für den hohen Stellenwert von interner und externer Kommunikation zu. In einer Interviewuntersuchung, die in Verbindung mit der Planung und Errichtung eines neuen Studienganges an der Copenhagen Business School durchgeführt wurde, haben Kommunikationschefs von dänischen Unternehmen und Organisationen sowie Vertreter der Kommunikationsbranche darauf hingewiesen, wie wichtig Kommunikation *in* den Unternehmen und Organisationen, *über* die Unternehmen und Organisationen und *um* die Unternehmen und Organisation *herum* für das Erreichen ihrer strategischen Ziele geworden ist (vgl. Søderberg 2001, 22-36). Hierzu zählt auch schriftliche Kommunikation – sowohl in traditionellen als auch in elektronischen bzw. digitalen Medien, die Einfluss auf das Image eines Unternehmens haben kann. Sogar der Mangel an korrekter

Sprache kann hier negative Folgen haben, meint z. B. die Kommunikationsforscherin Anne Katrine Lund:

> Finden sich Fehler in einem Brief eines Unternehmens, dann überführt der Leser das auf das Image des Unternehmens und denkt, dass auch dessen Produkte Fehler haben. Viele Unternehmen verwenden viel Energie darauf, das richtige Logo zu finden und das richtige Markenimage (brand); es ist aber genau so wichtig, dafür zu sorgen, dass das, was ausgesendet wird, korrekt formuliert ist. (Anne Katrine Lund, Universität Kopenhagen (zitiert in Lund 2005, meine Übersetzung).

Auf die Praxis der Unternehmen und Organisationen scheint diese Erkenntnis nur geringen Einfluss zu haben: Schreiben wird auf Sekretariatsaufgaben reduziert, Kapazitäten und Kompetenzen fehlen (noch):

> Wir leben von unserer Glaubwürdigkeit, und deshalb ist es wichtig, dass unsere Kommunikation in Ordnung ist. Es wird an Sekretariatskräften gespart, und auch deshalb ist es wichtig etwas zu unternehmen, um die Sprachqualität zu sichern. Wir verfolgen die Politik, dass alles, was unser Haus verlässt, von zwei Augenpaaren geprüft wird. Und gleichzeitig werden Sprachkurse arrangiert – sowohl für das Management als auch für die Angestellten. Das ist ein langer Prozess, aber ich bin sicher, dass dies dazu beiträgt, die Aufmerksamkeit in diesem Bereich zu erhöhen. (Trine Boe, Leiterin des Sprachnetzwerks der Ingenieurfirma COWI (zitiert in Lund 2005), meine Übersetzung).

Schreiben wird häufig – wie hier – auf das Beherrschen von Grammatik und Rechtschreibung (dafür sind dann Sekretärinnen zuständig) bzw. allenfalls das Auf- bzw. Niederschreiben von Gedanken verkürzt und damit nicht als „Handeln im Fach" (Pogner 1999) oder als „genuiner Ausdruck institutionellen Handelns" (Jakobsen 2005, 13) angesehen. Dies führt offenbar u. a. dazu, dass nur wenig in das Erwerben und die Verbesserung von Textproduktionskompetenz investiert wird (vgl. den Beitrag von Jakobs 2007), obwohl es gerade z. Zt. in Dänemark recht günstige Bedingungen (sprich: Fördermittel) für berufliche Aus- und Weiterbildung in der privaten Wirtschaft und im öffentlichen Sektor gibt (Jakobsen/Jørgensen 2007, Olsen 2007).

Es ist offenbar für die Mitarbeiter nicht immer einfach, den Einfluss der Produktion „guter" Texte und „guter" Kommunikation auf den ökonomischen Saldo in Euro und Cent eines Unternehmens oder das Image einer kommunalen oder staatlichen Institution und damit den Nutzen der Kompetenzentwicklung auf dem Gebiet der schriftlichen Kommunikation nachzuweisen. Ein weiterer Grund für die angesprochene Diskrepanz zwischen dem Betonen der Wichtigkeit schriftlicher Kommunikation auf der einen Seite und dem eher spärlichen Engagement der Unternehmens- oder Organisationsleitung für Verbesserungen auf diesem Gebiet auf der anderen Seite besteht wohl auch darin, dass die Fort- und Weiterbildung auf dem Gebiet der beruflichen Textproduktion weder als besonders wichtig angesehen wird noch eine systematische Übersicht über die Angebote zur Förderung und Verbesserung beruflicher Textproduktionskompetenz vorliegt. Unter anderem um dem letztgenannten Mangel ein wenig abzuhelfen, haben wir in

Dänemark in einer Pilotstudie Telefoninterviews mit ausgewählten Anbietern durchgeführt.

1.2 Das Forschungsfeld: Schreiben am Arbeitsplatz

Um die Komplexität des Schreibens am Arbeitsplatz, d. h. „beruflich veranlasster Textproduktionsprozesse" (Jakobsen 2005, 16 ff.) zu erfassen, hat Jakobsen (2005) ein Inklusionsmodell entwickelt, dass die Kontextbedingungen des jeweiligen Textproduzenten und seiner Rolle im Produktionsprozess aufzeigt. Textproduktion wird hier als „spezifische, schriftlich realisierte Form institutionellen Denken und Handelns verstanden [...]" (Jakobsen 2005, 17).

Das Modell umfasst als Ausgangspunkt personale Größen, wie z. B. Position, Funktion, Status und Expertise der am Textproduktionsprozess Beteiligten, deren Schreib- und Sachkompetenz (inkl. Strategierepertoire), ihre soziale, kulturelle und fachliche Sozialisation, Alter, Geschlecht und Normen, Ziele und Motivation sowie Medienpräferenzen. Der Textproduzent agiert bei seiner Textproduktion aber nicht im luftleeren Raum, sondern stets unter spezifischen Kontextbedingungen. Diese umfassen den Arbeitsplatz und die unmittelbare Arbeitssituation, organisationale Zusammenhänge sowie die Domäne (Branche oder Berufsfeld) und den übergeordneten sozialen, kulturellen und zeitlich geprägten Raum.

Dieser Kontext des Schreibens im Beruf umfasst auf der Branchen- oder Berufsfeldebene auch die Erwartungen der jeweiligen Diskursgemeinschaft, in der man schreibt und handelt bzw. in die man sich einschreiben möchte (Pogner 2007, 2005c, 2003). Texte werden (fast immer) für bestimmte soziale Gruppen produziert, Mitglieder einer Diskursgemeinschaft sind vor allem durch ihre Art zu schreiben, zu reden (und zu denken) miteinander verbunden. Angehörige einer Organisation schaffen und folgen bestimmten Diskurskonventionen in verschiedenen Abteilungen, Netzwerken usw.:

> The key notion is that within a language community, people acquire specialized kinds of discourse competence that enable them to participate in specialized groups. Members know what is worth communicating, how it can be communicated, what other members of the community are likely to know and believe to be true about certain subjects, how other members can be persuaded, and so on (Faigley 1985, 238).

Diese sozialen und organisationalen Besonderheiten des Schreibens am Arbeitsplatz sind wichtige Faktoren, die bei der didaktischen Konzipierung von Kursen und Trainings im Bereich der Fort- und Weiterbildung berücksichtigt werden sollten (vgl. Pogner 1999 zu bildungspolitischen und schreibdidaktischen Konsequenzen). Sie sollten u. a. beachtet werden, da es bei dem Auf- und Ausbau der kommunikativen Kompetenzen nicht nur um die Interessen der jeweiligen Arbeitgeber geht, sondern auch um die der Mitarbeiter und um deren weitere Entwicklung und Qualifikation – häufig mit dem Modewort „*Selv-Management*" begründet (Nimb 2007, 13). Es geht um Qualifikationen und Kompetenzen, die sowohl das „*Know how*" und das „*Know what*" als auch das „*Know why*" umfassen sollten (so der Organisationsforscher Bent Gringer, zitiert in Nimb 2007, 12). Inwieweit in der Fort- und Weiterbildung die erwähnten Besonderheiten des Schreibens am Arbeitsplatz und seiner spezifischen Rahmenbedingungen berücksichtigt werden und welche Rolle das Reflektieren über das „why" in der Fort- und Weiterbildung spielt, soll im folgenden im Rahmen der Pilotstudie untersucht werden.

Der Rest des Artikels präsentiert und diskutiert erste Ergebnisse der Pilotstudie zur Angebotsseite (zur Nachfrage- und Bedarfsseite vgl. Pogner 2005a und 2005b). In den folgenden Kapiteln werden Pilotstudie und Fragebogen kurz vorgestellt (2), bevor – vor allem aus der Sicht der Befragten – folgende Aspekte behandelt werden: Angebot und Anbieter (3.1), Zielsetzungen (3.2) Ansichten über Schreiben/Textproduktion (3.3) und didaktische Prinzipien (3.4). Abschließend sollen die Herausforderungen und Desiderate diskutiert werden (4). Das übergeordnete Ziel ist eine kritische Sichtung des Marktes, um herauszufinden, ob die Kursangebote der Komplexität des Schreibens (im Sinne des erwähnten Inklusionsmodells und der sozialen Dimensionen des Schreibens und Schreibenlernens) gerecht werden können bzw. wo Bedarf zur Verbesserung vorliegt.

2 Pilotstudie: Telefoninterviews und Fragebogen

Um einen Überblick über die verschiedenen Anbietertypen im Bereich der Vermittlung schriftsprachlicher Kompetenz am Arbeitsplatz zu bekommen, haben wir mit Hilfe von *Websearch*, Branchentelefonbüchern und Kursuskatalogen sowohl öffentliche wie auch private Anbieter ermittelt. Für die Pilotstudie haben wir die zu Befragenden so ausgewählt, dass alle relevanten Anbietertypen im Bereich der Fort- und Weiterbildung (Sperling 2007, 9) repräsentiert sind:

- Universitäten/Pädagogische Hochschulen und andere Ausbildungsinstitutionen (Angebote der Open University und Weiterbildungskurse)
- Aus- und Weiterbildungseinrichtungen (von Fachverbänden, Branchenverbänden, Gewerkschaften etc.)
- Volkshochschulen u. ä.
- Private Anbieter (Kommunikationsbüros etc.).

Der verwendete Fragebogen berührt u. a. folgende Themen:

- Hintergrunddaten über den Informanten und seine Organisation/Abteilung
- Einschätzung der eigenen Kernkompetenzen
- Elemente und Zielsetzungen des Angebots
  - Inhalte der Kurse etc.
  - Zielsetzungen der Kurse
- Meinungen zu und Interpretationen von Textqualität und Schreibenlernen
- Abschließende Kommentare.

Zu diesen Fragekomplexen enthält der Fragebogen nicht nur Auswahlantworten, sondern auch Skalierungsantworten (wie wichtig oder wie häufig auf einer 5 Punkte-Skala) und offene Antwortkategorien (z. B. zu komplettierende Satzanfänge oder Kommentarfelder). Der Fragebogen wird mit dem Informanten am Telefon durchgegangen und die Antworten werden notiert. Dem Informanten kann der Fragebogen im Voraus via E-Mail zugesandt werden.

3 Erste Ergebnisse

Da wir erst am Anfang der Erhebung stehen, konzentrieren sich die folgenden Beobachtungen auf erste beobachtbare Tendenzen im Material sowie Meinungen der Befragten. Zu einem späteren Zeitpunkt sollen quantitative Auswertungen in die Analyse einbezogen werden (Messung der Einschätzungen von Relevanz von Mitarbeiterqualifikationen, der Häufigkeit von Kurselementen, der Wichtigkeit von Zielen etc.), um Relevanzsetzungen und Meinungen auch graduieren zu können.

3.1 Anbieter und Angebot

Der Markt für die Fortbildung von Kommunikatoren ist gleichzeitig kunterbunt und vielfältig. Auf jeden Fall unüberschaubar, es sei denn man gehört zu denen, die es lieben, auf einer Unmenge Homepages herumzusurfen, um sich über die Möglichkeiten zu orientieren (Sperling 2007, 7).

Unser *Websearch* und die Durchsicht von Branchentelefonverzeichnissen und Kursuskatalogen hat eine solche Orientierung vorgenommen, sie führten zu folgender übergeordneten Struktur der Branche:

Universitäten und andere Hochschulen

Die Hochschulen konzentrieren sich primär auf die akademische Ausbildung (inklusive Hilfe beim Schreiben von Abschlussarbeiten in verschiedenen Fächern), betreiben aber in zunehmendem Maße auch Fort- und Weiterbildung, indem sie Teile von Studiengängen oder komplette Studiengänge unter der *Open University* (meist für Berufstätige) anbieten, kürzere Kurse veranstalten oder für bestimmte Abnehmer Kurse ‚maßschneidern'. So bietet die Journalistenhochschule in Århus halbjährige Kurse in fachlichem Schreiben/fachlicher Vermittlung als Zusatzausbildung für naturwissenschaftliche, geisteswissenschaftliche und sozialwissenschaftliche Studenten an. Das Zentrum für Hochschulausbildung in Kopenhagen hat ein Schreibzentrum eingerichtet, das sich primär auf die Aus- und Weiterbildung von Lehrern an Grund- und Berufsschulen und Gymnasien spezialisiert hat, aber auch Kurse für Krankenschwestern, Physiotherapeuten und Sozialarbeiter anbietet. Die Pädagogische Universität Kopenhagen bietet einen kurzen Weiterbildungsstudiengang (*Open University*) in Lese- und Schreibdidaktik vor allem für Lehrer an der dänischen „Volksschule" (der 9jährigen eingliedrigen Regelschule) an. Bei genauerem Hinsehen entpuppt sich dieser Studiengang jedoch vor allem als Kursus für Lesedidaktik.

Fast alle Hochschulen besitzen darüber hinaus eine eigene Abteilung für die Fort- und Weiterbildung von anderen Berufsgruppen als Studenten. So bietet zum Beispiel die Fortbildungsabteilung der Universität in Odense neben „offenen Kursen" auch maßgeschneiderte Kurse für Firmen/Organisationen (als *in-house*-Kurse für Unternehmen etc.) an.

„Volkshochschulen" und „Volksuniversitäten"

Den deutschen Volkshochschulen entsprechen in Dänemark die sogenannten „oplysningsforbund" (Bildungsvereine oder Volksbildungswerke). Sie bieten neben Sprachkursen (Fremdsprachen inkl. Dänisch für Ausländer) auch Schreibkurse für Dänen an. Hier umfasst das Angebot weniger berufliches, domänenspezifisches oder fachliches Schreiben; angeboten werden vielmehr Unterricht in journalistischen Genres (für Nicht-Journalisten), Kurse in kreativem/literarischem Schreiben, aber auch Dänisch für Dänen und „besseres Schreiben" vor allem für den privaten Bereich.

Darüber hinaus gibt es sogenannte „Volksuniversitäten", die in enger Zusammenarbeit mit Universitäten und Hochschulen Vorträge und Kurse mit akademischen Themen für die Allgemeinheit arrangieren. In ihrem Angebot finden sich ab und zu auch Angebote in Rhetorik und Kommunikation (u. a. auch über Weblogs und „Besseres Schreiben" nicht-fiktionaler Texte).

Branchenvereinigungen, Gewerkschaften, Fachverbände etc.

In Dänemark wird ein Großteil der Aus- und Weiterbildung von Fachverbänden, Branchenverbänden und Gewerkschaften organisiert. Zum Teil organisieren deren Fort- und Weiterbildungsabteilungen primär für ihre Mitglieder entsprechende Kurse oder lassen sie von privaten Anbietern arrangieren. Zur Verbesserung beruflicher Kommunikationskompetenzen bieten die Dänische Magistervereinigung (Gewerkschaft der Geisteswissenschaftler), „Kommunikation und Sprache" (Gewerkschaft für Absolventen eines Fach- und Fremdsprachenstudiums) und „DJØF" (Verband für Absolventen von juristischen und wirtschaftswissenschaftlichen Studiengängen) sowie „C3" (Verband der Angestellten im Bereich Management und Wirtschaft) Weiterbildungskurse an. Hier überwiegen eindeutig Kurse für mündliche Kommunikation auf den Gebieten Verhandlung, Präsentationstechnik, Sitzungsleitung, interpersonale Kommunikation und Coaching als Managementtechnik (das gilt übrigens ebenfalls für die bereits erwähnten maßgeschneiderten Firmenkurse der Ausbildungsinstitutionen). Für C3 und DJØF gilt, dass sie fast keine dezidierten Schreibkurse oder -beratungen durchführen, DJØF aber einen Kurs „Schreiben für Politiker und Bürger". Das hängt wahrscheinlich mit einer recht normativen Auffassung von professionellem Schreiben zusammen:

(...) gute Texte sind fehlerfrei und halten Normalstandards ein (Standardlayout etc.). Professionelle Textproduktion ist frei von „Persönlichkeit", die Sekretäre/Sekretärinnen (sic!) ordnen die Sachen, sie müssen eine professionelle Einstellung haben (...). Verständliche Texte produziert man in Zusammenarbeit. (Interview mit C3, meine Übersetzung).

Das Zentrum für öffentliche Kompetenzentwicklung, die Kursus- und Ausbildungsorganisation der dänischen Amtskreise und Kommunen, bietet an seiner zentralen „Kommunalen Hochschule" und in 6 regionalen Zentren Fort- und Weiterbildung für Leiter und Mitarbeiter an. Die Kursusinhalte umfassen Organisationsentwicklung und Kompetenzerweiterung in der öffentlichen Verwaltung und persönliche Weiterentwicklung und -bildung. Die angebotenen Kommunikationskurse befassen sich meist mit mündlicher interner Kommunikation (vor allem im Bereich von „Veränderungskommunikation" oder „Personalleitungskommunikation"); es finden sich auch einige Kurse im Bereich der externen schriftlichen Kommunikation (‚Bürgerkommunikation').

Private Anbieter

Auf dem Markt der Verbesserung von kommunikativen Kompetenzen oder von Textproduktionskompetenzen findet man eine breite Palette von privaten Anbietern. Diese Palette reicht von Ein-Mann/Ein-Frau-Unternehmen bis hin zu großen Beratungs-, PR- und Kommunikationsbüros. Während sich die Kleinstunternehmen als *freelancer* auf Schreib- oder Analyseaufgaben für Firmen spezialisiert haben und quasi nebenbei Vorträge oder Beratung anbieten, arrangieren die großen Büros neben ihrer PR-, Analyse- und Unternehmensberatertätigkeit auch Kommunikationskurse für Unternehmen und andere Organisationen (auch *inhouse* bei den Kunden) sowie offene Seminare und Trainings. Sie bieten auch Beratung, Feedback und vereinzelt auch Coaching an.

Im Vordergrund der Kommunikationskurse der privaten Anbieter stehen mündliches Medientraining und -kommunikation, d. h. das Auftreten vor der Kamera, in Interviews und gegenüber Journalisten. Schriftliche Kommunikation am Arbeitsplatz und anderswo spielt nur eine untergeordnete Rolle. Offenbar herrscht immer noch die Ansicht vor, dass Unternehmen und Organisationen mithilfe von einzelnen Hauptpersonen (der Leitung oder deren Pressesprecher) kommunizieren. Die in der Einleitung skizzierte Einsicht, dass die gesamte Kommunikation des Unternehmens in den Blickpunkt gerückt ist, hat hier noch nicht vollständig Einzug gehalten.

Das Angebot dezidierter Schreibkurse reicht von Kursen, die Schreiben als Mittel für die Persönlichkeitsentwicklung ansehen, bis hin zu Kursen, die die schriftliche Kommunikation primär als Mittel strategischer Kommunikation auffassen. Fast alle Anbieter unterstreichen ihre Kundenorientierung und die Möglichkeit, nahezu alles (Kurse und Trainings, Feedback auf Texte, Coaching und Beratung) anbieten und den spezifischen Bedürfnissen des jeweiligen Kunden (Privatpersonen, Firmen, Abteilungen, Managern, Top-Managern, Einzelpersonen, Gruppen oder ganze Organisationen) anpassen zu können. Der Markt für Kurse und Beratung zur Vermittlung schriftsprachlicher Kompetenz (Textproduktionskompetenz) im Bereich des *Writing at Work* ist in der Tat für die potentiellen Kunden schwer zu überschauen. Die Angebote unterscheiden sich je nach Anbieter in Länge, Niveau, Inhalt und Zielgruppe. Bei vielen Anbietern – besonders bei Fach- und Branchenverbänden sowie Gewerkschaften und privaten Anbietern – steht die mündliche Kommunikation im Vordergrund, die schriftliche spielt eine untergeordnete Rolle. Universitäten und Volkshochschulen zielen auf ein breites Kundenfeld ab. Verbände, Gewerkschaften und private Anbieter grenzen ihre Zielgruppe enger ein, um den aktuellen und oft akuten Bedarf ihrer Mitglieder in Verbindung mit Umstellungen in der Organisation und/oder von deren Kommunikationsaufgaben gerecht werden zu können.

Die meisten Lehrer oder Berater haben einen geisteswissenschaftlichen, meist literaturwissenschaftlichen, rhetorischem, kommunikationswissenschaftlichen oder journalistischen Hintergrund, was wohl dazu führt, dass die Kenntnisse einiger Lehrer über das Schreiben an verschiedenen Arbeitsplätzen wohl eher begrenzt sind und weniger systematisch als anekdotisch erworben worden sind. Obwohl also die Anbieter im Zuge ihrer Kundenorientierung in gewissem Maß darauf Rücksicht nehmen, dass verschiedene Berufsgruppen spezifische Bedürfnisse nach Weiterbildung auf dem Gebiet der Textproduktion haben, führt der Ausbildungshintergrund der Anbieter und ihrer Angestellten dazu, dass die konkreten Inhalte der angebotenen Kurse oft im Grunde genommen recht wenig fach-, domänen- oder berufsspezifisch ausgerichtet sind: es geht eher um „besseres Schreiben" schlechthin.

Fach-, domänen- oder berufsspezifische Anforderungen an Textproduktion und Texte als solche werden nicht oder nur selten thematisiert. Einige Anbieter und Lehrer haben einen (oft fremdsprachlichen!) wirtschaftssprachlichen oder fachsprachlichen Ausbildungshintergrund. Schaut man sich die entsprechenden Studienordnungen an, muss man allerdings auch hier feststellen, dass diese Ausbildungen trotz vieler Reformen immer noch stark fachsprachlich ausgerichtet sind und nur selten die Praxis der Textproduktion in verschiednen Domänen und Berufen berücksichtigen. Diese Studiengänge fokussieren fast ausnahmslos auf die Textproduktion von Mitarbeitern in Kommunikationsabteilungen – kaum oder nie auf die Textproduktion in anderen Berufen. Da die akademische Ausbildung der Lehrer nur sehr begrenzt Wissen zu domänen- und berufsspezifischer Textproduktion zur Verfügung stellt, sind die Lehrer also entweder darauf angewiesen, sich an generellen rhetorischen und kommunikationsstrategischen Faustregeln zu orientieren oder sich im Laufe der Kurse mithilfe der Teilnehmer dieses Wissen anzueignen.

3.2 Zielsetzungen

Nach Ansicht der Mehrzahl der befragten Anbieter der Pilotstudie steht für ihre Kurse das Ziel im Vordergrund zu lernen, wie man „besser" schreibt, wobei unter besserem Schreiben und besseren Texten je nach dem Ausbildungshintergrund der Anbieter bzw. ihrer Unterrichtenden recht Unterschiedliches verstanden wird. Von allen wird leser- bzw. zielgruppenorientiertes Schreiben als wichtiges Merkmal guten Schreibens genannt. Neben dieser stilistischen und rhetorischen Orientierung wird mindestens ebenso oft gutes Schreiben als korrektes Schreiben angesehen. So heben Lehrer/Anbieter mit einem rhetorischen oder Kommunikationsausbildungshintergrund adressatengerechtes Schreiben hervor und die Verwendung von rhetorischen Werkzeugen oder Verständlichmachern; Lehrer/Anbieter mit einer (fremd)sprachlichen Ausbildung betonen eher das Schreiben korrekter Texte.

Befragt nach den konkreten Zielen der angebotenen Kurse und Beratungen, antworten die meisten Befragten der Pilotstudie, dass es vor allem darum gehe, verständlich(er) schreiben zu lernen und die Botschaft besser an den Mann/die Frau zu bringen. Für Angestellte im öffentlichen Dienst (bei Behörden, Kommunen, staatlichen Institutionen) bedeutet „besseres Schreiben" vor allem, vom Beamtendänisch („Kanzleisprache") wegzukommen und stärker bürgerorientiert und leichter verständliche Texte zu schreiben. Vor allem für Leiter und Mitarbeiter von kommunalen Verwaltungen werden aufgrund der derzeit stattfindenden umfassenden Kommunalreform, die u. a. die Abschaffung der „Amtskreise", die Zusammenlegung von Kommunen und die Neuverteilung der Aufgaben mit sich führt, vor allem Kurse zur sogenannten „Veränderungskommunikation" angeboten. Diese Kurse führt vor allem das eigene Weiterbildungszentrum der Kommunen und Amtskreise durch. Das Kursthema „Veränderungskommunikation" wird aber auch von anderen Anbietern für Mitarbeiter und besonders Manager in privaten Unternehmen angeboten. Permanente organisationale Umstrukturierungen in Folge von Fusionen, Outsourcing etc. tragen sicherlich zur Nachfrage nach solchen Kursusangeboten bei. Gute Texte in diesem Zusammenhang sind Texte, die dazu beitragen, Umstellungen so störungsfrei wie möglich vonstatten gehen zu lassen.

Als besondere Herausforderung wird von den Befragten oft das Schreiben in den sogenannten „neuen Medien" genannt. Entsprechend wird es von vielen Anbietern auch als Kursus angeboten, ebenso die Vermittlung von Werkzeugen für die Textproduktion für das *Worldwide Web* – aber auch neuere Ansätze in der Unternehmenskommunikation, wie zum Beispiel *storytelling* als Werkzeug des Managements zur Prägung der Unternehmens- oder Organisationsidentität.

Insgesamt zeichnet sich folgendes Bild ab: Entweder ist das Ziel „besseres", nicht-fiktionales Schreiben generell (Zielgruppenorientierung, Verständlichkeit, Kürze, Präzision, Korrektheit, Vermeiden von *information overload*, das Schreiben fesselnder Texte) oder es geht um ganz konkrete und eilige Hier-und-Jetzt-Kommunikationsaufgaben (Bürgerkommunikation, Veränderungskommunikation, *storytelling*). In beiden Fällen konzentrieren sich die Ziele auf die Weiterentwicklung der Kompetenzen des Schreibers (die innerste Schale des Inklusionsmodells Jakobs 2005). Auf Arbeitsplatz und Organisation wird bei der Auswahl der Kursusthemen und -titel zwar Rücksicht genommen, deren Einfluss auf die Textproduktion wird jedoch in den Kursen von den Lernenden weder analysiert noch reflektiert. Das Bewusstmachen von fachsprachlichen und domänenspezifischen Standards oder diskursgemeinschaftlichen Konventionen und Erwartungen (vgl. Pogner 2007 und 2005c) wird nicht als Ziel genannt. Das „Know how" steht im Vordergrund, das „Know what" wird berücksichtigt, das „Know why" vernachlässigt.

Darüber hinaus figuriert Schreiben vor allem als „technisches" (kognitives) Handwerk, das der einzelne erlernen und verbessern muss, es wird nur selten oder nie als soziales Handeln im Beruf reflektiert (vgl. Pogner 1999):

> Wie werde ich gut darin, schnell und fesselnd zu schreiben? Und wie besser darin, zu schreiben, ohne Abstriche auf der fachlichen Seite zu machen? Die meisten von uns besitzen kein angeborenes Talent, gut schreiben zu können. Aber gutes Schreiben ist auch kein Hokuspokus. Gutes Schreiben ist ein Handwerk, das man von Grund auf lernen muss. Es erfordert gute Gewohnheiten und effektive Werkzeuge. (Aus der Kursusbroschüre des Fachverbandes ‚Kommunikation und Sprache').

Ansichten über Texte und Textproduktion

Die Befragten sind sich darin einig: Gute Texte sind ihrer Ansicht nach vor allem Texte, die ihren Inhalt zielgruppengerecht und leserorientiert vermitteln, von einem hohen Grad an Verständlichkeit geprägt sind und darüber hinaus korrekt – und am besten auch noch fesselnd sind. Für Fachtexte gilt für die Befragten, dass der fachliche Inhalt „selbstverständlich" korrekt sein muss. Das scheint aber auch im Großen und Ganzen als das einzige spezifische Charakteristikum für die Qualität fachsprachlicher Texte angesehen zu werden. Das Fachwissen müssen die Lernenden selber mitbringen oder mithilfe von Fachkollegen kontrollieren und absichern lassen. Diese Situation stellt eine Herausforderung für alle Kurse zum Schreiben am Arbeitsplatz dar: der Schreiblehrer kann nicht gleichzeitig Experte in allen möglichen Fächern sein. Diesem Dilemma könnte abgeholfen werden, indem Lehrer und Lernende gemeinsam die Erwartungen an oder Konventionen für die Texte innerhalb eines bestimmten Berufs oder Fachs (also einer bestimmten Diskursgemeinschaft) herausarbeiten. Reflexionen darüber werden aber nicht als Kursusinhalte oder -ziele genannt.

Vielmehr scheinen recht stereotype Vorstellungen über das Schreiben in bestimmten Domänen und Diskursgemeinschaften zu herrschen. Um die eventuelle Berücksichtigung domänenspezifischer Anforderungen bei der Gestaltung der Kurse aufzuspüren, wurden die Teilnehmer der Pilotstudie darum gebeten, Sprache und Schreibprozesse von einzelnen Berufsgruppen zu charakterisieren. Die Anbieter von Kursen antworteten u. a.:

- Juristen bedienten sich vor allem der Kanzleisprache und schrieben sowohl umständlich und kompliziert als auch kurz und knapp, präzise und trocken.
- Künstler schrieben normalerweise nicht; täten sie es doch, dann würden sie kreative und/oder unstrukturierte Texte schreiben.
- Architekten drückten sich in Zeichnungen aus, sie bedienten sich vor allem der visuellen Kommunikation; verfassten sie aber dennoch schriftliche Texte, seien diese entweder akademisch oder technisch geprägt.
- Ingenieure arbeiteten primär mit Zeichnungen und Zahlen. Ihre Texte seien vor allem faktenbasiert. In der Regel könnten sie sich nicht gut ausdrücken. Ihre Texte seien (ebenso wie die der Architekten) oft entweder akademisch oder technisch ausgerichtet.
- Journalisten und andere Medienschaffende würden sich oft unpräzise und oberflächlich ausdrücken, schnell und klischeehaft schreiben. Die Medien würden eine solche Art zu schreiben erfordern.
- Volks- oder Betriebswirte würden sich vor allem der „Zahlensprache" bedienen. Die Texte würden die Welt oft in Schwarz oder Weiß einteilen, seien ansonsten aber orientiert am Fachlichen und vor allem am Detail.
- Manager würden (zu) oft um den heißen Brei herumreden, seien gut im Formulieren, würden aber oft „zuviel sagen ohne das Wichtigste zu erwähnen".

Die genannten Charakteristika treffen sicher auf bestimmte Textsorten in bestimmten beruflichen Kontexten und innerhalb bestimmter Diskursgemeinschaften zu. Doch mit Blick auf die Vielfalt und Komplexität der Anforderungen, die das professionelle Schreiben innerhalb der einzelnen Berufe stellt (vgl. Jakobs 2005), reicht solch stereotypes *common sense*-Wissen zur Konzipierung und Planung von Schreibkursen und Schreibtrainings nicht aus. Beim Schreiben am Arbeitsplatz muss oft in und zwischen verschiedenen Diskursgemeinschaften kommuniziert werden (z. B. Marketing mit der Forschungsabteilung, Ingenieure mit Politikern, Juristen mit Wissenschaftlern oder Künstlern). Deshalb ist es nicht nur wichtig, die Konventionen und Erwartungen der eigenen Diskursgemeinschaft zu kennen, sondern auch die anderer analysieren zu können. In diesem Fall sind Allgemeinplätze wie die oben wiedergegebenen wenig hilfreich.

Der fach-, domänen- oder berufsspezifische Inhalt, über den geschrieben wird, kann in der Regel nur von den Teilnehmern selbst geliefert werden; der Lehrer kann vor allem mit seinem allgemeinen rhetorischen Wissen beitragen. Er sollte aber auch zusammen mit den Lernenden die spezifischen sprachlichen und rhetorischen Konventionen und auch Spielräume der jeweiligen Domäne und Diskursgemeinschaft erarbeiten und damit den Kontext der jeweiligen Schreibaufgabe transparent machen. Eine solche didaktische Ausrichtung wird jedoch von den Anbietern nicht als Zielsetzung erwähnt.

3.3 Didaktische Prinzipien

Auf die Frage, wie man am besten Schreiben lernt, werden am häufigsten *Learning by doing* (oft anhand von Texten aus dem eigenen Arbeitsalltag), Feedback, Lernen anhand von guten Beispielen (= Texten), aber auch – wenn auch seltener – Wissen über Schreibprozesse sowie der Rat von Kollegen und Vorgesetzten genannt. Die Breite dieser Antworten deckt sowohl Aspekte der Produkte (Texte im weitesten Sinne) als auch der ihnen zugrunde liegenden Schreibprozesse. Umso erstaunlicher ist es, dass von den Anbietern keine spezifischen schreibdidaktischen Modelle oder Theorien als Grundlagen der Kurse genannt werden. Es scheint so, als ob die jeweilige akademische Ausbildung des Anbieters/Lehrers Inhalt und Pädagogik der Kurse bestimmt. Je nachdem, ob z. B. ein Absolvent der Journalistenhochschule (Hochschule, die auf das journalistische Handwerk Wert legt), ein ehemaliger Dänisch-Student (meist der dänischen Literatur), oder ein Absolvent eines Rhetorik-Studiums unterrichtet, sieht die Zielsetzung des Kurses und die Herangehensweise des Lehrers wie erwähnt anders aus. Für alle drei aber gilt, dass ihnen in der Regel eine schreibdidaktische Ausbildung fehlt – weil sich eine solche an den Hochschulen selten findet oder von den Studenten umgangen werden kann. Vor allem aber fehlen für eine solche schreibdidaktische Ausbildung immer noch eine Reihe Forschungsresultate aus dem Bereich des berufs- und domänenspezifischen Schreibens (vgl. Jakobs 2007).

Schreiben wird von den Befragten vor allem als kognitive oder emotionale Problemstellung gesehen: „Es sollte Spaß machen, obwohl es eine Herausforderung darstellt", meint einer der Befragten. Ein anderer meint, „man [der Lernende, khp] sollte auf der Basis eigener Prämissen seine Kreativität entfalten, aber sollte auch Unterstützung erhalten" (Interview mit AOF Frederiksberg). Diese Unterstützung könnte sicherlich verbessert werden durch eine Didaktik, die neben dem individuellen Schreiber (= Lernenden) auch das komplexe Umfeld des Schreibens am Arbeitsplatz (vgl. Jakobs 2005) und die sozialen Aspekte des Schreibens und des Schreibenlernens (in der Diskursgemeinschaft) stärker mit einbezieht.

4 Herausforderungen

Obwohl es sich bisher um eine Pilotbefragung mit einer geringen Zahl von Befragten handelt, zeigt bereits die erste Sichtung der Antworten, dass fehlende Standards und Qualitätskriterien dazu beitragen, dass dem Weiterbildungsmarkt im Bereich Schreibtraining Transparenz fehlt. Vor allem zwei unterschiedliche Auffassungen von domänenspezifischer Textproduktion und beruflichem Schreiben bestimmen die Zielsetzungen der Kurse und Trainings: das Schreiben guter Texte wird entweder als das Verfassen korrekter akademischer oder anderer Fachtexte aufgefasst oder als rhetorische und strategische Kunst mit dem Ziel des „Durchdringens" oder „Gehört- und Gesehenwerdens". Gerade beim Schreiben am Arbeitsplatz geht es aber um beides. Man wird als Mitglied einer Diskursgemeinschaft erst richtig anerkannt, wenn sowohl der Inhalt als auch die Form (= der Diskurs) passt.

Da Schreibdidaktik kein etabliertes Fach ist innerhalb der verschiedenen akademischen Studiengänge, aus denen die Lehrer und Anbieter des Schreibtrainings im Bereich des *Writing at Work* stammen, wählen die befragten Anbieter von Kommunikationskursen in Dänemark oft eine der folgenden Strategien:

- Sie bieten an, Schreibaufgaben für Firmen und Organisationen selbst zu übernehmen (als *freelancer*).
- Sie vermitteln allgemeine rhetorische, aber auch grammatische/ orthografische Kompetenzen anstelle domänenspezifischer Textproduktionskompetenzen.
- Sie weichen auf die ‚Makroebene' aus und bieten Analyse- und Beratungsaufgaben auf den Gebieten Strategische Kommunikation, Kommunikationsmanagement, Managementkommunikation und Veränderungskommunikation sowie *Branding* an, d. h. sie bewegen sich weg von der eigentlichen Textproduktion.
- Sie kümmern sich primär um Kommunikations- und Managementkompetenzen, weniger um schriftliche Textproduktion.

Obwohl fast alle Anbieter mit der Orientierung am Kunden und an dessen Bedürfnissen werben, spielt die Bewusstmachung von domänen-, fach- und berufsspezifischen Anforderungen und Erwartungen an die Texte und die Textproduktion allenfalls eine untergeordnete Rolle. Dies hängt u. a. damit zusammen, dass Schreiben/Textproduktion von den Anbietern primär als kognitiver (seltener kreativer) Problemlösungsprozess und das Beherrschen von rhetorischen Mitteln und grammatischen Regeln angesehen wird, weniger als eine Form sozialen Handelns innerhalb einer bestimmten Domäne, in einem bestimmten Beruf, an einem bestimmten Arbeitsplatz oder in einer bestimmten Diskursgemeinschaft.

Den Kursusangeboten fehlt eine Didaktik für Schreibberatung und -training, die den Lernenden und seinen beruflichen oder domänenspezifischen Kontext stärker in den Vordergrund stellt und ihn aktiv über seine eigene Schreibpraxis und deren Rahmenbedingungen reflektieren lässt (das erwähnte „*Know why*").

Eine solche Didaktik könnte auf einer sozialen Sicht des Schreibens und des Lernens aufbauen, um die Lernenden zu „reflexiven Praktikern" (Schön 1996; 1987) ausbilden zu können. In den Vordergrund sollten nicht Lehrprozesse sondern Lernprozesse gerückt werden. Der Ausgangspunkt einer solchen Schreibdidaktik sollte also nicht in erster Linie der Lehrende sein (der Dänischlehrer, der auch Kommas setzen kann oder der klassische Rhetoriker, der sich in die ‚Niederungen' des Wirtschaftslebens begibt), sondern der Lernende als Fachmann in seiner Wissensdomäne und als (potentielles) Mitglied einer bestimmten Diskursgemeinschaft.

Heutzutage verstehen sich nahezu alle Organisationen als lernende Organisationen (Argyris/Schön 1978), in denen organisationales Lernen im Berufsalltag vor allem in Praxisgemeinschaften vor sich geht (Wenger 1998). Als Mitglied dieser Gemeinschaften besitzen Mitarbeiter eine große Menge von *tacit knowledge* über die gemeinsame Alltagspraxis in ihrer Domäne, ihrem Beruf oder ihrem Fach. Dieses Wissen und Können lässt sich teilweise nur durch Sozialisierung und gemeinsame Interaktion weitergeben, teilweise aber auch mit Gewinn in *explicit knowledge* (Nonaka/Takeuchi 2000) überführen. Zu diesem ‚versteckten' oder ‚unbewussten' Wissen gehört auch die Kenntnis der Erwartungen und Konventionen bezüglich von Text und Diskurs in den entsprechenden Diskursgemeinschaften. Deshalb liegt es m. E. nahe, eine intensive Reflexion über die Praxis der involvierten Domänen und Diskursgemeinschaften in die Fort- und Weiterbildungsprogramme einzubauen.

Die Ergebnisse solcher Reflexionsprozesse der Lernenden (= Schreibenden) kann Wissen zu Tage fördern, das nicht nur für die von den Anbietern laufend propagierte Kundenorientierung höchst wertvoll wäre. Es könnte auch als Ausgangspunkt für die weitere Erforschung des beruflichen und domänenspezifischen Schreibens, die immer wieder als Desiderat formuliert wird, und die Weiterentwicklung der Schreibdidaktik überaus hilfreich sein.

Literatur

Adamzik, Kirsten/Antos, Gerd/Jakobs, Eva-Maria (1997): Domänen- und kulturspezifisches Schreiben [Textproduktion und Medium 3]. Frankfurt am Main: Peter Lang

Argyris, Chris/Schön Donald A. (1978): Organizational learning: A theory of action perspective. Reading MS: Addison-Wesley

Faigley, Lester (1985): Nonacademic writing: The social perspective. In: Odell, Lee/ Goswami, Dixie (eds.): Writing in non-academic settings. New York NY: Guilford, 231-248

Jakobs, Eva-Maria (2005): Writing at Work. In: Jakobs, Eva-Maria/Lehnen, Katrin./Schindler, Kirsten (Hrsg.): Schreiben am Arbeitsplatz. [Schreiben – Medien – Beruf]. Frankfurt am Main: Verlag für Sozialwissenschaften, 13-40

Jakobs, Eva-Maria (2006):Texte im Berufsalltag. Schreiben, um verstanden zu werden? In: Blühdorn, Hardarik/Breindl, Eva/Waßner, Ulrich H. (Hrsg.): Text – Verstehen. Grammatik und darüber hinaus (Jahrbuch des Instituts für deutsche Sprache). Berlin/ New York: de Gruyter, 315-331

Jakobs, Eva-Maria (2007): „Das lernt man im Beruf..." Schreibkompetenz für den Arbeitsplatz. In: Werlen, Erika/Tissot, Fabienne (Hrsg.): Sprachvermittlung in einem mehrsprachigen kommunikationsorientierten Umfeld. Hohengehren: Schneider, 27-42

Jakobs, Eva-Maria/Lehnen, Katrin/Schindler, Kirsten (Hrsg.) (2005): Schreiben am Arbeitsplatz. [Schreiben – Medien – Beruf], Wiesbaden: Verlag für Sozialwissenschaften

Jakobsen, Christina Lykke/Jørgensen, Lena Augusta (2007): Efteruddannelse der betaler sig. In: KOM MAGASINET 24, 17-19

Lund, Michael (2005): Chefer laver flere stavefejl. Cowis sprogteam. In: *Ingeniøren* 18.02.05, 7
Nimb, Anne (2007): Direktør i firmaet mig. In: KOM MAGASINET 24, 12-15
Olsen, Kirsten (2007): Sådan får du mere efteruddannelse. In: KOM MAGASINET 24, 21-23
Pogner, Karl-Heinz (2007): Text- und Wissensproduktion am Arbeitsplatz: Die Rolle der Diskurs- und Praxisgemeinschaften: In: Zeitschrift Schreiben 12.02.2007 <http://www.zeitschrift-schreiben.eu/Beitraege/pogner_Diskursgemeinschaften.pdf>
Pogner, Karl-Heinz (2005a): Neue Medien und Unternehmenskommunikation: Welche Erwartungen werden an sie gestellt und wie werden sie genutzt? In: Schütz, Astrid et. al (Hrsg.): Neue Medien im Alltag: Befunde aus den Bereichen Arbeit, Lernen und Freizeit. New Media in Everyday Life: Findings from the Fields of Work, Learning and Leisure. Lengerich: Pabst, 16-37
Pogner, Karl-Heinz (2005b): Rahmen und Inhalte. Was Entscheider vom Intraneteinsatz erwarten. In: Perrin, Daniel; Kessler, Helga (Hrsg.): Schreiben fürs Netz. Aspekte der Zielfindung, Planung, Steuerung und Kontrolle [Schreiben, Medium und Beruf 2], Wiesbaden: VS Verlag, 11-25
Pogner, Karl-Heinz (2005c): Discourse Communities and Communities of Practice: On the social context of text and knowledge production in the workplace (Working paper 2005-080/ikl) Copenhagen: Copenhagen Business School; IKL <http://ep.lib.cbs.dk/paper/ISBN/x656494750>
Pogner, Karl-Heinz (2003): Writing and interacting in the discourse community engineering. In: Journal of Pragmatics 35, 855-867
Pogner, Karl-Heinz (1999): Schreiben im Beruf als Handeln im Fach [FFF 46]. Tübingen: Narr
Schön, Donald A. (1996) [1983]: The reflective practitioner: How professionals think in action. New York: Basics
Schön, Donald A. (1987): Educating the reflective practitioner. San Francisco: Jossey-Bass.
Sperling, Anni Hornbæk (2007): Slaraffenlandet er også en jungle. In: KOM MAGASINET 24, 7-11
Spilka, Rachel (1993): Writing in the workplace: New research perspectives. Carbondale, Edwardsville IL: Southern Illinois University Press
Søderberg, Anne-Marie (2001): Den kommunikerende organisation – den organiserende kommunikation. Argumenter for en erhvervsøkonomisk kommunikationsuddannelse. København: Handelshøjskolen i København
Takeuchi, Hirotaka/ Nonaka, Ikuiro (2000) [1995]: Classic work: Theory of organizational knowledge creation. In: Morey, Daryl/ Maybury, Mark/Thuraisingham, Bhavani (eds.): Knowledge management: Classical and contemporary works. Cambridge MA: MIT Press, 139-182
Wenger, Etienne (1998): Communities of practice: Learning, meaning and identity. Cambridge: University Press

ns in Dänemark

Anhang

Liste der ausgewerteten Interviews

Fort- und Weiterbildung (Gewerkschaften etc.)

„C3 karryere" (C3: Angestelltengewerkschaft für Management und Wirtschaft)
Bietet Weiterbildung für Manager an, Kommunikationskurse beinhalten nur mündliche Kommunikation (vor allem Sitzungsleitung, Präsentationstechnik und Verhandlung)
„Kommunikation und Sprache, Weiterbildungsabteilung" (Kommunikation und Sprache: die Mitglieder dieses Verbandes sind Absolventen von akademischen Sprach- und Kommunikationsausbildungen)
Gute Texte schreiben, Schreiben fürs Netz, strategische Kommunikation, Pressearbeit
„DJØF Weiterbildung" (Angestelltengewerkschaft für Juristen und Wirtschaftler)
Kurse: Schreiben für Politiker und an Bürger, politische Kommunikation und Strategie, Storytelling, Präsentationsentwicklung, Klare Botschaften
„Zentrum für öffentliche Kompetenzentwicklung" (Zentrum der Amtskreise und Kommunen zur Verbesserung der Lösung der kommunalen Aufgaben)
Kurse: Vermittlungstechnik, Leitungskommunikation, Veränderungskommunikation, schriftliche Vermittlungsaufgaben, Kommunikation am Arbeitsplatz, schriftliche Kommunikation
„Die Zeitung im Unterricht" (gehört zur Branchenorganisation Vereinigung Dänischer Zeitungen)
Kurse für Lehrer über Medienlandschaft und didaktische Vorschläge zum Gebrauch von Zeitungen im Unterricht

Erwachsenenbildung

„AOF Metropol" (sozialdemokratisch/gewerkschaftlich orientiertes Volksbildungswerk in Kopenhagen)
Kurse: Präsentationstechnik, journalistische Texte, kreatives Schreiben (Dichterkursus), Kommasetzen
„AOF Frederiksberg" (sozialdemokratisch/gewerkschaftlich orientiertes Volksbildungswerk Abendschule in Frederiksberg)
Kurse: Präsentationstechnik, Journalismus, kreatives Schreiben, Verständlich schreiben
„Studienschule Kopenhagen"
Unterricht für Erwachsene in Fremdsprachen, Dänisch für Ausländer, Privat- und Firmenkurse in Fremdsprachen und Dänisch für Geschäftsleute
Kurse: Korrektes Dänisch (Grammatik und Rechtschreibung), professionelles Schreiben (für Mitarbeiter, die fließend, zielgerecht und natürlich schreiben wollen), fremdsprachliche Kurse

Ausbildungsinstitutionen

„Akademisches Schreibzentrum der Universität Kopenhagen" (einziges universitäres Schreibzentrum in Dänemark)
Kurse für Studenten und Lehrer der geisteswissenschaftlichen Fakultät, Kurse in dänischer Grammatik, Schreiben wissenschaftlicher Artikel und Hausarbeiten, Schreiben von Abschlussarbeiten (Magister, Diplom etc.)
„Fort- und Weiterbildungsabteilung der Süddänischen Universität (Odense)"
Organisation von Kursen für Akademiker in der Wirtschaft und im öffentlichen Sektor
Kurse: IT und Kommunikation, Die Kunst, Dänisch zu schreiben
„Dänische Journalisten-Hochschule" (Århus)
Staatliche Ausbildungsinstitution für Journalisten, bietet neben der Ausbildung zum Journalisten (auch als Teilzeit-Ausbildung unter „Open University") Fort- und Weiterbildung für Journalisten, Zusatzstudien für Geisteswissenschaftler und Kurse in Vermittlung für Studenten anderer Fachrichtungen an
Offene Kurse: Gutes und klares Schreiben, Webkommunikation, Journalistisches Schreiben und Professionelle Kommunikation

Private Anbieter

Advice (Beraterfirma, PR etc.)
Ausschließlich Beratung und Coaching auf den Gebieten Strategie, Analyse und Branding, bietet keine Schreibkurse an
Nordische Kommunikation (Beraterfirma)
Beratung und Analyse interner Betriebskommunikation,
Kurse: Managementkurse (kommunikatives Management), Intranet
Zenon Kommunikation (PR- und Kommunikationsberatung, Medienanalysen)
Kursus in Journalismus und Umgang mit der Presse
NN Kommunikation [Name geändert, khp.] (PR, Verfassen von Pressetexten, Beratung)
Medientraining, Vorträge zum Thema „Das Leben als Journalist", keine eigentlichen Schreibtrainings oder -kurse

Schreiben und Führen

Domänenspezifische Schreibkompetenz für Manager/Leader

Daniel Perrin

Writing is an important professional practice for managers and leaders, yet little research into this writing at the top has been done and further education programs still have to be developed. Managers live their professional lives through communication in oral AND in written form. Writing in management processes is closely linked to thinking and deciding, informing and convincing, and integrating and obligating (sections 1 and 2). Management competence therefore includes domain-specific writing competence – the competence to perform management tasks in an appropriate and effective way by writing. Such writing competence can be built up successfully in academic courses, as shown by the case of an American-Swiss Executive MBA (section 3). Based on this case, section 4 presents a write-as-you-speak technique (WAYS) and a tool (WAYSbase®) which have been developed to facilitate a key task of managers and leaders: guiding organizations through the continuous and cooperative production of meaning and commitment. Based on explorative insights gained from WAYS projects, the last section outlines a research framework that serves both to explore the domain-specific writing of managers and leaders as a theoretically interesting field and to contribute to the development of best-practice educational programs for professional writing.

1 Praktisch zentral

Francesco di Marco Datini, 1335–1410, erfolgreicher toskanischer Kaufmann, schrieb alles selbst. 140 000 Briefe aus seiner Hand sind erhalten geblieben. „Während die Firmenchefs anderer Gesellschaften oft einen großen Teil ihrer Geschäftskorrespondenzen durch fattori erledigen ließen, legte er bis ins hohe Alter Wert darauf, jeden Brief eigenhändig zu schreiben [...]. So schrieb er Tag für Tag endlose Briefe an seine Frau, seine Faktoren, an Pächter, Maurer, Krämer, Künstler, dazu Woche für Woche Geschäftsbriefe an die Leiter aller seiner Filialen" (Origo 1993, 91 f. zitiert nach Ludwig 2005, 131).

Der Firmenchef Datini steht für den Übergang vom Reden zum Schreiben in der europäischen Kulturgeschichte. Bis ins späte Mittelalter pflegten Menschen, die etwas zu sagen hatten, zu reden und ihre Gedanken zu diktieren; Schreiber erledigten den Rest. Im 13. Jahrhundert aber begannen immer mehr geistig, wirtschaftlich oder politisch Mächtige selbst zu schreiben. Schreibend am Kontor führten sie Handelshäuser, verwalteten Städte, erschlossen Wissen. Das Latein wich den Landessprachen, das Pergament dem Papier, die steife Buchschrift der schnellen Kursivschrift (Ludwig 2005, 133 ff.).

Heute können die Kader einer weltweit tätigen Investment-Bank darauf zählen, dass ihr oberster Chef ganz wichtige E-Mails rund um die Uhr praktisch sofort beantwortet, wo immer in der Welt er gerade weilt. Und die Direktorin eines renommierten öffentlichen Fernsehsenders greift zum „Blackberry"-Handcomputer und liest und schreibt elektronische Post, sobald ein Vortrag, eine Präsentation sie nicht mehr fesselt. Schriftliche Kommunikation – laufend, immer und überall oder gebündelt in bestimmten Zeitfenstern – gehört selbstverständlich zum Führungsalltag vieler Manager und Leader.

Unter Manager verstehen wir hier eine Führungsrolle, in der Erfolg hat, wer die Regeln kennt, sie bis an die Grenzen nutzt und bei Bedarf gezielt verletzt. Als Leader dagegen hat Erfolg, wer weiß, dass sich die Regeln im Spiel ändern; wer spürt, in welcher Richtung dies geschieht; und wer sein Team dafür begeistern kann, sich dorthin zu bewegen – vorläufig auch ohne Beweis. Ein Teilnehmer in einem Kommunikationskurs für Manager (s. u., Teil 3) brachte das so auf den Punkt: „The leader is doing the right things, the manager is doing the things right" (Tom de Jonge, 17. November 2006).

In beiden Führungsrollen handeln die Rollenträger symbolisch und stellen symbolische Güter her:

- In Managerrollen analysieren und entscheiden sie; lassen sie sich informieren und informieren andere; verpflichten sie ihre Mitarbeitenden zu bestimmten Leistungen und kontrollieren den Erfolg – als Grundlage für neue Entscheidungen.
- In Leaderrollen kommen Entwerfen, Überzeugen und Verbinden dazu: die Zukunft erahnen, den Wandel wahrnehmen und Visionen entwickeln; in sich hineinhören, sich in andere einfühlen und Überzeugungen gewinnen und vermitteln; Gruppen für die gemeinsame Sache begeistern und so verbinden (Smythe/Norton 2007).

All dies geschieht interaktiv, in Diskursen, mit Zeichen, mit Worten (Bolden/Gosling 2006, Spranz-Fogasy 2002). Sollen die Diskursbeiträge über den Augenblick hinaus gelten, müssen sie schriftlich fixiert werden in Texten wie Memos, Projektanträgen, Protokollen, Jahresbriefen, Strategiepapieren (Tab. 1).

So gesehen, bedeutet Führen: eine Organisation steuern über möglichst verbindliche Diskursbeiträge. Allein der schriftliche Diskursbeitrag wird sich von der Situation spontaner Äußerung loslösen und verbindlichen Status einnehmen. Wer solche Diskursbeiträge in seinem Sinn präzise setzen will, muss sie entweder schreiben lassen und mühsam kontrollieren – oder aber gleich selber schreiben. Deshalb vielleicht im 14. Jahrhundert die 140 000 Briefe des erfolgreichen Datini und deshalb vielleicht heute die „Blackberrys" im mittleren Management und oft auch an der Spitze.

Führungsaufgabe			Textsorte (Beispiel)
Umweltbezug	Rolle	Tätigkeit	
Fokus Thema	Manager	Entscheiden	Ideenskizze ...
	Leader	Entwerfen	
Fokus Adressat	Manager	Informieren	Memo ...
	Leader	Überzeugen	Projektantrag ...
Fokus Organisation	Manager	Verpflichten	Protokoll ...
	Leader	Verbinden	Jahresbrief ...

Tabelle 1: Führungsaufgaben in Manager- und Leaderrollen, verzahnt mit Schreiben

2 Kaum erforscht

„Deshalb vielleicht" – denn wann und warum Führungskräfte schreiben, was sie dabei tun wollen, was sie tatsächlich tun und wie sie es tun, das ist bis heute kaum erforscht. Die Schreibforschung beleuchtet erst vereinzelte Gesichtspunkte der Schreibtätigkeiten in Organisationen, meist Tätigkeiten, die zwar auch, aber nicht nur von Führungskräften geleistet werden. Dazu ein kurzer Überblick; er folgt der systematischen Einsicht, dass bestimmte Textproduktionsumwelten wie eben Management ihre typischen Funktionen und die dazu passenden Strukturen ausprägen.

- Textproduktion ist eingebettet in übergreifende sprachliche und nichtsprachliche Umwelten. Dazu zählen etwa die typischen Arbeitsumgebungen von Managern oder, allgemeiner, arbeitsteilige Arbeitsplätze in Organisationen. – Forschungsbeispiele: Spilka (1993), Van der Geest (1996) und Jakobs (2006) arbeiten zum Schreiben am Arbeitsplatz generell, Schneider (2002) zum Schreiben am Arbeitsplatz als einer Tätigkeit, die einerseits durch Organisationen geprägt wird, andererseits aber auch prägend auf Organisationen zurückwirkt; Selzer (1993) zur Intertextualität von Schreibprozessen am Arbeitsplatz; Pogner (2003) zum Schreiben in der Zusammenarbeit von Ingenieuren; Tapper (2000) zur Vorbereitung von Hochschulabgängern auf die Kommunikation als Arbeitnehmer; Ongstad (2005) zur Schreibsozialisation in Institutionen; Du-Babcock/Babcock (2006) zur Entwicklung von Sprachkompetenz und interkultureller Kompetenz in internationaler Geschäftskommunikation.

- Textproduktion erfüllt bestimmte Funktionen in übergreifenden Handlungszusammenhängen. Manager zum Beispiel schreiben, um Führungsziele zu erreichen. – Forschungsbeispiele: Garnzone (2005) arbeitet zu gattungsübergreifenden Handlungsabsichten in schriftlicher und mündlicher Geschäftskommunikation; Spranz-Fogasy (2002 und 2005) zur Selbstdarstellung von Führungskräften in der Kommunikation und zum hohen Anteil kommunikativer Tätigkeiten am Führungshandeln; Bondi (2005) zur Selbstdarstellung in geschäftlichen E-Mails; Wolfe (2002), Melenhorst et al. (2005), Palaigeorgiou et al. (2006) und Rodriguez/Severinson-Eklundh (2006) zum Notizenmachen beim Lesen von Texten am Computer; Severinson-Eklundh (1992) und Price (1999) zum Skizzieren von Textideen am Computer; Ortner (1995 und 2000) im Überblick zum Zusammenhang von Schreiben und Denken; Ortner (2002) zu Bedingungen, die Einfälle beim Schreiben fördern.

- Textproduktion verläuft nach bestimmten Strukturen und führt zu Texterzeugnissen mit bestimmten Strukturen. Typische Texte von Managern sind zum Beispiel Memos und Mails, die Aufträge für Mitarbeitende enthalten; üblicherweise entstehen solche Texte unter Zeitdruck. Vor allem zu den prozessgerichteten Fragestellungen liegen erst Untersuchungen vor, die sich nicht besonders auf Manager beziehen. – Forschungsbeispiele: Levy/Ransdell (1996) arbeiten zu „writing signatures" – prozeduralen Grundmustern, die sich in den Schreibprozessen einer Person wiederholen; Van Waes/Schellens (2003) zu solchen Grundmustern – „writing profiles" – erfahrener Schreibender; Galbraith (1996) zu Praktiken unerfahrener Schreibender, Textentwürfe zu schreiben; Flyvholm Jørgensen (2005), Solbjørg Skulstad (2006) und Yli-Jokopii (2005) zu Textsorten und ihrer Variation in der Geschäftskommunikation; Zhu (2005 und 2006) zu systematischen Unterschieden beim Schreiben englischer und chinesischer Geschäftsbriefe („sales letters", „sales invitations") und -faxe; Nickerson/ De Groot (2005) zu Editorials in Jahresberichten.

Alles in allem zeigt sich aufkeimendes Interesse am Zusammenhang von Sprache und organisationaler Kommunikation, aber noch kaum gesichertes Wissen zu Schreibprozessen in Führungsrollen. Wenn indes

- Spranz-Fogasy (2002, 215) empirisch feststellt, dass Kommunikation den Hauptteil der Tätigkeiten untersuchter Manager ausmacht,
- Fairhurst (2005, 166) erfolgreiche Manager als „managers of meaning and co-constructors of reality" beschreibt,
- Smythe/Norton (2007, 87) nach der hermeneutischen Auswertung von 14 Interviews Leadership mit der Kompetenz des Zuhörens verbinden,
- Bolden/Gosling (2006, 159) Management-Weiterbildung analysieren und dort die Steuerung organisationaler Bedeutungs- und Sinnproduktion als zentral für Führungsprozesse ausmachen

und wenn man zudem bedenkt, wie standardisiertes Wissens- und Qualitätsmanagement in Organisationen zunehmend Transparenz, Festlegung, Dokumentation und Rückverfolgbarkeit erfordern und damit Schriftlichkeit fördern – dann erahnt man ein Forschungsfeld, das die Schreibforschung mit doppeltem Nutzen erschließen könnte: einerseits, um theoretisch relevante Einsichten in berufliches Schreiben einer bestimmten Domäne zu gewinnen, und andererseits, um in dieser Domäne ihr Beratungspotenzial zu nutzen und zur Entwicklung theoretisch fundierter, praxisgerichteter Beratungsprodukte beizutragen.

3 Fall MBA

Auch wenn also noch Forschungslücken klaffen – offensichtlich ist, dass Manager schreiben, weil sie sich immer wieder verbindlich festlegen und diese Entscheidungen auch schriftlich mitteilen müssen: möglichst rasch und möglichst klar für möglichst alle Adressaten. In vielen Management-Weiterbildungen bewähren sich deshalb Trainingsmodule im Schnittfeld von Schreiben und Führen. Die Module können als „Rhetorik"-Training angeboten werden oder mit bestimmten Trainingsmodellen wie der „Minto Pyramid" (Minto 2005) verbunden sein; im Kern geht es immer um effizientes und effektives schriftliches Kommunizieren.

Solche Module haben wir für verschiedene Management-Ausbildungen entwickelt und durchgeführt. Als Beispiel nutzen möchten wir hier das Kommunikations-Modul für das „Rochester-Bern Executive MBA", ein „Premium-Angebot einer US-amerikanischen, einer schweizerischen und einer chinesischen Hochschule". Als Lehrende sind „internationale Spitzenkräfte aus Wissenschaft und Praxis" verpflichtet, als Lernende angesprochen sind Kader aus aller Welt „vor dem Sprung nach ganz oben" (Jörg 2007). Die Studiengebühren von 60 000 € tragen bei der Hälfte aller Studierenden die Arbeitgeber.

Im ersten Kommunikations-Modul dieses MBA-Studiengangs, „The Art of Communication I", trainieren die Studierenden in einem Tag vier Arbeitstechniken, mit denen sie Kommunikationsangebote beim Schreiben leichter auf den Punkt bringen können. Die Leitfrage in der Modulbeschreibung lautet: „Project reports, budget forecasts, executive summaries, comments, press releases – as a manager and program participant you often have to write texts. Yet, how can you write a convincing text? And how can you do so in an efficient way?" (Perrin 2006a) – Texte der angesprochenen Sorten reichen die Teilnehmenden vor dem Kurs ein.

Mit diesen Texten arbeitet sich der Dozent in die Themenfelder und den Leistungsstand der Studierenden ein. An ausgewählten Beispielen wird er in der ersten Kurshälfte Varianten von Kernbotschaften, Argumentationen, Dramaturgien und Formulierungen zur Diskussion stellen. Ziel sind bessere Texte: „The course will enable you to write professional, convincing texts in a short time and with less effort. After the course you will 1) communicate your messages with a higher impact, 2) know how professional writing, presenting, and talking fit together, 3) enjoy communication more – and have more respect for it." (Perrin 2006a, auch für alle folgenden, nicht anders zugewiesenen Zitate aus Kursunterlagen): Zu erreichen ist ein solches Ziel nur über prozessgerichtete Interventionen. Im Kurs trainieren die Teilnehmenden deshalb vier einfache Arbeitstechniken: „The Mugging Test" (Abb. 1), „The Finger Technique", „The Stages Technique" und „The Typo Test" (Perrin/Rosenberger: 2005).

The Mugging Test

Imagine telling your story to a colleague as she is running to catch a bus that is about to leave.

In a couple of sentences, just by talking for a few seconds, outline the interesting new thing that you have to say and why it is important for your audience right now. Choose someone to mug who doesn't really want to listen to you, hardly has any time for you, and is thinking about something completely different. If your mugging victim stops, listens, and responds to your topic – then you are ready to start writing.

Don't think that your topic is much too complicated to deal with in passing ... Sure – any subject can fill up pages and pages, and hours and hours. But you have to make it palatable and sell it to your audience as they rush by, flip pages, or zap through stations and before they stop paying attention. They'll pause, become involved with your text for a few seconds, and only continue with it if it promises something of significance.

Why should you check the main theme of your text on a live subject? Even the thought of having to verbally grab someone with your topic puts you under pressure. You mentally test the impression you make, notice that you have not yet found the right angle, change perspective, start a different way, finally risk it ... and get to the point of the text more effectively by talking than would ever have been possible by brooding over it alone. The stress of an oral situation opens the floodgates for language flow, similar to a burst of adrenaline just before a deadline. You'll become strong in self-defense, and in retrospect you'll clearly see the best way into the text.

Abbildung 1: Die Arbeitstechnik „Mugging Test" im Rochester-Bern Executive MBA

Mit vier solchen Arbeitstechniken können die Studierenden Schreibprozesse unter Zeitdruck ausrichten, planen, steuern und evaluieren. Der „Mugging Test" beispielsweise motiviert Schreibende, sich auf Sinn, Adressaten, Thema, Format, Leitfragen und Hauptaussagen festzulegen, also ihren Kommunikationsversuch situativ zu verorten und illokutiv auszurichten, bevor sie ihre begrenzten Ressourcen dafür aufwenden, um einzelne Formulierungen zu ringen – über deren Angemessenheit sie erst dann funktional entscheiden können, wenn ihnen die Stoßrichtung des Kommunikationsversuchs klar ist.

Als Führungskräfte können die Studierenden mit Techniken wie dem „Mugging Test" und der „Finger Technique" prüfen, ob sie ihre Entscheidungen sach- und adressatengerecht und im Sinn der eigenen Handlungsabsichten begründen und auf den Punkt bringen können, bevor sie zu Kommunikationsversuchen ansetzen –

kurz: ob ihnen klar ist, was sie wollen. Dass jemand weiß, was er will, bevor er kommuniziert und damit andere zu informieren und zu überzeugen, zu verpflichten und zu verbinden versucht, das mag selbstverständlich klingen; meine Erfahrung in Alltag, Führung und Ausbildung zeigt aber, dass sich diese Arbeit am ausdrücklichen Klären des eigenen (Kommunikations-)Handelns lohnt:

- Viele professionell Schreibende scheitern unter Zeitdruck, weil sie konzeptlos drauflosschreiben, im Schreiben erst eine Vorstellung des Gemeinten entwickeln und dann keine Zeit mehr haben, das Angefangene grundlegend umzubauen, mental hinter die ersten Entwürfe zurückzutreten, das Beharrungsvermögen des Geschriebenen aufzubrechen und einen eigenständigen, stimmigen, funktionalen Text zu entwickeln. Schreiben, um herauszufinden, was man eigentlich meint – epistemisches Schreiben (Ortner 1995) –, bedingt die Zeit, aus dem Schreibprozess auszusteigen, dem Geschriebenen lesend neu zu begegnen, scheinbar Fertiges wieder zu verwerfen und es frisch aufzubauen, bis es den Prüfungen standhält (Jakobs/Perrin 2007 im Druck).
- Viele professionell Führende begeben sich in Präsentation, Gespräche und öffentliche Auftritte, ohne sich überlegt zu haben, was sie sich vor einer solchen Situation bereits hätten überlegen können: An wen genau sie sich richten; wer sonst noch zuhört; was die Adressaten erwarten; wie die Adressaten den Kommunikationsverlauf beeinflussen können; was einem Kommunikationsanlass vorausgeht und folgt und damit das eigene Kommunikationsangebot rahmt und mitprägt; was sie selbst erreichen und mitteilen wollen; wie sie ihre Kernanliegen und -aussagen korrekt, kurz und eingänglich formulieren können. Aber nur wer dieses früh Klärbare früh klärt, kann seine Ressourcen später ganz nutzen, um das Laufende laufend zu bewältigen: Zeit- und Erfolgsdruck auszuhalten, auf Gesprächspartner einzugehen, situative Kommunikationsstörungen zu beheben.

Mit Techniken wie dem „Mugging Test" also lernen die Studierenden, am Beispiel der Kommunikationsform Schreiben ihre Ressourcen für Kommunikationsprozesse reflektiert zu nutzen. Im weiteren Kursverlauf wenden sie die neuen Techniken in einer individuellen Schreibaufgabe an: „Write a short overview (maximum 1 page) of possible conflicts of interest in your company. The overview is meant to be used as an introduction to a strategy workshop of you and other executives of the company. Write the text by using the Mugging Test, the Finger Technique, and the Stages Technique". Mit der Auswertung der Produkte und der Schreiberfahrung schließt „The Art of Communication I".

Im weiteren Kursverlauf schließen zwei Module an dieses erste Schreib-Modul an. Im einen, „The Art of Communication II", werden die Studierenden am „Mugging Test" und der „Finger Technique" anknüpfen und diese Techniken ausdrücklich zum Vorbereiten von Präsentationen und Gesprächen nutzen. In einem weiteren Anschlussmodul, dem Wahlmodul „The Art of Task Communication", vertiefen sie das Gelernte mit Schreibtechniken für die Linien- und Gremienführung. In diesem Modul zur „Task Communication" also geht es um ein Anwendungsfeld, in dem sich ausschließlich Manager und Leader bewegen – Schreiben nur für Führungskräfte.

4 Die Schreibtechnik WAYS und die WAYSbase®

In strukturierten Organisationen treffen Führungskräfte ihre direkt Unterstellten regelmäßig, als Gruppe und je einzeln, zum Steuern der laufenden Geschäfte. In komplexen Organisationen mit Matrixstrukturen und vielen Projektgruppen nehmen solche Treffen in der Agenda breiten Raum ein. Wo die Treffen als gut vorbereitet, kooperativ und verbindlich wahrgenommen werden, beleben sie den Puls und stärken die Identität einer Organisation; ergiebige Meetings können Brennpunkte des Entscheidens, Verpflichtens und Einbindens sein, Bühnen vorbildlichen Zusammenspiels von Management und Leadership. Unergiebige Meetings dagegen bremsen.

Deshalb zielen Führungskräfte mit Vorteil darauf, ihre regelmäßigen Treffen angemessen vorzubereiten, das Zusammensein zur gemeinsamen Entscheidungsfindung zu nutzen und die neu entstandenen Verpflichtungen präzise zu benennen. Dies alles sollte aber möglichst wenig Aufwand verursachen und möglichst vor Ort abgeschlossen werden können – nach einem Tag voller Meetings mag man nicht Berge von Notizen nachbearbeiten, sondern will Kräfte tanken und den großen Bogen wieder aufnehmen. Zum wirkungsvollen, schlanken Steuern von Liniengremien und Arbeitsgruppen beitragen kann optimiertes führungsgerichtetes Schreiben: Schreiben als Praxis von Management und Leadership (s. o., Abb. 1):

- Als Manager müssen Führungskräfte eine solche Schreibpraxis dann nutzen können, wenn sie analysieren und entscheiden; sich informieren lassen und andere informieren; ihre Mitarbeitenden zu bestimmten Leistungen verpflichten und den Erfolg kontrollieren – als Grundlage für neue Entscheidungen.

- Als Leader müssen Führungskräfte eine solche Schreibpraxis dann nutzen können, wenn sie die Zukunft erahnen, den Wandel wahrnehmen und Visionen entwickeln; in sich hineinhören, sich in andere einfühlen und Überzeugungen gewinnen und vermitteln; Gruppen für die gemeinsame Sache begeistern und so verbinden.

Als Sprachwissenschaftler mit Arbeitsschwerpunkt Berufliches Schreiben, der seit zehn Jahren mit munter anwachsenden Führungsaufgaben in Hochschule und Wissenschaft betraut ist, habe ich eine solche Schreibpraxis entwickelt und ein passendes Arbeitswerkzeug entwickeln lassen. Die Schreibtechnik nenne ich Write-As-You-Speak (WAYS), das Werkzeug heißt WAYSbase®. Die Entwicklung beschwingt meine Führungsarbeit: weniger Reibungsverlust im Management, mehr Leadership, mehr Forschung. Zudem zeigen sich viele interessiert, die meine Mitarbeitenden oder mich damit arbeiten sehen. So habe ich beides auf einen vermittelbaren Stand gebracht. Die Schreibtechnik vermittle ich im angesprochenen Kurs „The Art of Task Communication" und, zunehmend, in betrieblichen Trainings und Coachings. Die Technik bedingt ein passendes Instrument, zum Beispiel die Software WAYSbase. Mein Hauptinteresse liegt im Forschungspotenzial dieses Pakets; dazu dann der Abschnitt 5. Davor aber der Versuch, die Führungsarbeit mit WAYS und der WAYSbase® kurz zu umreißen und damit zu illustrieren, wie stark Führen und Schreiben – ob ausdrücklich oder nicht – miteinander verzahnt sind:

Die WAYSbase® ist ein Führungsinstrument zur Ausrichtung, Planung, Steuerung und Kontrolle von Prozessen individueller und gemeinsamer Entscheidungsfindung (4.1). Technisch gesehen stellt die WAYSbase® ein Content Management System dar – eine Datenbank für Führungsaufgaben, zugänglich über eine Benutzeroberfläche im Internet und bei allen Treffen (4.2). In der WAYSbase® werden Anträge, Informationen, Diskussionspunkte, Anfragen und Beschlüssse laufend festgemacht (4.3). Die Vorteile nutzen kann, wer mit Schreiben zu führen versteht (4.4) – wie etwa Roland Steiner im folgenden, wirklichkeitsnahen Fallbeispiel.

4.1 Führungsinstrument WAYSbase

Roland Steiner, der Leiter eines großen Hochschulinstituts, ist zugleich Präsident der Landessektion seiner wissenschaftlichen Fachgesellschaft. In beiden Organisationen will er das Profil schärfen und die internationale Zusammenarbeit stark ausbauen. Er reist deshalb viel und will die internen Geschäfte möglichst konzentriert führen. Dazu nutzt er die WAYSbase®, eine Datenbank, in der er sämtliche vereinbarten Aufgaben systematisch festhält. Mit der WAYSbase® führt er auch die gesamte Kommunikation über die Treffen, Projekte, Themen, Akteure und Arbeitsgruppen (Abb. 2), und er nutzt die Datenbank zur Integration seiner Teams.

Wann immer Steiner, dem Chef im Fallbeispiel, eine mögliche Information, ein Antrag, ein Diskussionspunkt für ein späteres Treffen einfällt, hält er dies als Aufgabe in der Datenbank fest. Er formuliert den Text so, dass ihn die künftigen angesprochenen Mitarbeitenden verstehen können, und verschlagwortet den Eintrag: Er verknüpft ihn mit einem künftigen Treffen, mit laufenden Geschäften und mit möglichen Akteuren. Schließlich bestimmt er den Handlungstyp der Aufgabe: Antrag, Information, Diskussion, Anfrage. Vor jedem Treffen bringt er alle Einträge zu diesem Treffen in eine bestimmte Reihenfolge, indem er sie nummeriert. So setzt er die Tagesordnung für das Treffen.

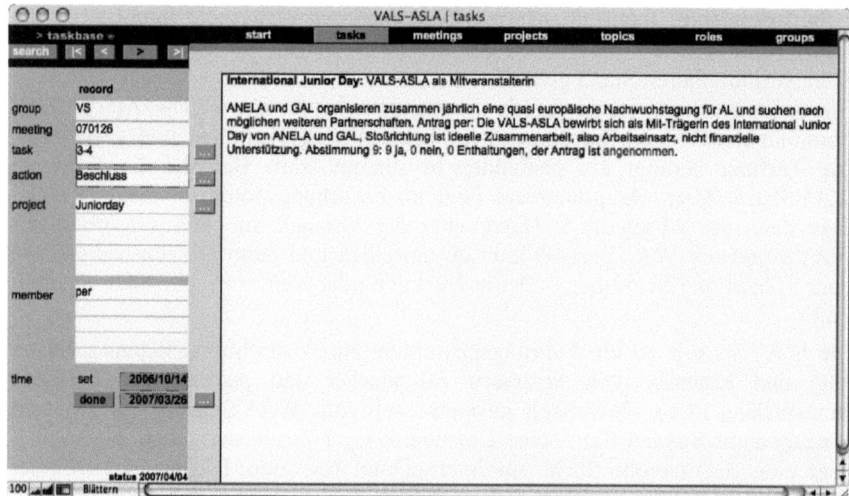

Abbildung 2: WAYSbase® mit Teams, Meetings, Projekten, Themen, Rollen, Gruppen

4.2 Im Internet und im Besprechungsraum

Auch andere Teilnehmende des Treffens haben sich vielleicht vorher Themenpunkte überlegt und Steiner darüber informiert. Steiner hat daraus weitere Einträge für die WAYSbase® formuliert. Vor dem Treffen stehen nun alle Themenpunkte im Internet. Die Datenbank ist über Passwort im Netz so zugänglich, dass alle Mitglieder der Organisation genau diejenigen Aufgaben einsehen können, in die sie eingebunden sind. Die Vorbereitung auf die Treffen ist für alle Teilnehmenden Pflicht: Man kennt die Aufgaben also bereits, wenn man sich trifft, und ist bereit, dazu Stellung zu nehmen und Lösungen auszuhandeln.

Für die Treffen selbst gibt es zwei Nutzungsvarianten der WAYSbase®: Bilaterale Gespräche finden an einem Besprechungstisch statt, Chef und MitarbeiterIn sitzen sich gegenüber, Steiner hat neben sich seinen Laptop stehen, das Gegenüber sieht den Inhalt des Laptop-Bildschirms auf einem eigenen Bildschirm. Gespräche in größeren Gruppen dagegen finden in einem Besprechungsraum statt, der Vorsitzende Steiner hat wieder den Laptop neben sich stehen, der Inhalt des Bildschirms wird groß an die Wand hinter Steiner projiziert. Zu sehen ist in jedem Fall für alle Beteiligten die WAYSbase®, wie zuvor im Internet. Im Gespräch wird nun Aufgabe um Aufgabe abgearbeitet.

4.3 Gemeinsam von „Diskussion" zu „Beschluss"

Zuerst erscheint der vorher bereitgestellte Eintrag, als Ausgangslage für die gemeinsame Diskussion. In der Diskussion bringen die Teilnehmenden neue Gesichtspunkte und Argumente ins Spiel. Sind die Positionen abgesteckt und besprochen, schlägt Steiner vor, zur Zusammenfassung überzugehen. Stimmen die Teilnehmenden zu, fasst er das Ergebnis der Diskussion in der WAYSbase® als Vorschlag für einen Beschluss zusammen. Sichtbar wird für alle, was fortan gelten soll und wer was zu tun hat. Missverständnisse zeigen sich sofort und können diskutiert und korrigiert werden. Zum Schluss wird gemeinsam entschieden, dass das Geschäft abgeschlossen ist – aus einem Diskussionspunkt ist ein Beschluss geworden. Erst dann lädt Steiner den nächsten Datenbankeintrag.

So führen die Teilnehmenden Eintrag um Eintrag vom Zustand einer Diskussionsgrundlage in den Zustand eines verbindlichen Beschlusses über. Für alle liegt offen, wie dieser Prozess abläuft, alle können die Chancen nutzen, sich während des Treffens in diesen Prozess einzubringen. Die Teilnehmenden sind stark eingebunden und erleben die Treffen als – wörtlich – entscheidend und verbindlich. Steiner aber behält – fast wörtlich – das Heft in der Hand. Er steuert den Prozess, indem er die Diskussion leitet, die eingebrachten Gedanken laufend klärt und den Wortlaut der Beschlüsse setzt.

4.4 Keine Arbeit nach der Arbeit

Nach dem Treffen sind die Aufgaben verteilt. Wer nun was zu tun hat, das steht ab sofort wieder im Internet, systematisch durchsuchbar nach Aufgaben, Beteiligten und Themen. Was da nachzulesen ist und gilt, ist gemeinsam festgelegt worden. Für die Teilnehmerinnen und Teilnehmer entfällt das Warten auf das Protokoll, und unangenehme Überraschungen in Formulierungen von Beschlüssen bleiben aus. Steiner spart sich die Nacharbeit der Protokollkontrolle. Die ganze Arbeit geschieht vor und während des Treffens, konzentriert, transparent und verbindlich. Die Organisation schreibt sich dort fort, wo sie sich trifft.

Voraussetzung für diese schlanke Führung von Gremien und Arbeitsgruppen ist die Fähigkeit und Fertigkeit, in raschem Wechsel von Hören/Sprechen und Lesen/Schreiben zu konzipieren, zu moderieren, zu diskutieren: Leitideen in der Diskussion zu erkennen, Konzepte zu klären, die passenden Worte zu finden – und sie vor den Augen der Teilnehmenden in kooperativem Schreiben festzuhalten. Grundlage ist also führungsspezifische Schreibkompetenz: Entscheiden und Entwerfen, Informieren und Überzeugen, Verpflichten und Einbinden mit Schreiben. Trainiert wird diese Kompetenz mit den vier Schreibtechniken aus dem Grundmodul (s. o., Teil 3), eingesetzt jetzt im Umfeld des Führungstreffens und des Werkzeugs WAYSbase®.

4.5 Effizientes Management ja – aber Leadership?

Aber verkörpert nun dieses strukturierte Erzeugen von Entscheidungen nicht gerade das Gegenteil von Leadership als einer Haltung von „Langsamkeit und Gelassenheit" (Böning 2006, 97), von „waiting" und „listening" (Smythe/Norton

2007, 87)? Wird hier nicht Sinnfindung ver-managt? – Für solche Bedenken spricht die unerbittliche Ausdrücklichkeit der Entscheidungsführung: Im Ringen um das Explizite, Fixierte, Klare und Kohärente kann das Vage, Informelle, Trübe und Brüchige verdrängt werden, das auch wichtig ist für den Zusammenhalt und die Weiterentwicklung von Organisationen (Hargie/Dickson 2007).

Gegen die Kritik spricht aber, dass es in den institutionalisierten Treffen in strukturierten Organisationen immer um organisationale Festlegung geht: Bestimmte Rollenträger handeln aus und legen fest, was fortan gilt. Genau diesen Prozess des gemeinsamen Festlegens und Zu-Ende-Denkens unterstützt die hier vorgestellte Praktik – ohne zusätzlichen Druck zu erzeugen: Sie verdeutlicht nämlich auch, wo die Zeit noch nicht reif ist für gemeinsame Festlegung, wo also noch Warten und Zuhören angebracht sind, Langsamkeit und Gelassenheit, kooperatives Weiterdenken und epistemisches Weiterschreiben (Ortner 2002) zum Herstellen von Klarheit und Sinn.

Die hier dargestellte Schreibpraktik verbindet also Haltung (geführte gemeinsame Festlegung), Methode (WAYS) und Werkzeug (WAYSbase®). Sie ermöglicht es, eine Organisation zu führen über systematisches, kontinuierliches und kooperatives Herstellen von Sinn und Verbindlichkeit. Auf die Kerntätigkeiten in Manager- und Leaderrollen heruntergebrochen (s. o., Abb. 1), bedeutet dies:

- Analysieren und entscheiden: Alle Beteiligten bereiten Entscheidungen so vor, dass sie beim Treffen ihre Position einbringen, Argumente austauschen und sich beim Festlegen der Entscheidungen beteiligen können. Die Entscheidungsfindung geschieht sichtbar für alle Beteiligten. Dies gilt nicht nur für die grobe Stoßrichtung einer Entscheidung, sondern auch für den – oft entscheidenden – Wortlaut.

- Sich und andere informieren: Entscheidungen werden in der Datenbank einheitlich verschlagwortet und mit verwandten Entscheidungen verknüpft – Entscheidungen etwa aus dem gleichen Meeting, Entscheidungen der gleichen Rollenträger, zum gleichen Projekt, zum gleichen Thema. So legt die Organisation ihr Entscheidungswissen laufend systematisch ab und greift bei Analysen vor weiteren Entscheidungen leicht darauf zu.

- Verpflichten und kontrollieren: Entscheidungen führen zu Pflichten; die Pflichten werden in der Datenbank ausformuliert, terminiert und bestimmten Rollenträgern zugewiesen. An diesem Prozess des Verpflichtens sind alle Entscheidungsträger direkt beteiligt. Das Ergebnis ist systematisch abgelegt, über Passwort jederzeit zugänglich für alle Beteiligten – eine Basis für die transparente (Selbst-)Kontrolle.

- Erahnen und entwerfen: Entscheidungen gründen zum Beispiel auf Analysen und Emotionen, aber auch auf Einfällen. Solche Einfälle können in der Datenbank jederzeit festgehalten, mit Projekten und Themen verknüpft und für die Diskussion in künftigen Treffen vorgemerkt werden. Nach dem Treffen bleibt noch nicht Entscheidbares explizit offen, als Grundlage für neue Einfälle, neue Entwürfe im Führungsdiskurs.

- Erfassen und überzeugen: Eine Entscheidung glaubhaft vertreten wird nur, wer sie versteht und davon überzeugt ist. Nach diesem Verständnis will Führungskommunikation in Organisationen Verständigung und letztlich gemeinsamen Sinn erzeugen. Genau das geschieht in institutionalisierten Treffen, wenn dort die Entscheidungen gemeinsam, nachvollziehbar und verbindlich festgelegt werden.
- Verbinden und integrieren: Beim gemeinsamen Erschließen, Aushandeln und Festlegen des organisational Entscheidenden werden nicht nur die symbolischen Strukturen einer Organisation geklärt und gestärkt; der kontinuierliche Diskurs verbindet auch die beteiligten Personen. Sie treffen sich, um einander zuzuhören, sich einzubringen und aufeinander einzugehen – im wörtlich verbindlichen Dialog der Gemeinschaft.

Damit wird systematisch praktiziert, was Smythe/Norton (2007, 87) in ihrem Profil von Leadership als „to listen and respond" beschreiben: Zuhören und das Wesentliche erfassen. Die institutionalisierten Treffen werden zum Brennpunkt der „symbolic and narrative processes of collective sense making in organizations" (Bolden/Gosling 2006, 160). Schreibend schaffen Manager-Leader mit den anderen und vor den anderen „choices and meanings for themselves and others" (Bolden/Gosling 2006, 159). Mit ihrer Spracharbeit steuern sie den Diskurs in Richtung einer gemeinsamen, kontinuierlichen und konsistenten Deutung (Fairhurst 2005, 167), in die Richtung, die sie als die beste erahnen im „way that never arrives" (Smythe/Norton 2007, 87).

5 Forschung und Lehre gefordert

Was Roland Steiner in der WAYSbase® schreibt, würde er auch ohne dieses Werkzeug schreiben (oder schreiben lassen und danach kontrollieren müssen): Beschlüsse, Abmachungen, Entscheidungen in Organisationen werden in der Regel schriftlich fixiert. Aber erst mit einer Praktik wie WAYS ist das Schreiben so eng verzahnt mit Führungsprozessen, mit Management und Leadership. Die gebündelte (statt verzettelte) Schriftlichkeit der Führungsprozesse erleichtert es, zu erforschen, wie die Prozesse ablaufen – also wie organisationale Entscheidungen entstehen und sich Ressourcen wie Wissen und Regeln in Organisationen entwickeln.

Allerdings dürften Praktiken von Führungspersonen und Organisationen, die WAYS wählen, nicht für durchschnittliche Führungspraktiken stehen. Wer so arbeiten will, muss willens und fähig sein, Sprache als Führungsinstrument zu nutzen, indem er oder sie mit Spracharbeit gezielt, bewusst und sichtbar Verbindlichkeit herstellt. Sinnvoll wissenschaftlich untersuchen lassen sich in einem solchen Rahmen also nicht alle denkbaren Fragen zum Schreiben in Führungsrollen; forschungslogisch einleuchtend sind aber Fragestellungen zu Handlungsvarianten, die sich erst mit einem solchen Instrument eröffnen.

Diese Fragestellungen betreffen die subtil lenkende Spracharbeit beim Schreiben an der Spitze: Wie steuern Führungspersonen in Gremien und bilateralen Gesprächen den institutionalisierten organisationalen Diskurs in Richtung einer gemeinsamen, kontinuierlichen und konsistenten Deutung? Mit Fairhurst gesprochen: Wie betreiben sie Sinnmanagement mit Framing? Fairhurst (2005, 166) illustriert die Relevanz des Framing-Konzepts in der Führungskommunikation mit der Beobachtung von „individuals who were frequently powerless to control the turbulence of their environments, but who could control the context under which turbulence was seen". Die Praktiken dazu sind nun zu untersuchen.

Denkbar ist eine Forschungsanlage im Sinn der Progressionsanalyse (Perrin 2006b): Ein Logging-Programm zeichnet über einen längeren Zeitraum hinweg sämtliche Eingaben in die WAYSbase® auf. Alle Formulierungen, mit allen Einfügungen und Löschungen, werden auf Sekundenbruchteile genau datiert; die Schreibprozesse lassen sich wie ein Film wieder abspielen. Zu einem bestimmten Zeitpunkt können die Manager methodisch kontrolliert mit den Aufzeichnungen konfrontiert werden, etwa damit sie ihr Handeln kommentieren und damit ihre Repertoires möglicher Überlegungen in Führungsprozessen dokumentieren. Nachvollziehbar wird so der Weg von Entscheidungsfindungen, von der ersten Idee über den Antrag bis zum Beschluss. In eine solche Forschungsanlage sollen Pilotnutzer der WAYSbase® eingebunden werden.

Aus der systematischen Auswertung von Fallstudien an Managern mit unterschiedlicher Berufserfahrung und unterschiedlichem Erfolg wird man erschließen können, welche Repertoires an Framing-Verfahren bei vergleichbaren Führungsaufgaben zum Zug kommen – und wie sich etwa die Repertoires von erfahrenen und unerfahrenen Managern unterscheiden. Auf diese Analyse lassen sich schließlich empirisch gesättigte Best-Practice-Trainings für das Führungshandeln in Manager- und Leaderrollen ableiten. Solche Konzepte liegen bereits vor für die Analyse und Vermittlung von Gesprächskompetenz (Becker-Mrotzek/ Brünner 2004) und von Textproduktionskompetenz professioneller Kommunikatoren (Jakobs/Perrin 2007 im Druck).

Über dieses Berufsfeld-praktische Forschungsinteresse hinaus würde eine systematische Analyse der Schreibprozesse von Führungskräften theoretisch interessante Einblicke ermöglichen in eine bisher kaum erfasste Variante domänenspezifischen Schreibens (Adamzik et al. 1997). Manager sind schreibende Experten, die ihre Schreibkompetenzen, oft wohl eher unbewusst und ungesteuert als bewusst und gesteuert, auf Praktiken ausrichten, die ihr Berufsfeld und ihren Berufserfolg prägen. Daran hat sich seit Francesco di Marco Datinis 140 000 Briefen nichts geändert. Am Schreibwerkzeug und an möglichen Forschungsfenstern dagegen schon.

Literatur

Adamzik, Kirsten/Antos, Gerd/Jakobs, Eva-Maria (1997): Domänen- und kulturspezifisches Schreiben. Einleitung und Überblick. In Adamzik, Kirsten/Antos, Gerd/Jakobs, Eva-Maria (Hrsg.), Domänen- und kulturspezifisches Schreiben. Frankfurt am Main: Lang, 1-6

Bargiela-Chiappini, Francesca/Nickerson, Catherine (Eds.) (1999): Writing business. Genres, media and discourse. Harlow: Pearson Education

Becker-Mrotzek, Michael/Brünner, Gisela (Hrsg.) (2004): Analyse und Vermittlung von Gesprächskompetenz. Frankfurt am Main: Lang

Bolden, Richard/Gosling, Jonathan (2006): Leadership Competencies: Time to Change the Tune? In: Leadership, 2(2), 147-163

Bondi, Marina (2005): People in business. The representation of self and multiple identities in business e-mails. In Gillaerts, Paul/Gotti, Maurizio (Eds.): Genre variation in business letters. Bern et al.: Lang

Böning, Uwe (2006): Executive-Coaching: „Formel 1"-Coaching oder „Business as usual"? In Lippmann, Eric (Ed.): Coaching. Angewandte Psychologie für die Beratungspraxis. Heidelberg: Springer, 83-100

Du-Babcock, Bertha/Babcock, Richard D. (2006): Developing linguistic and cultural competency in international business communication. In Palmer-Silveira, Juan Carlos/Ruiz-Garrido, Miguel F./Fortanet-Gómez, Inmaculada (Eds.): Intercultural and international business communication. Theory, research, and teaching. Bern et al.: Lang

Fairhurst, Gail T. (2005): Reframing The Art of Framing: Problems and Prospects for Leadership. In: Leadership, 1(2), 165-185

Flyvholm Jørgensen, Paul Erik (2005): The dynamics of business letters. Defining creative variation in established genres. In Gillaerts, Paul/Gotti, Maurizio (Eds.): Genre variation in business letters. Bern et al.: Lang

Galbraith, David (1996): Self-monitoring, discovery through writing and individual differences in drafting strategy. In Rijlaarsdam, Gert/Van den Bergh, Huub/Couzijn, Michael (Eds.): Theories, models and methodology in writing research. Amsterdam: Amsterdam University Press, 121-144

Garnzone, Giuliana (2005): Letters to shareholders and chairman's statements. Textual variability and generic integrity. In Gillaerts, Paul/Gotti, Maurizio (Eds.): Genre variation in business letters. Bern et al.: Lang

Hargie, Owen/Dickson, David (2007): Are important corporate policies understood by employees? A tracking study of organizational information flow. In: Journal of Communication Management, 11(1), 9-28

Jakobs, Eva-Maria (2006): Texte im Beruf. Schreiben, um verstanden zu werden? In Blühdorn, Hardarik/Breindl, Eva/Waßner, Ulrich Hermann (Hrsg.): Text – Verstehen. Grammatik und darüber hinaus. Berlin et al.: de Gruyter, 310-326

Jakobs, Eva-Maria/Perrin, Daniel. (2008 in print): Training of writing and reading. In Rickheit, Gert/Strohner, Hans (Eds.): The Mouton-de Gruyter Handbooks of Applied Linguistics: Communicative competence (Vol. 1). New York: Mouton de Gruyter
Jörg, Petra (2007): Interview mit Dr. Petra Jörg, Managing Director, Rochester – Bern Executive MBA Program. Bern
Levy, C. Michael/Ransdell, Sarah (1996): Writing signatures. In Levy, C. Michael/Ransdell, Sarah (Eds.): The science of writing. Theories, methods, individual differences and applications. Mahwah: Erlbaum, 127-148
Ludwig, Otto (2005): Geschichte des Schreibens [Von der Antike bis zum Buchdruck; Bd. 1]. Berlin et al.: de Gruyter
Melenhorst, Mark/Van der Geest, Thea/Steehouder, Michaël (2005): Noteworthy observations about note-taking by professionals. In: Journal of Technical Writing and Communication, 35(3), 317-329
Minto, Barbara (2005): Das Prinzip der Pyramide. Ideen klar, verständlich und erfolgreich kommunizieren. München: Pearson
Nickerson, Catherine/De Groot, Elizabeth (2005): Dear shareholder, dear stockholder, dear stakeholder. The business letter genre in the annual general report. In Gillaerts, Paul/Gotti, Maurizio (Eds.): Genre variation in business letters. Bern et al.: Lang
Ongstad, Sigmund (2005): Enculturation to institutional writing. In Kostouli, Triantafillia (Ed.): Writing in context(s). Textual practices and learning processes in sociocultural settings. Amsterdam et al.: Elsevier, 49-68
Origo, Iris (1993[3]): „Im Namen Gottes und der Geschäfte". Lebensbild eines toskanischen Kaufmanns der Frührenaissance. Francesco di Marco Datini 1335-1410. München: Beck
Ortner, Hanspeter (1995): Die Sprache als Produktivkraft. Das (epistemisch-heuristische) Schreiben aus der Sicht der Piagetschen Kognitionspsychologie. In Baurmann, Jürgen/ Weingarten, Rüdiger (Hrsg.): Schreiben. Prozesse, Prozeduren und Produkte. Opladen: Westdeutscher Verlag, 320-342
Ortner, Hanspeter (2000): Schreiben und Denken. Tübingen: Niemeyer
Ortner, Hanspeter (2002): Schreiben und Wissen. Einfälle fördern und Aufmerksamkeit staffeln. In Perrin, Daniel/Boettcher, Ingrid/Kruse, Otto/Wrobel, Arne (Hrsg.): Schreiben. Von intuitiven zu professionellen Schreibstrategien. Wiesbaden: Westdeutscher Verlag, 63-82
Palaigeorgiou, G. E./Despotakis, T. D./Demetriadis, S./Tsoukalas, I. A. (2006): Synergies and barriers with electronic verbatim notes (eVerNotes): note taking and report writing with eVerNotes. In: Journal of Computer Assisted Learning, 22(1), 74
Perrin, Daniel (2006a): Courseware: The art of communication I. Unpublished manuscript, Bern
Perrin, Daniel (2006b): Progression analysis: An ethnographic, computer-based multimethod approach to investigate natural writing processes. In Van Waes, Luuk/Leijten, Mariëlle/Neuwirth, Chris (Eds.): Writing and digital media. Amsterdam et al.: Elsevier, 175-181
Perrin, Daniel/Rosenberger, Nicole (2005): Schreiben im Beruf. Wirksame Texte durch effiziente Arbeitstechnik. Berlin: Cornelsen Pocket Business

Pogner, Karl-Heinz (2003): Writing and interacting in the discourse community of engineering. In Perrin, Daniel (Ed.): The pragmatics of writing. [Journal of Pragmatics. Special Issue 35/6], 855-867

Price, Jonathan (1999): Outlining goes electronic. Stamford: Ablex/Greenwood

Rodriguez, Henry/Severinson-Eklundh, Kerstin (2006): Visualizing patterns of annotation in document-centered collaboration on the web. In Van Waes, Luuk/Leijten, Mariëlle/Neuwirth, Chris (Eds.): Writing and digital media. Amsterdam et al.: Elsevier, 131-144

Schneider, Barbara (2002): Theorizing structure and agency in workplace writing. An ethnomethodological approach. In: Journal of Business and Technical Communication, 16(2), 170-195

Selzer, Jack (1993): Intertextuality and the writing process. In Spilka, Rachel (Ed.): Writing in the workplace. In: New research perspectives. Carbondale: Southern Illinois University Press, 171-180

Severinson-Eklundh, Kerstin (1992): The use of „idea processors" for studying structural aspects of text production. In Lindeberg, Ann-Charlotte/Enkvist, Nils Erik/Wikberg, Kay (Eds.): Nordic research on text and discourse – Nordtext Symposium 1990. Abo: Abo Academy Press, 271-287

Smythe, Elizabeth/Norton, Andrew (2007): Thinking as Leadership/Leadership as Thinking. In: Leadership, 3(1), 65-90

Solbjørg Skulstad, Aud (2006): Genre analysis of corporate communication. In Palmer-Silveira, Juan Carlos/Ruiz-Garrido, Miguel F./Fortanet-Gómez, Inmaculada (Eds.): Intercultural and international business communication. Theory, research, and teaching. Bern et al.: Lang

Spilka, Rachel (Ed.) (1993): Writing in the workplace. New research perspectives. Carbondale: Southern Illinois University Press

Spranz-Fogasy, Thomas (2002): Was macht der Chef? Der kommunikative Alltag von Führungskräften in der Wirtschaft. In Becker-Mrotzek, Michael/Fiehler, Reinhard (Hrsg.): Unternehmenskommunikation. Tübingen: Narr, 209-230

Spranz-Fogasy, Thomas (2005): Wer redet, führt. Wie Führungskräfte kommunizieren. komma – kommunikation & management(2)

Tapper, Joanna (2000): Preparing university students for the communicative attributes and skills required by employers. In: Australian Journal of Communication, 27(2), 111-130

Van der Geest, Thea (1996): Professional writing studied. Authors' accounts of planning in document production processes. In Sharples, Mike/Van der Geest, Thea (Eds.): The new writing environment. Writers at work in a world of technology. London et al.: Springer, 7-24

Van Waes, Luuk/Schellens, Peter Jan (2003): Writing profiles: the effect of the writing mode on pausing and revision patterns of experienced writers. In Perrin, Daniel (Ed.): The pragmatics of writing. [Journal of Pragmatics. Special Issue 35/6], 829-853

Wolfe, Joanna (2002): Annotation technologies: A software and research review. In: Computers and Composition, 19(4), 471-497

Yli-Jokopii, Hilkka (2005): An integrated analysis of interactive business writing. In Gillaerts, Paul/Gotti, Maurizio (Eds.): Genre variation in business letters. Bern et al.: Lang

Zhu, Yunxia (2005): Written communication across cultures. A sociocognitive perspective on business genres. Amsterdam et al.: Benjamins

Zhu, Yunxia (2006): Cross-cultural genre study. A dual perspective. In Palmer-Silveira, Juan Carlos/Ruiz-Garrido, Miguel F./Fortanet-Gómez, Inmaculada (Eds.): Intercultural and international business communication. Theory, research, and teaching. Bern et al.: Lang

Qualitätssicherung in einer Tageszeitung durch Schreibtraining für die Redaktion

Otto Kruse

Writing Training for the Editorial Staff as a Measure of Quality Assurance in a Daily Newspaper
With the aim to improve the verbal quality of the Aargauer Zeitung we conducted seminars about process oriented writing for the whole editorial staff. The seminars lasted a few days and were conducted between April and July 2006. The concept of this educational measure rested upon exercises to enable communication about all phases of the journalistic writing process and allow a shared starting point. The accompanying evaluation shows that all of the eight groups accepted the seminar as helpful, but not to the same extent. In retrospect, 65.4 % of the participants estimated the impact of the seminar as high or very high, 32.7% saw the measure as partly important. Most participants wished especially for a sustainable improvement of the feedback culture in the everyday life of the editorial staff. The most frequent critique aimed at the lacking proximity of the measure to everyday writing.
For the further professionalization of the Aargauer Zeitung more than 90% of the participants wished for "better titles", "improved verbal expressions", and "more and better feedback". An analysis of verbal problems and errors in text samples from the Aargauer Zeitung before (March 2006) and after (September 2006) the educational measure showed that most errors belonged to the category "imprecise verbalization", followed by orthography and punctuation mistakes, problems with connectors, and grammatical errors. There are more errors to be found in the regional sections of the paper than in the common front section (Mantelteil). There was a slight decrease in the number of errors between the March and the September sample. The study implies – as the next measures of quality assurance – to establish a more efficient way for final checks and a dynamic feedback system for the sustainable self-qualification.

1 Einführung

Die Professionalisierung des Schreibens hat auch die traditionellen Schreibberufe erreicht. Journalisten können ihr Produkt nur durch Schreiben herstellen. Dennoch sind im deutschsprachigen Raum erst in den letzten Dekaden Aus- und Weiterbildungsformen für Journalisten entstanden, in denen das Schreiben ausdrücklich Unterrichtsbestandteil ist. Für die meisten berufstätigen Journalisten der älteren Jahrgänge gilt jedoch, dass sie in ihrer ganzen beruflichen Karriere nicht mehr eine Handvoll Unterrichtstage zum Thema Schreiben hatten. Nur aus dieser Überlegung heraus kann man verstehen, warum die Redaktionsleitung der größten Schweizer Regionalzeitung zu dem Entschluss gelangt ist, einen Schreibkurs anzuberaumen, dessen Besuch für alle journalistischen Mitarbeiterinnen und Mitarbeiter Pflicht war. Darunter waren nicht wenige, die seit dreißig oder gar vierzig Jahren vom Schreiben leben.

Die Aargauer Zeitung ist die drittgrößte Kaufzeitung der Schweiz und deckt die ganze Region Nordwestschweiz ab. Sie besitzt einen Mantelteil, der in der zentralen Redaktion in Baden hergestellt wird und acht Regionalteile, die jeweils von einer eigenen Lokalredaktion produziert werden. Die Auflage von 214.000 Exemplaren erreicht eine Leserschaft von 450.000 Personen (Stand November 2006). Die Zeitung ist in privater Hand, jedoch sind einige Lokalredaktionen selbständig und mit einem Kooperationsabkommen der Zeitung verbunden. Verleger Peter Wanner wurde 2006 von der Zeitschrift „Schweizer Journalist" zum „Verleger des Jahres" gewählt.

Das Projekt von dem hier berichtet wird – im internen Sprachgebrauch „Projekt Pulitzer" genannt – hatte zum Ziel, durch eine Weiterbildung eine Grundlage für ein gemeinsames Verständnis journalistischer Schreibprozesse für alle Redaktionsmitglieder der Aargauer Zeitung (AZ) zu schaffen. Anlass des Projekts waren Klagen über die geringe sprachliche Qualität der AZ, die den Verleger dazu motivierten, die entsprechenden finanziellen Mittel bereit zu stellen. Die Projektgruppe[1] entschloss sich, nicht lediglich die sprachliche Qualität zu optimieren, sondern zu versuchen, eine nachhaltige Veränderung der Kommunikation und der Kooperation in der Redaktion zu induzieren. Gefördert werden sollte dadurch ein vertieftes Verständnis der individuellen Schreibstrategien, der Kooperation beim Schreiben und der sprachlichen Qualität von Texten. Eine diesem Projekt vorausgehende Untersuchung von Jörg Meier (2005) war zu dem Ergebnis gekommen, dass die wenigsten Redakteurinnen und Redakteure eine wie auch immer geartete Schreibausbildung oder eine journalistische Ausbildung genossen haben. Den meisten von ihnen fehlt eine kontinuierliche Reflexion von Texten und Sprache im Team. Im Alltag sind Journalistinnen und Journalisten Einzelkämpfer, die parallel zueinander jeweils am eigenen Text arbeiten. Feedback, Textbesprechungen, Textkritik fallen regelmäßig dem Termin- und Abgabedruck zum Opfer.

Das Projekt ist seinem Charakter nach als ein Beitrag zum Qualitätsmanagement zu sehen. Qualitätsmanagement zielt, allgemein gesagt, darauf ab, ein Produkt in konstanter Güte herzustellen und kann dafür eine ganze Palette von Mitteln einsetzen, die den Produktionsprozess oder die Organisation der Arbeit an unterschiedlicher Stelle beeinflussen. In Printmedien kann man ansetzen:

- an der sprachlichen Qualität der Texte (z. B. Fehlerreduktion durch ein Korrektorat, journalistische Weiterbildung in den zentralen Textsorten)
- an der inhaltlichen Ausrichtung (Spartenportfolio, Themenspektrum, Aktualität)

---

1 Die internen Mitglieder der Projektgruppe waren Jörg Meier, Hans Fahrländer und Max Fischer. Otto Kruse war externer Berater und führte die Weiterbildung jeweils in Zusammenarbeit mit einem der internen Projektmitglieder durch.

- an der Gestaltung der Abläufe der Textherstellung (z. B. durch ein Newsdesk)
- am Adressatenbezug (regionale Ausrichtung, Zielgruppenanalyse, Leserpartizipation usw.)
- an der Gestaltung (Layout, Fotomaterial, Bild-Text-Verschränkung, Farben usw.)

Der in diesem Projekt gewählte Ansatz zielt in erster Linie darauf ab, den Prozess der Textproduktion zu optimieren. Der Textproduktionsprozess nimmt von allen Handlungen eines Journalisten die meiste Zeit in Anspruch und ist darüber hinaus dessen eigentlich wertschöpfende Tätigkeit. Der Ansatz geht von der Annahme aus, dass viele Formen des Qualitätsmanagements, die eben angesprochen wurden, erst dann richtig greifen können, wenn die redaktionellen Mitarbeiterinnen und Mitarbeiter bereit sind, ihr eigenes Schreibverhalten zur Disposition zu stellen und neue Wege der kooperativen Textproduktion und der Textoptimierung zu beschreiten. Das angebotene Programm sollte an der traditionell individualistischen Arbeitsform ansetzen, in der Texte unter hohem Druck termingerecht fertig gestellt werden, ohne dass kooperative Möglichkeiten der Textoptimierung (durch Feedback, Gegenlesen) ausreichend in Anspruch genommen werden.

Das Projekt war nicht darauf ausgerichtet, die journalistischen Standard-Textformen (Nachricht, Bericht, Kommentar, Glosse, Reportage, Feature usw.) zu trainieren oder normative Vorgaben für die Textproduktion zu vermitteln. Für ersteres hätte wesentlich mehr Zeit aufgewandt werden müssen, während für letzteres eine andere Arbeitsform nötig gewesen wäre. Das Projekt zielte vielmehr darauf, die Kommunikation über das Schreiben zu verbessern, als das Schreiben selbst. Dies sollte dadurch ermöglicht werden, dass die Teilnehmenden durch Kreativitätsübungen unterschiedlicher Art mit zentralen Aspekten des Schreibprozesses konfrontiert und dadurch zur Kommunikation darüber angeregt werden.

Um die Wirksamkeit der Weiterbildung sicher zu stellen, wurden alle Mitglieder der Redaktion zu einer Teilnahme verpflichtet, obwohl zu vermuten war, dass nicht alle dies als Chance auffassen würden. Zwischen April und Juli 2006 wurden acht Seminare mit jeweils 12-15 Teilnehmenden durchgeführt. Die ressortübergreifende Zusammensetzung der einzelnen Seminare sollte darüber hinaus Gelegenheit geben, auf zwanglose Weise Beziehungen zu Kolleginnen und Kollegen aufzufrischen oder neu aufzubauen. Da die AZ gerade ihr hundertjähriges Bestehen feierte, wurde der Anlass auch als eine Art Belohnung für die Mitarbeiter angesehen und in einem Vier-Sterne Hotel am Vierwaldstätter See durchgeführt.

Welche Arten von Veränderungen mit einem solchen Angebot induziert werden können und wie eine Redaktion auf einen verordneten Schreibkurs reagiert, war nicht vorauszusehen. Deshalb wurde das Weiterbildungsangebot intensiv evaluiert, sowohl nach jedem Kurs als auch zwei Monate nach Ende der Maßnahme. Dabei bot sich auch die Gelegenheit die Redaktionsmitglieder zu weiteren Schritten des Qualitätsmanagements in der AZ zu befragen. Als flankierende Maßnahme wurde eine Analyse der Fehlerhäufigkeit in Texten der AZ vor und nach der Weiterbildung vorgenommen, die Hinweise darauf geben sollte, wo Handlungs- und Qualifizierungsbedarf besteht.

Die Studie wurde durch drei unterschiedliche Maßnahmen evaluiert:
1. Es wurde eine Begleitevaluation unmittelbar nach Ende jedes der acht Kurse durchgeführt (n = 102).
2. Eine Nachbefragung wurde drei Monate nach Ende des letzten Kurses (n = 52) durchgeführt.
3. Eine Stichprobe von Texten der AZ wurde nach ihrer Fehlerhäufigkeit analysiert und zwar unmittelbar vor der Maßnahme (der Weiterbildung/dem Schreibtraining?) und zwei Monate nach ihrer Beendigung (September 2006). Dazu werden Textstichproben von jeweils 1.200 Wörtern aus elf aufeinander folgenden Tagen der AZ gezogen. Jeweils zur Hälfte wurden die Texte aus dem Mantelteil und aus den Regionalteilen genommen. Längere Artikel und Kurzmeldungen wurden etwa gleichgewichtig berücksichtigt.

2 Themen der Weiterbildung

Der Kurs wurde nach den gängigen Kriterien der Erwachsenenbildung organisiert und wie ein erfahrungszentriertes Schreibtraining (vgl. Kruse/Ruhmann 2006) aufgebaut, in dem die Teilnehmenden selbst Texte schreiben und anschließend den Herstellungsprozess, die Texte, und die Schritte der Textoptimierung reflektieren. Grundsätze der Kreativitätsarbeit wurden dabei ebenso beachtet wie Prinzipien der Gruppenarbeit. Folgende Themenblöcke wurden durchgeführt:

- *Schreibprozess:* Eine Übung, die alle einzelnen Schritte des Schreibprozesses durchläuft und sie dadurch der Wahrnehmung und der Kommunikation zugänglich macht. Dieser Block war Grundlage zur Diskussion individueller Schreibstrategien.
- *Feedback:* Die Teilnehmenden schrieben einen Kommentar und experimentierten mit verschiedenen Arten von Feedback, bevor sie den Text überarbeiteten.
- *Text-Reproduktion:* Die Teilnehmenden arbeiteten eine Pressemitteilung in eine Nachricht um und setzten sich dabei mit Fragen der Wissensgrundlagen des Journalismus, der Quellentreue, der Recherche und der kritischen Berichterstattung auseinander.
- *Beschreibung:* Die Teilnehmenden experimentierten mit Beschreibungen um sich Grundsätze bildhafter, anschaulicher Darstellungen vor Augen führen zu können.

- *Reportage:* Die Teilnehmenden führen ein Interview durch und schrieben eine Reportage dazu, um Fragen der Wirksamkeit einer Story und der narrativen Gestaltung journalistischer Texte diskutieren zu können.
- *Journalistische Sprache:* Die Teilnehmenden erarbeiteten anhand einer Sammlung von problematischen Textstellen aus der AZ Richtlinien für den Umgang mit Sprache. Die Ergebnisse wurden gesammelt und später der Redaktion wieder zugänglich gemacht.
- *Titel/Untertitel/Lead:* Die Teilnehmenden analysierten Titel der AZ (die jeweils in irgendeiner Weise nicht optimal waren), um dadurch induktiv zu Kriterien für die Titelgestaltung zu gelangen.
- *Transfer:* Die Teilnehmenden entwarfen Vorschläge dafür, welche Erkenntnisse des Kurses sie in den Redaktionsalltag übernehmen wollen.

3 Verlauf der Weiterbildung

Die Begleitevaluation ergab, dass der Kurs von den Teilnehmenden unmittelbar am Ende des Kurses sehr positiv bewertet wurde.

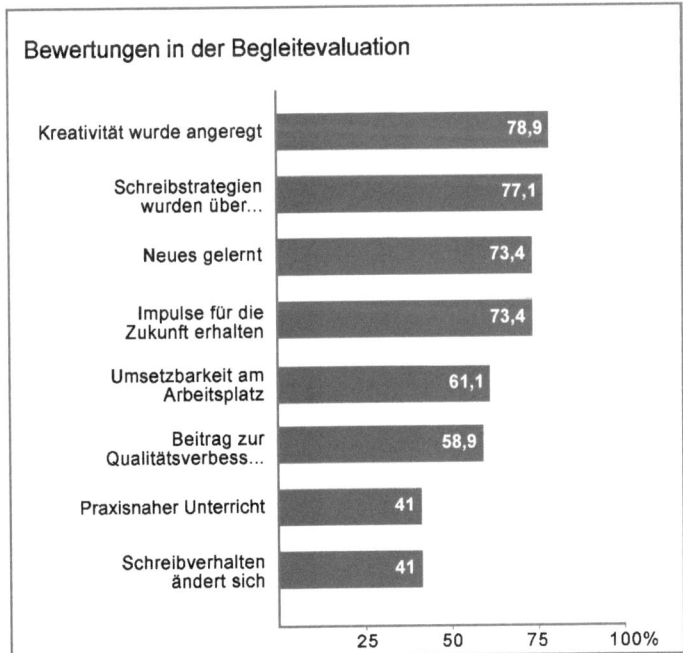

Abbildung 1: Rückmeldung zur Qualität des Kurses (Prozentangaben „stimmt genau" plus „eher ja")

Abbildung 1 zeigt, dass über 75 % der Teilnehmenden den Kurs als kreativitätsanregend erlebten und dass ebenso viele ihn als Gelegenheit nutzen konnten, ihre eigenen Schreibstrategien zu überprüfen. Über 70 % geben an, Neues gelernt und Impulse für die Zukunft erhalten zu haben. Die Umsetzung des Gelernten am Arbeitsplatz und dessen Nutzung für die Verbesserung der Qualität der AZ schien noch jeweils rund 60 % gelungen zu sein. „Praxisnah" dagegen fanden den Kurs nur noch etwas mehr als 40 % der Teilnehmenden. Genau so viele vermuteten, dass sich ihr Schreibverhalten nach dem Kurs effektiv ändern würde.

Betrachtet man die Ergebnisse für die acht Kurse separat, so ergibt sich ein differenzierteres Bild.

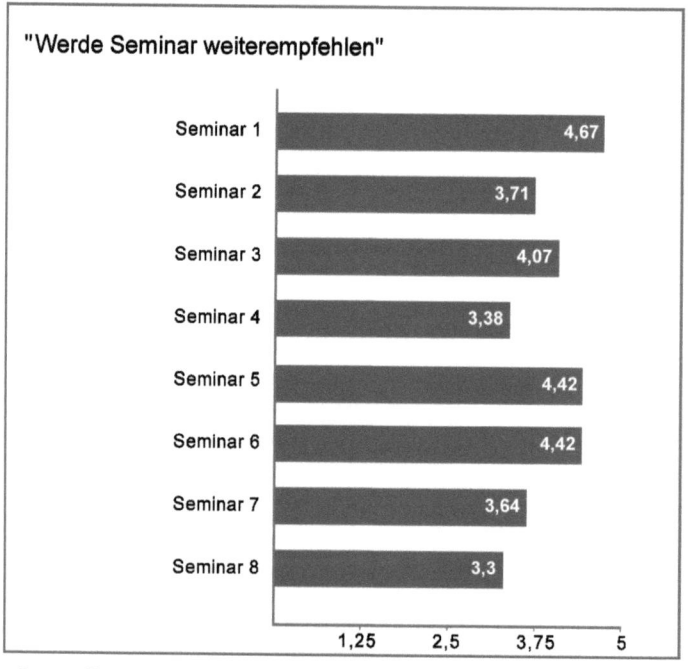

Abbildung 2: Gesamtbeurteilung des Seminars (1 = stimmt gar nicht, 5 = stimmt genau)

Hier zeigt sich (Abbildung 2), dass die Bewertungen von Kurs zu Kurs verschieden ausfielen. Für die Frage „Ich werde das Seminar weiter empfehlen", die hier als Indikator für die Gesamteinschätzung des Kurses verwendet wird, finden sich relativ hohe Werte für die Kurse 1, 5 und 6, während die Kurse 4, 7 und 8 etwas unter dem Durchschnitt liegen. Die Kurse 2 und 3 liegen zwischen diesen beiden Gruppen. Eine ähnliche Verteilung der Kurseinschätzungen findet sich auch für andere Antworten, so z. B.:

Qualitätssicherung in einer Tageszeitung durch Schreibtraining

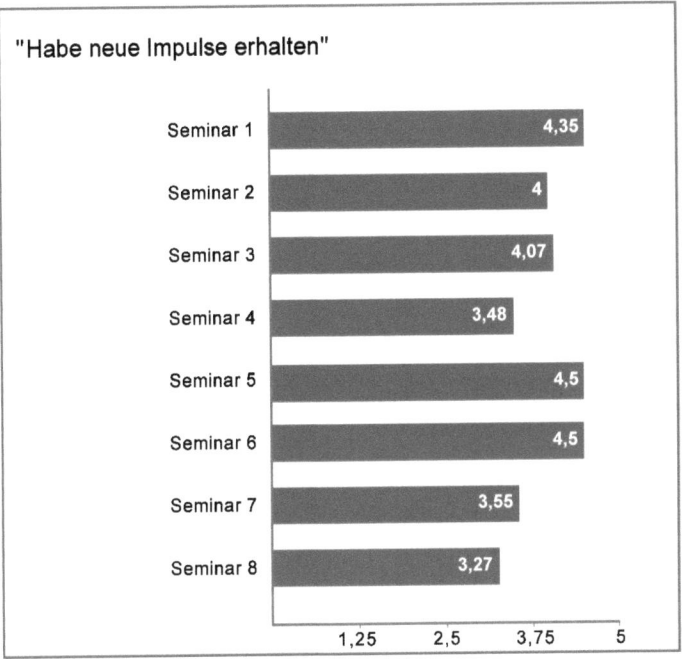

Abbildung 3: Beurteilung, ob das Seminar neue Impulse vermittelt hat (1 = stimmt gar nicht, 5 = stimmt genau)

Auch hier findet sich wieder das Muster, dass die Kurse 1, 5 und 6 besser bewertet werden und die Kurse 4, 7 und 8 schlechter abschneiden. Dies dürfte zu Lasten der Eigendynamik gehen, die jeder Kurs hat. Kommt ein konstruktiver Prozess zustande, fühlen sich die Teilnehmenden wohl, können kreativ werden, erleben die Beziehungen als positiver und können vom Leiter lernen. Bei einer weniger günstigen Gruppendynamik verschließen sich die Teilnehmenden eher, sind defensiv und können das Angebot weniger gut für eine persönliche Reflexion oder für die Erprobung neuer Kooperationsformen nutzen.

In der Nachbefragung ergeben sich einige Verschiebungen in der Bewertung (Abbildung 4). In der Gesamtbewertung schätzen 57.7 % der Befragten den Kurs im Rückblick als „gut" ein, jedoch nur 7.7 als „sehr gut". 32.7 % können immerhin ein „teils - teils" konstatieren. Wertlos fand den Kurs niemand.

Den größten Gewinn sahen die Teilnehmenden im Rückblick in der Auseinandersetzung mit dem Schreiben, mit dem Denken und mit den Kolleginnen und Kollegen (jeweils rund 80% antworteten mit „hat mir sehr gut gefallen" oder „hat mir eher gut gefallen"). Die Auseinandersetzung mit den Textformen oder mit der journalistischen Arbeit dagegen empfand jeweils knapp weniger als die Hälfte als wichtigen Bestandteil des Kurses (Abbildung 5).

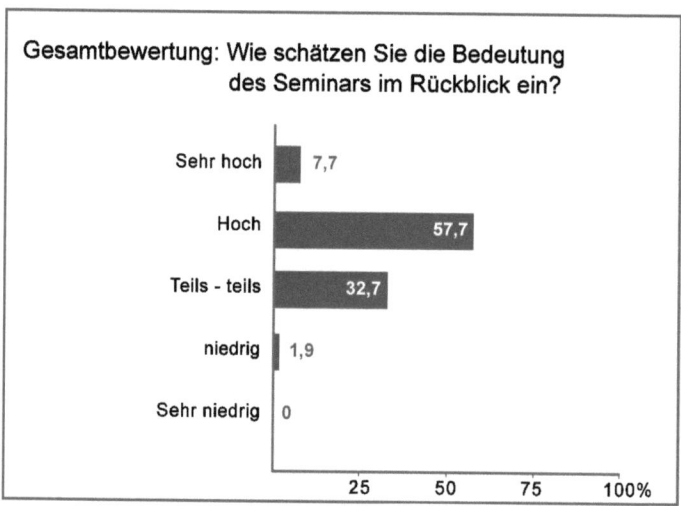

Abbildung 4: Gesamtbewertung des Seminars im Rückblick

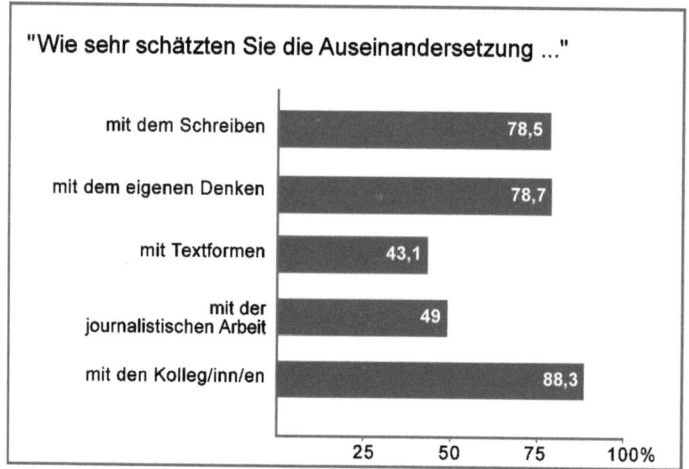

Abbildung 5: Einschätzung zentraler Inhalte in der Nachbefragung (Prozentsatz „hat mir sehr gut gefallen" plus „hat mir eher gut gefallen")

Aus den offenen Fragen der Nachbefragung ergab sich, dass unter dem, was die Teilnehmenden aus dem Kurs in den Alltag übernehmen, vor allem die „Verbesserung der Feedback-Kultur" im Vordergrund steht. Dieser Punkt wurde von den 52 Antwortenden zehn Mal genannt. Dazu gehören sowohl Aussagen, dass Feedback bereits in den Arbeitsalltag übernommen wurde als auch, dass mehr Feedback als nötig erachtet wird. Weitere Punkte, die einen Gewinn für den

Alltag bedeuten, beziehen sich vor allem auf ein verändertes, bewussteres Schreibverhalten. Hier einige Zitate aus dem Fragebogen:
- „…vor dem Schreiben mir mehr Gedanken über die Gliederung zu machen…"
- „…bewussterer Umgang mit Titeln und Untertiteln…"
- „…bin kritischer beim Lesen von Texten anderer Redaktoren."
- „…bin in meiner Arbeit und Arbeitsweise bestärkt worden."
- „…Konsequenteres Durchdenken der Textstruktur"
- „…mehr reden über das Schreiben…"
- „…Schritte der Textproduktion bewusster gestalten."
- „…genauere Textdramaturgie durchdenken…"
- „…neue Ideen in Bezug auf die persönliche Schreibe sowie die Textformen."
- „Wichtig war für mich…die Auseinandersetzung im Team, das sollte in der AZ vermehrt passieren."
- „…Kurs eröffnete neue Sichtweisen, ermöglichte einem eine Analyse des eigenen Standorts … förderte den Gedanken- und Erfahrungsaustausch."
- „…reflektieren der eigenen Arbeit war sinnvoll."

In der Nachbefragung wurde auch nach kritischen Einschätzungen gefragt. Hier dominierte bei den Antworten eindeutig die Position, dass der Kurs zu wenig zeitungsbezogen gewesen sei. Hier einige typische Äußerungen:
- „…Kurs war zu allgemein, zu sehr auf Sprache, Erzählen ausgerichtet."
- „…Kursinhalte waren…zu oberflächlich ausgerichtet."
- „…Praxisbezug zur Tageszeitung völlig vermisst…"
- „Kurs hat handwerkliche Schreib-Tätigkeiten gestreift, aber leider keine richtigen Handlungsanleitungen aufgezeigt."
- „Mehr Arbeit an vorliegenden Texten und Kritik statt abstrakter Diskussion.."
- „…zu schwammig, zu breit, zu grundsätzlich angelegter Kursablauf."
- „Der Dozent hinterfragte sich und seine Ansichten des öfteren selbst…was dem Lerneffekt nicht unbedingt förderlich war."

Hier deutet sich auch an, dass einige Teilnehmende sich einen weniger diskursiv angelegten Kurs gewünscht hätten, der klare Anleitung gibt und unverrückbare Wahrheiten verkündet. Ein Wunsch, der von vielen, nicht nur in der Nachbefragung geäußert wurde, ist der nach intensiver Textarbeit und mehr Textkritik. Dies spricht für eine Vorgehensweise, die weniger als Schreibkurs, denn als Text- oder Kommunikationswerkstatt angelegt ist und in der ein Austausch über Textverständnis, Textnormen und Sprache stattfinden kann, der mehr an aktuellen Texten aus der Praxis ausgerichtet ist als an Übungstexten, die im Kurs geschrieben wurden.

Ansätze für weitere Schritte des Qualitätsmanagements

Als Schritte zu einer weiteren Professionalisierung der AZ wünschen sich jeweils 92% eine Arbeit an den Titeln und an der Sprache der AZ. Auch die Verbesserung des Feedbacks (90.4%), interessantere Texte (84.7%) und bessere interne Kommunikation (78.9%) sind noch stark befürwortete Richtungen, in die eine Verbesserung der AZ nach Meinung ihrer Redakteurinnen und Redakteure laufen könnte (Abbildung 6).

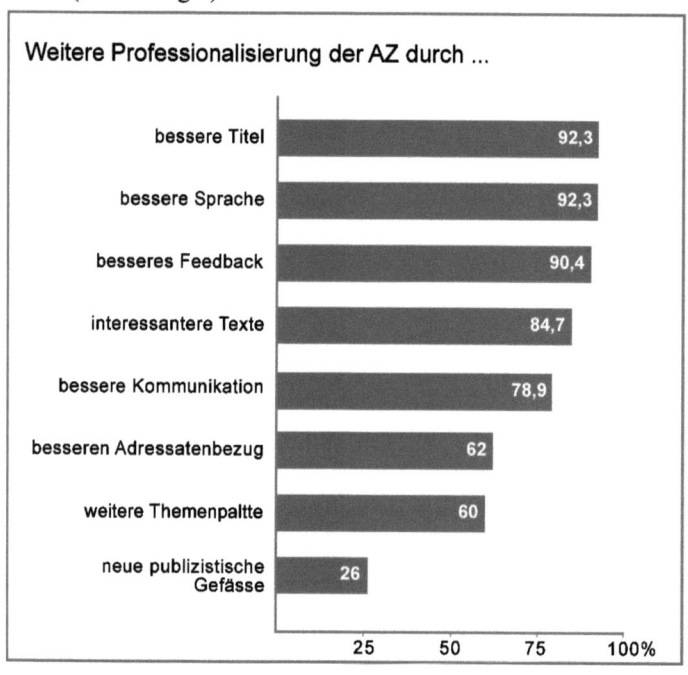

Abbildung 6: Schwerpunkte in der weiteren Professionalisierung der AZ im Urteil der Befragten (Prozentsatz „stimmt genau" plus „stimmt eher").

4 Fehleranalyse

Um die Wirksamkeit des Seminars und der damit angestoßenen Formen des Qualitätsmanagements zu prüfen, wurde eine Fehleranalyse vorgenommen. Zwar war, wie eingangs erwähnt, gar nicht unbedingt zu erwarten, dass eine Weiterbildungsveranstaltung über prozessorientiertes Schreiben unmittelbare Auswirkungen auf die Textqualität hat, schon gar nicht auf eine Reduktion von sprachlichen Mängeln. Dennoch war zu erwarten, dass eine solche Analyse detaillierten

Aufschluss über Qualitätsdefizite auf der sprachlichen Ebene gibt. Die Analyse wurde folgendermaßen vorgenommen:
- Verglichen wurden zwei Zeitausschnitte im März und September.
- Analysiert wurden Stichproben von 1.200 Wörtern aus jeweils elf aufeinander folgenden Ausgaben der AZ.
- Die ausgewählten Artikel stammten jeweils zur Hälfte aus dem Mantelteil und den Regionalteilen.
- Längere Berichte und Kurzmeldungen waren in der Auswahl gleichgewichtig vertreten.
- Die Fehlerkategorien wurden implizit entwickelt; vorhandene Fehlerkategorisierungen schienen uns zu sehr auf sprachnormative und zu wenig auf textliche und inhaltliche Probleme einzugehen.
- Zwei Beurteilerinnen kodierten die Texte zunächst unabhängig voneinander, dann diskutierten sie abweichende Codierungen und vereinheitlichten sie.

Fehlerkategorien	
F	*unpräzise Formulierung:* Diese Kategorie umfasst keine sprachliche Fehler im engeren Sinne, sondern einfach unpräzise Sachdarstellungen, meist durch entsprechend vage, dem Kontext nicht angemessene Begriffe und Ausdrücke.
RZ	*Rechtschreibung/Zeichensetzung:* Diese Kategorie umfasst alle Arten von Rechtschreibefehlern und Fehlern der Zeichensetzung, so weit sie in den Rechtschreibenormen unzweideutig verlangt werden. Da Rechtschreibefehler manchmal von Grammatikfehlern (z. B. als Fallfehler) nicht unterscheidbar sind, wurden mitunter „halbe" Punkte für Rechtschreibefehler vergeben.
K	*Konnektoren:* Diese Kategorie umfasst alle Fehler, die mit den logischen Verknüpfungen verbunden sind, die durch Konjunktionen (z. B. weil, dass, wogegen, und, indessen usw.) ausgedrückt werden.
g/G	*Grammatische Problemstellen:* Hiermit sind „kleine" Fehler z. B. Artikelfehler, Fallfehler, falsche Präpositionen gemeint. Getrennt kategorisiert wurden „große" Fehler, die mit weiteren Problemen der Satzkonstruktion verbunden sind. Es stellte sich heraus, dass in diesen Fällen meist eine andere Kategorisierung (vor allem TS und K) vorzuziehen war.
T	*Tempus:* Alle Fehler, die mit den Tempora zusammenhängen.
Th	*Thema/Rhema:* Verstöße gegen die Konventionen der Rhematisierung von Informationen (d. h. der Einführung von neuen Informationen im Verhältnis zu bereits bekannten).

Fehlerkategorien	
Tk	*Textkonventionen:* Verstöße gegen die Konventionen einer Textsorte, z. B. parenthetische Erläuterung von Begriffen in einer Lokalmeldung, direkte Leseranrede etc.
S	*Sprechersignalisation:* Verstöße gegen die Regeln des Verweisens auf andere Sprecher (z. B. Pressemitteilung, Interviewpartner).
Ts	*Textstrukturelle Mängel:* Inkonsistente Schreibweisen oder Benennungen wie z. B. geschlechterneutrale Schreibweise, Zahlen usw.
R	*Register:* Ungebräuchliche oder wechselhafte Sprachmuster (z. B. Alltagssprache oder Jugendsprache)
M	*Metaphern:* Missglückte oder inkonsistente Metaphern.
Ti	verknappte Titel: Zu stark reduzierte Titel, die ohne Kontextinformation nicht verständlich sind.
L	*Lesbarkeit:* Syntaktisch missglückte (aber grammatikalisch korrekte) Konstruktionen, die die Lesbarkeit des Textes beeinträchtigen.
Ü	*Übrige:* Sammelkategorie für nicht zuordenbare Fehler.

Tabelle 1: Fehlerkategorien

Nicht alle Fehlerkategorien treten so häufig auf, dass sie in unserem Textkorpus sinnvoll betrachtet werden können. Abbildung 7 auf der nächsten Seite zeigt, in welcher Häufigkeit die einzelnen Fehler in der Analyse der Textstrichprobe im September auftraten.

Hier zeigt sich, dass die meisten Probleme nicht als sprachliche Fehler zu bezeichnen sind, sondern als unpräzise Formulierungen, also durch Begriffe oder Ausdrücke zustande kommen, die in einem Darstellungszusammenhang unbestimmt, unverständlich, unklar oder ungebräuchlich sind.

Die Probleme, die mit einer Fehlerkategorisierung verbunden sind, lassen sich in dem Ausschnitt in Abbildung 8 demonstrieren.

In der Codierung werden einige Passagen eindeutig als Fehler identifiziert, so der Tempusfehler im ersten Satz (Hier darf kein Plusquamperfekt stehen, sondern muss das Präteritum verwendet werden). Im zweiten Satz kann man unterschiedliche Fehler anmerken. Hier kann man, wie erfolgt, das „werden" als unpräzisen Ausdruck und das „bieten" als Grammatikfehler ansehen. Man könnte aber auch argumentieren, dass der Verfasser nur ein „wachsen" vergessen hat, was dem Satz sofort Sinn verleihen würde („…werden die Rosenbüsche in wenigen Jah-

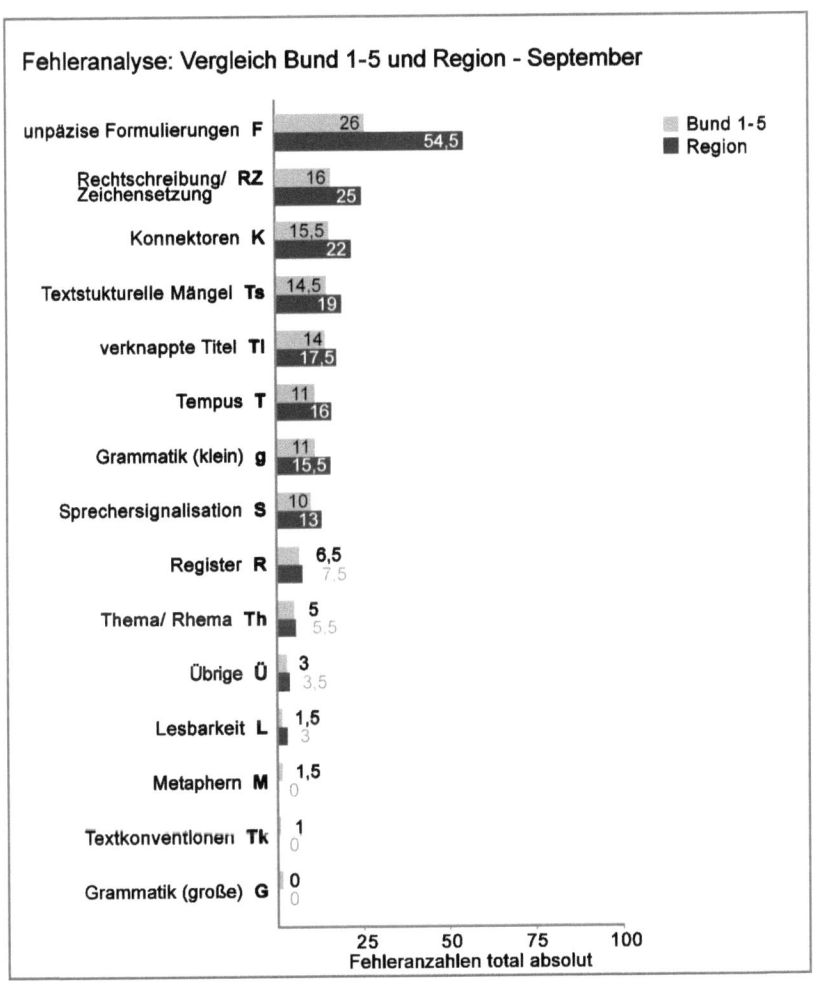

Abbildung 7: Auftretenshäufigkeit der einzelnen Fehlerkategorien

Jahren zu einer dichten Hecke *wachsen* und dabei zahlreichen Tierarten Schutz und Nahrung bieten.")

Auch im nächsten Satz ist eine Problemstelle enthalten, denn der Ausdruck „Bei der Einweihung im Rahmen der Badener Umweltwochen" lässt offen, was eingeweiht wird. In jedem Feedback würde man dies ansprechen, als Fehler ist es nicht unbedingt zu bezeichnen (hier befindet man sich in einer Grauzone). Bei der Passage „Fuchs und Marder, zwei Hagebuttenfresser, sowie zahlreiche Gäste

> **Wilde Rosen gepflanzt** _
>
> BADEN Diese Woche hatte [T] das Stadtforstamt an einem Waldrand in der Allmend 120 Wildrosenb üsche gepflanzt. Heute noch klein und unscheinbar, werden [F][1] die Rosenb üsche in wenigen Jahren zu einer dichten Hecke und dabei zahlreichen Tierarten Schutz und Nahrung bieten [g][2]. Bei der Einweihung im Rahmen der Badener Umweltwochen [TK] [3] demonstrierte Martin Bolliger vom Naturama, wie Stecklinge gezogen werden. Fuchs und Marder, zwei Hagebuttenfresser, sowie zahlreiche G äste [F] [4] folgten ihm gespannt. Die Badener Umweltwochen dauern noch bis zum 13. September. *(pc)* _
>
> [1] "...wachsen"
> [2] sollte gleich nach "und" stehen.
> [3] Hier versteckt sich der Anlass für die Berichterstattung (=was gibts Neues anlässlich der Badener Umweltwochen). Ein entsprechender Verweis auf den grösseren Kontext befindet sich üblicherweise im ersten Satz.
> [4] Hier ist fraglich, ob "unpräziser Ausdruck" die passende Kategorie ist, es hätte auch ein Verstoss gegen die Textsortenkonventionen (unmarkierter Humor) gewählt werden können.

Abbildung 8: Beispiel für Fehlerkodierung

folgten ihm gespannt", versagt die Fehlercodierung weitgehend, denn dies ist eine völlig unklassifizierbare Fehlerart (vermutlich ist die Passage als missglückter (?) Humor zu verstehen). Allerdings ist auch dann unklar, wer mit „Fuchs und Marder" gemeint ist und wer die Hagebuttenfresser sind. Die Passage wurde mit „F" codiert, hätte aber auch als Verstoß gegen Textsortenkonventionen (TK) gewertet werden können. Die meisten Fehlerarten sind weniger kompliziert als dieses Beispiel nahe legt.

Vergleicht man Mantelteil und Regionen miteinander, findet man einen durchgängig höheren Fehleranteil im Regionalteil. Unpräzise Formulierungen findet man doppelt so häufig, bei den übrigen Kategorien finden sich Fehler bis zu 50% häufiger in den Regionalausgaben. Diese Tendenz ist auch in den Daten vom März enthalten, jedoch nicht so einseitig gerichtet wie im September (Abbildung 9).

Der Vergleich zwischen März und September, der mit der Frage verbunden ist, ob die durchgeführte Weiterbildung einen Effekt auf die Qualität der Sprache hatte, ist weniger eindeutig. Der erste Balken zeigt, dass Formfehler zugenommen haben, ebenso wie Grammatikfehler und textstrukturelle Mängel. Bei allen anderen Kategorien findet sich eine Abnahme der Fehler. Das Gesamtverhältnis von März zu September beträgt 375 zu 340 Fehler, was immerhin eine Tendenz in der erwarteten Richtung darstellt (Abbildung 10).

Qualitätssicherung in einer Tageszeitung durch Schreibtraining

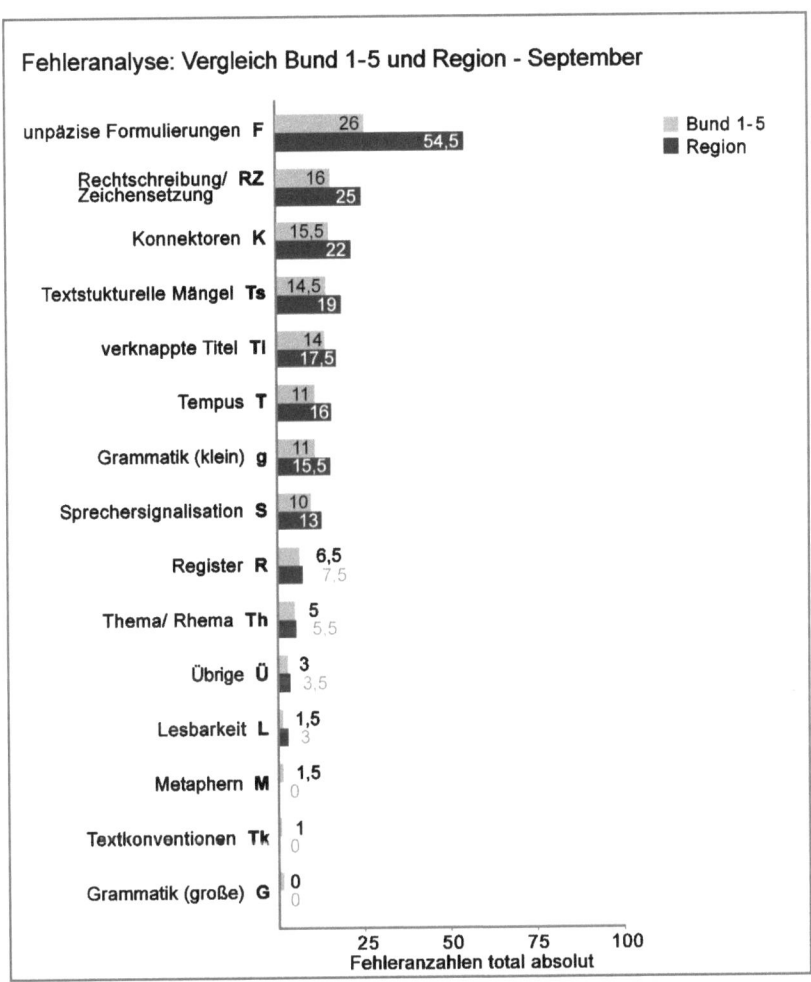

Abbildung 9: Vergleich der Fehlerhäufigkeiten zwischen März und September

Bei der Frage der Interpretation dieser Ergebnisse muss man in Rechnung stellen, dass die Weiterbildung nicht direkt auf eine Reduktion von Fehlern abzielte, sondern sich nur indirekt, vermittelt über andere Faktoren, auf die Anzahl von produzierten Fehlern auswirken kann. Für die gefundenen Unterschiede (in beiden Richtungen) gibt es keine wirklich plausiblen Erklärungen und der Unterschied in den Gesamtzahlen dürfte sich nicht außerhalb des Zufallsbereichs bewegen.

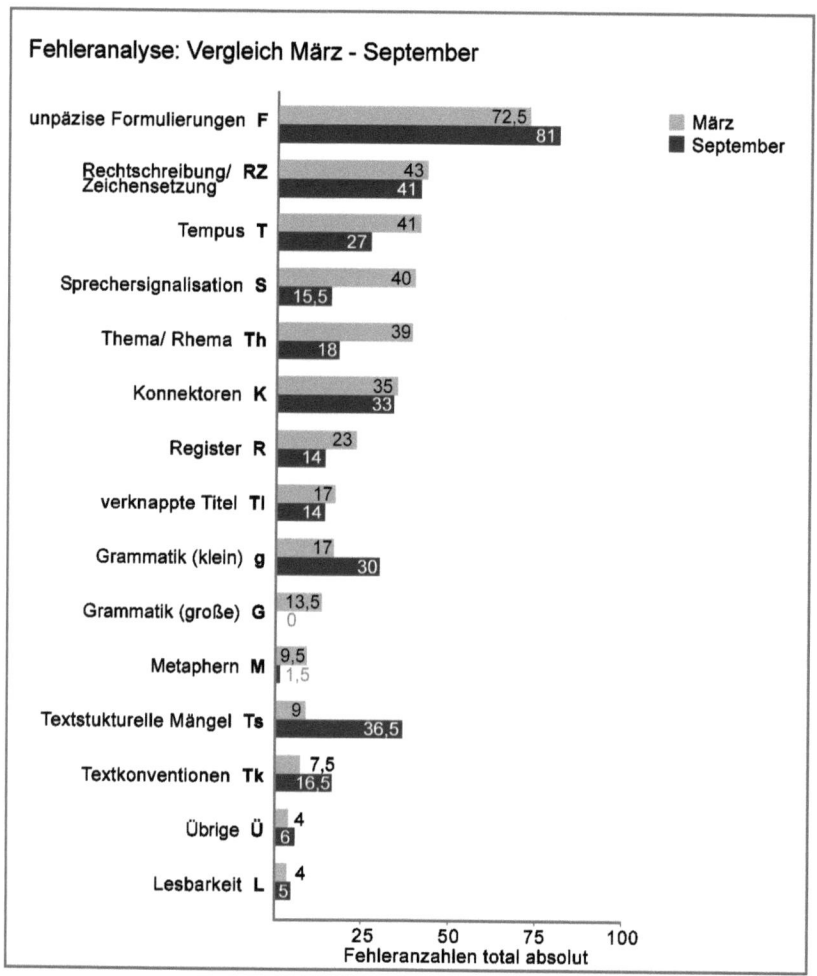

Abbildung 10: Vergleich der Fehlerhäufigkeiten zwischen März und September

Dennoch hat diese Analyse einige wichtige Aspekte zutage gefördert. Da ist der Unterschied zwischen Mantel und Region. Dieser Unterschied ist nicht darin begründet, dass die Beiträge des Regionalteils durchgängig von geringerer Qualität sind, sondern scheint vor allem darauf zurückführbar zu sein, dass die Anzahl besonders fehlerhafter Artikel hier deutlich höher ist als im Mantel. Im Regionalteil ist also darauf zu achten, dass die Texte vor dem Druck wirksam geprüft werden.

Die Fehlerart legt nahe, einige Punkte gezielt in einer hausinternen Weiterbildung anzusprechen. Hierzu gehören vor allem:
- Tempusprobleme
- Thema/Rhema-Probleme
- Konnektoren
- Sprechersignalisation

Diese Probleme lassen sich dadurch reduzieren, dass man sie ins Bewusstsein ruft und einige wirksame Regeln vorgibt. Die wenigsten Redakteurinnen und Redakteure der AZ haben eine sprachliche Ausbildung, deshalb sind ihnen vermutlich die hinter diesen Problemen stehenden linguistischen Theorien nicht bekannt. Auch wenn der Tempusgebrauch im Deutschen, ebenso wie die Regeln der Sprechersignalisation oder der Thema/Rhema-Bezüge, linguistisch nicht einfach zu erklären ist, ist keine aufwändige Didaktik für ihre Vermittlung erforderlich.

5 Diskussion und Schlussfolgerungen

Die Weiterbildung hat im Wesentlichen ihr Ziel erreicht, auch wenn nicht jedes der acht Seminare gleich gut lief. Es hat sich gezeigt, dass für die meisten Redakteurinnen und Redakteure die Auseinandersetzung mit dem Schreiben eine lohnende Investition war und dass die ressortübergreifende Kommunikation geschätzt wurde. Die unterschiedlichen Voraussetzungen der Teilnehmenden ließen sich kompensieren und der Austausch im Kollegenkreis wurde von den meisten geschätzt. Die hohe Wertschätzung, die die Teilnehmenden im Rückblick der Auseinandersetzung mit dem Schreiben und mit dem eigenen Denken beimaßen (Abbildung 5) zeigt, dass die Kurskonzeption aufgegangen ist.

Eine Reduktion von Fehlern in der AZ, die als ein Ziel definiert worden war, ließ sich im Untersuchungszeitraum nur bedingt feststellen. Die leichte Abnahme der Fehlerzahl kann auch als Zufallsbefund interpretiert werden. Wichtiger ist, dass die Fehlerhäufigkeit objektiviert wurde und dass durch die Fehlerkategorisierung gezielte Maßnahmen eingeleitet werden können, um die Qualität der Sprache zu verbessern. So hat das zeitungsinterne Korrektorat eine bessere Handhabe um eine lückenlose Korrektur durchzusetzen. Noch wichtiger scheint zu sein, dass diese Analyse eine Grundlage für ein differenzierten Feedback-System in den einzelnen Redaktionen ist, die auf verschiedenen Ebenen der Textverbesserung und der Qualifizierung der Mitarbeiter/innen dienen kann. Vor allem in den Regionalteilen, für deren Texte das Korrektorat nicht immer möglich oder vollständig ist, ist eine deutlich verbesserte Endkorrektur der Texte nötig.

Für eine weitere Qualifizierung der Mitarbeiter bzw. für weitere Maßnahmen der Qualitätssicherung scheinen folgende Schwerpunkte sinnvoll:

- *Gestaltung von Titeln/Untertiteln/Lead:* Hier bestehen große Unsicherheiten in der Frage, welche Philosophie in Bezug auf Titel in der AZ herrscht und wie mit den existierenden Vorgaben für das Lay-Out umzugehen ist. Hier scheint es nötig, ein klares Konzept zu erarbeiten und dieses mit den Mitarbeitern zu trainieren.

- *Auseinandersetzung mit Sprache:* Der journalistische Ehrgeiz der AZ Redakteurinnen und Redakteure bezieht sich in einem hohen Maße darauf, sprachlich gute Texte zu produzieren, jedoch sind die Gelegenheiten, sich darüber auszutauschen viel zu selten. Hier scheint es mir sinnvoll, so etwas wie Werkstattgespräche einzuführen, zu denen jede/r eigene Texte einbringen kann, die dann gemeinsam diskutiert werden. Diese könnte eine offene, selbst organisierte Form der Weiterbildung sein, ggf. auch als Lunchgespräch. Auch ein Textcoaching mit erfahrenen Journalistinnen und Journalisten würde hier vermutlich Anklang finden.

- *Feedback und Textplanung in Kombination mit konzeptionellen Fragen:* Ein großes Bedürfnis scheint auch darin zu bestehen, sich über das auszutauschen, was Texte interessant macht oder anders gesagt, was Leser interessieren könnte. Die Routinen der journalistischen Arbeit wieder auf ihren unmittelbaren Zweck – Leser mit interessanter Lektüre zu versorgen – zurückzuführen, scheint ein lohnenswertes Unterfangen zu sein, das zudem mit konzeptionellen Überlegungen – welcher Art von Journalismus fühlt sich die AZ verpflichtet? – gepaart werden kann. Idealerweise kann eine solche Weiterqualifikation um existierende Artikel (in der Planung oder bereits gedruckt) herum aufgebaut werden, so dass auch hier Blattkritik mit der konzeptionellen Ausrichtung der gemeinsamen Arbeit verbunden werden kann.

Wie weit tatsächlich eine nachhaltige Entwicklung in Gang gesetzt wurde, ist derzeit nur anhand einzelner Indizien zu erschließen und muss zu einem späteren Zeitpunkt genauer untersucht werden.

Literatur

Meier, Jörg (2005): Journalisten möchten besser schreiben können. In: Der Fachjournalist 17, 13-18

Kruse, Otto/Ruhmann, Gabriela (2006): Prozessorientierte Schreibdidaktik: Eine Einführung. In: Kruse, Otto/Berger, K./Ulmi, Marianne (Hrsg.): Prozessorientierte Schreibdidaktik. Schreibtraining für Schule, Studium und Beruf. Bern: Haupt Verlag, 13-38

Teil III
Berufliche Schreibkompetenz durch Coaching

Schreibcoaching
Reflexionen aus der Praxis

Madeleine Marti und Marianne Ulmi

Findings from research on writing and teaching writing in universities and the workplace are now widely available. They have potential for implementation both within such institutions and externally. During the past seven years we have gained experience as writing coaches drawing on these findings. We describe in our paper practical aspects of this coaching: we outline a profile of supply and demand, describe some of our experiences and explain how we understand our roles as coaches. We refer to two case studies to illustrate our approach and to reflect on the results.

Vorbemerkung

Als eine von vier Formen[1] auf dem Weg zu einem gut verständlichen Sachtext bieten wir Schreibcoaching resp. Schreibberatung[2] an. Unsere Kundinnen und Kunden finden uns entweder über unsere Website[3] oder, weit häufiger, über persönliche Empfehlung von früheren Kursteilnehmerinnen und -nehmern oder anderen Bekannten. Die Motive, Anliegen und Schwierigkeiten, die zum Aufsuchen eines Schreibcoachings führen, sind so vielfältig wie die Schreibkontexte und -anlässe selbst. Sie lassen sich folgendermaßen gruppieren (jeweils mit Beispielen):

- *Individuelle Standortbestimmung und Optimierungsbedarf*
  Ein selbstständiger Kursleiter sucht uns auf, um die Qualität seiner Texte (Marketing-Auftritt, Kursunterlagen, Korrespondenz) einschätzen zu können und sich im Schreiben gezielt zu verbessern.

- *Textqualität erhöhen*
  Der Vorgesetzte einer Abteilung will die Qualität der in seinem Team produzierten Texte verbessern (Fallbeispiel 3.2). Ein anderes Beispiel: Die Projektpapiere, die in einer Abteilung produziert werden, sind zu lang und zu wenig übersichtlich. Gezieltes Coaching in kleinen Gruppen soll dazu führen, dass diese Texte in Zukunft gut verständlich sind und klare Entscheidungsgrundlagen liefern.

---

1   Die andern Angebote sind: a. Kurse für berufliches und wissenschaftliches Schreiben, b. Erarbeiten von Texten und Studien, c. Redaktionelle Überarbeitung von Texten
2   Zur Verwendung der Begriffe siehe S. 164
3   <http://www.kopfwerken.ch>

- *Schreibblockaden*
  Eine Mitarbeiterin aus dem sozialen Bereich will ihre Blockaden beim beruflichen Schreiben endlich überwinden – auch, weil die Schriftlichkeit in ihrem Beruf ständig an Bedeutung gewinnt (Fallbeispiel 3.1).
- *Begleitung eines grossen Schreibprojektes*
  Eine Journalistin will eine ausführliche Biografie schreiben, die als Buch publiziert werden soll. Sie sucht Unterstützung für die Organisation des Schreibprozesses (realistisches Zeitmanagement, Umgang mit der Fülle an Material usw.).
- *Begleitung bei Abschlussarbeiten*
  Berufstätige, welche eine Weiterbildung besuchen (beispielsweise in Non-Profit-Management, Erwachsenenbildung oder Sozialarbeit), suchen Unterstützung beim Erarbeiten ihrer Nachdiplom- oder Zertifikatsarbeit. Hier verbinden wir die Begleitung des Schreibprozesses öfters mit der Schlussredaktion der Arbeit.
- *Unterstützung beim Schreiben von Projektaufträgen*
  Eine Gruppe von initiativen Frauen will erstmals einen Projektantrag einreichen und diesen den Regeln der Kunst entsprechend darstellen.
- *Aufträge zur Redaktion/Korrektur in ein Coaching umwandeln*
  Immer wieder werden wir für „Schlussredaktion" oder „Korrekturlesen" von Texten angefragt, die noch weit entfernt von einer publizierbaren Form sind. Eine redaktionelle Arbeit wäre sehr aufwendig. In solchen Fällen schlagen wir den AutorInnen jeweils einen Vorlauf in Form eines Coachings vor: Mit Hilfe der exemplarischen Analyse von Teilen des Textes besprechen wir die Textqualität und suchen mit den AutorInnen zusammen nach sinnvollen Mitteln der Optimierung; das kann von der Organisation der Arbeit am Text bis zu Stilfragen gehen. Diese Variante ist bedeutend kostengünstiger und mit einem massgeschneiderten Weiterbildungseffekt für die Schreibenden verbunden.

1 Grundsätze der Schreibberatung

Ressourcenorientierung

Coaching ist ressourcenorientiert. Wir folgen diesem Grundsatz, indem wir in der Schreibberatung verschiedene Mittel bewusst einsetzen:

Rahmenerweiterung: Als probates Mittel, das der Gefahr der Problemfixiertheit präventiv entgegenwirkt, haben wir etwas entdeckt, das wir – in Anlehnung an den im Coaching wichtigen Begriff des „Re-framing" – Rahmenerweiterung nennen: Wir stellen die Diagnose des vorgebrachten Problems in einen grösseren Rahmen innerhalb des Schreibprozesses. Dadurch wird das Problem als Teilproblem verortet. Damit einhergehend wird sichtbar, welche anderen Anforderungen an das Schreiben von der Kundin oder dem Kunden schon bewältigt worden sind, über welche anderen Kompetenzen die Kundin oder der Kunde also bereits verfügt. Die Schreibforschung und -didaktik liefert mit ihren Modellen verschiedene Möglichkeiten für eine Rahmenbildung. Ein einfaches Modell, das wir häufig dafür einsetzen, ist:

Drei Grundschritte beim Schreiben

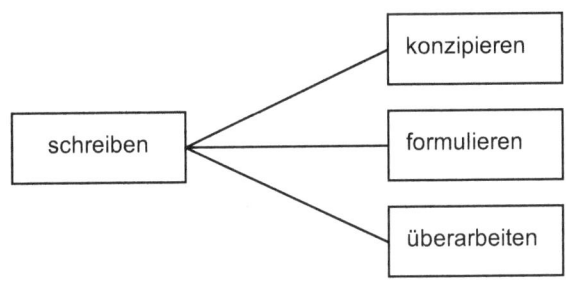

Abbildung 1:   Drei Grundschritte beim Schreiben

Dieses Modell benutzen wir dann, wenn wir bei den KundInnen einem der oft genannten und grundlegenden Irrtümer über das Schreiben begegnen, nämlich der Vorstellung, dass Schreiben mit dem spontanen Formulieren von Endfassungen gleichgesetzt wird. Wenn Ratsuchende beispielsweise von sich erklären, nicht schreiben zu können, ihre Texte aber klar strukturiert sind, können sie in dieser Darstellung erkennen, dass sie den wichtigen Schritt der Textplanung gut bewältigen und passable Rohfassungen produzieren. So eingebettet erscheint das „Nicht-Schreiben-Können" als partielles Problem, dem konkret begegnet werden kann mit der Bereitstellung der handwerklichen Grundlagen für das Überarbeiten. Die bewusste Situierung der Defizite innerhalb vorhandener Kompetenzen wirkt ermutigend.

Zerlegung des Schreibprozesses in Teilschritte: Das Zerlegen der Aufgabe in bewältigbare Teilschritte, wie es die prozessorientierte Schreibdidaktik vorschlägt, bewährt sich in der Beratung sehr. Damit können die KundInnen gezielt in den Bereichen unterstützt werden, in denen ihnen nicht genügend Mittel zur Verfügung stehen oder wo sie diese nicht aktiv einsetzen können. Wo die Teilschritte genau abgegrenzt werden, ist dagegen nicht so wichtig. Beispielsweise erscheint die redaktionelle Arbeit am Text bewältigbar, wenn die einzelnen Schritte aufgeteilt und stückweise angegangen werden. Unser Grundschema dazu (je nach Grösse der Schreibprojekts sind diese Aspekte natürlich zu verfeinern):

> **Überarbeitung des Textes nach vier Aspekten**
>
> - Zielgruppen/ Zweckorientierung
> - Aufbau und Gliederung
> - Inhalt: Lücken und Wiederholungen, Argumentationen, Logik
> - Sprache und Stil

Abbildung 2: Überarbeitung des Textes nach vier Aspekten

Sobald eine Aufgabe lösbar, eine Schwierigkeit überwindbar erscheint, steigt die Motivation. Schreibblockaden und Vermeidungsstrategien verschwinden dann oft erstaunlich schnell. Allerdings gibt es hier immer wieder eine ähnliche Erfahrung wie beim Zwiebelschälen: Ist eine Schicht freigelegt, erscheint eine nächste Schicht, die noch freigelegt werden kann oder muss.

Übertragung von Schreiberfahrungen aus anderen Feldern: Die Anforderungen, Kontexte, Textmuster, die impliziten und die expliziten Konventionen sind in den einzelnen Feldern – Schule, Berufsfeld, Hochschule, Fach-unterschiedlich und müssen je spezifisch entwickelt werden. Längst nicht immer aber müssen sie in jedem Feld eigens explizit und trainiert werden. Manchen gelingt die Übertragung vorhandener Schreibkompetenz in ein neues Feld spontan und intuitiv. Andere können durch exemplarisches Arbeiten und mit dem Aufbau von Metakognition den Transfer der Texterstellungskompetenz erreichen. Schwierigkeiten im beruflichen Schreiben lassen sich, wie Fallbeispiel 3.1 zeigt, zuweilen sogar so angehen, dass das Schreiben in ausserberuflichen Textsorten geübt und danach allenfalls die Spezifität dieser Texte im Unterschied zu andern reflektiert wird.

Betrachtung und Besprechung der sozialen Dimension der Textproduktion: Schreiben im Beruf ist Handeln im sozialen Feld. Wie jede Kommunikation enthält auch Schreiben eine „Selbstoffenbarungs"-Seite. Die Angst, den Konventionen nicht zu genügen und sich eine Blösse zu geben, kann auf die Schreibenden hemmend wirken und verhindern, dass sie klar formulieren. Nicht wenige der Blockaden und Schwierigkeiten, die uns bei KundInnen beggnen, sind in erster Linie auf die Wirkungen und die vermuteten Anforderungen des sozialen Feldes zurückzuführen; je impliziter und spezifischer die Regeln dieses Feldes sind, umso grössere Unsicherheiten können bei „NovizInnen" auftauchen.

Verbindung von Schreib- und Textcoaching bzw. Schreib- und Textberatung
Schreibberatung und Schreibcoaching werden in der Fachliteratur oft in Abhebung zueinander definiert[4], dies allerdings nicht einheitlich. Wir verzichten deshalb auf diese Unterscheidung und benutzen die Begriffe synonym, beinhalten sie doch auch für die Kundschaft vielfältige Bedeutung. Nichtsdestotrotz spielt die

---

4 vgl. auch Artikel von Ulrike Scheuermann in diesem Band

Unterscheidung in Prozess- und Fachberatung auch in unserer Praxis eine Rolle: Einerseits coachen wir unsere KundInnen in der Steuerung des Schreibprozesses, andererseits beraten wir sie als Deutsch-FachexpertInnen in sprachlichen, stilistischen und textuellen Belangen; im letzten Fall sprechen wir häufig von Textberatung oder Textcoaching (siehe Fallbeispiel 3.2).[5] Nicht zuständig sind wir selbstredend für die Fachinhalte der Texte unserer Kundschaft. Gleichwohl ist es immer wieder erstaunlich, wie oft aufgrund der Arbeit an der Konsistenz eines Textes fachliche Unstimmigkeiten und Ungenauigkeiten zum Vorschein kommen.

2 Vorgehen im Coaching

Unser Vorgehen im Coaching orientiert sich an einem für Lernberatungen empfohlenen Ablauf[6]:

1. Allgemeine Orientierung: Hintergrund
2. Analyse des Problems und Festlegung der Zielsetzung
3. Diagnose stellen und besprechen
4. Lösungsansätze suchen
5. Evaluation und Reflexion

Dieses Raster dient uns sowohl als Orientierungsrahmen für die ganze Beratungsdauer als auch zur – ungefähren – Strukturierung – für die einzelnen Sitzungen. Am häufigsten handelt es sich hierbei um zwei bis vier Beratungssitzungen.

Allgemeine Orientierung: Hintergrund

Die allgemeine Orientierung, die sich zum Teil bereits am Telefon oder im E-Mail-Kontakt vollzieht, ergänzen wir beim ersten Kontakt mit gezielten Nachfragen zur Schreibpraxis und -erfahrung. Dadurch erhalten wir meistens erste Hinweise auf aktivierbare Ressourcen.

Analyse des Problems und Festlegung der Zielsetzung

Das Problem wird auf zwei Ebenen analysiert:

1) Aufgrund der Schilderung der Kundin oder des Kunden erhalten wir einen ersten Eindruck von der Problemstellung. Im Verlauf der Beratung zeigt sich

---

5   Aufgrund dieser Mischung von Fachexperten- und Prozessberatung, aber auch mit Blick auf den Markt, sprechen wir von Kundinnen oder Kunden und nicht von Klientinnen oder Klienten – anders als in der Coaching-Literatur üblich und anders auch als Ulrike Scheuermann in diesem Band. Damit wird gleichzeitig auch die Abgrenzung zu psychologischen Interventionen deutlich.

6   So zum Beispiel wurde er uns vermittelt im Modul „Lernende begleiten und beraten" vom November/ Dezember 03 im Rahmen des Modullehrgangs zur Eidg. FachausbilderIn an der EB Zürich, sowie im Zertifikatslehrgang „Coaching im Bildungsbereich" 1998/99 an der Akademie für Erwachsenenbildung Zürich/Luzern

aber nicht selten, dass sich hinter dem zunächst geschilderten Anliegen weitere Schwierigkeiten verbergen. Die Analyse des Problems hat deshalb manchmal mehrere Durchgänge.

2) Wenn bereits Texte zur Verfügung stehen, analysieren wir zur Vorbereitung der ersten Sitzung einen Textausschnitt. So können wir uns in Bezug auf die Textqualität ein erstes Bild davon machen, auf welcher Ebene (Konzeption/ Gliederung, thematische Progression, Perspektive, Verständlichkeit/Stil, Grammatik) die jeweiligen Schwierigkeiten und Stärken/Kompetenzen liegen.

Diagnose stellen und besprechen

Die Diagnose erstellen wir mit Blick auf das Ganze des Schreibprozesses und die sozialen Bedingungen beim Schreiben, was bewirkt, dass nicht nur die Schwierigkeiten, sondern auch die vorhandenen Kompetenzen sichtbar werden. Ziel ist es, die Probleme einzugrenzen und damit lösbar erscheinen zu lassen. – Auch hier gibt es zuweilen mehrere Durchgänge (wie Fallbeispiel 3.1 zeigen wird).

Lösungsansätze suchen

So vielfältig die Anliegen und Schwierigkeiten sind, so unterschiedlich sind auch Schreibkontext, Textmuster und Phase der Textproduktion. Die Schreiberfahrungen und Kompetenzen, welche unsere Kundinnen und Kunden mitbringen, sind ebenso vielfältig wie die Lösungswege, die wir gemeinsam finden. Je nach Problemlage stehen ein oder mehrere Hauptbereiche im Vordergrund. Manchmal, so wenn es um die Optimierung eines Textes geht, reicht die Textberatung und die Vermittlung von redaktionellen Fertigkeiten. Manchmal, so bei der Begleitung von grossen Schreibprojekten versierter Schreibender, liegt der Akzent auf der Prozessberatung, häufig jedoch ist ein Mix aus beidem gefragt.

Arbeit an Sprache und Stil: Wenn die Komposition eines Textes grundsätzlich stimmt, ist eine Konzentration auf die sprachliche und stilistische Überarbeitung möglich. Damit soll der Zweck ersichtlich und der Inhalt für das Zielpublikum gut verständlich werden. Die Textanalyse bringt meist klare Kategorien von grammatikalischen Schwächen und stilistischen Eigenheiten an den Tag: Diese werden von uns auszugsweise farbig markiert und zusammen mit den Kundinnen und Kunden exemplarisch besprochen oder optimiert. Die Kategorisierung ermöglicht es den Schreibenden schnell, die typischen Schwachstellen selbst zu erkennen. Manche Fehlertypen können sie leicht selbst verbessern, andere Schwächen können nur mit Übung und Training optimiert werden, wozu wir aus unserer Kurstätigkeit mit Literaturhinweisen und Links in vielen Fällen massgeschneidert Material zur Verfügung stellen können. Manchmal schreiben wir auch modellhaft eine Passage um, damit der Unterschied deutlich wird.

Unterstützung bei der Konzeption von Texten und der Erarbeitung und Auswahl von Inhalten: Die in den Schreibtrainings für das wissenschaftliche Schreiben empfohlenen Instrumente (Visualisierungstechniken, zusammenfassende Darstellung an ein nicht-fachliches Publikum, Arbeit mit thematischen, strukturellen oder logischen Gliederungsstrukturen usw.) sind auch zum Verfassen von beruflichen Texten hilfreiche Instrumente. Darüber hinaus ist die bewusste Ausrichtung des Textes auf die Zielgruppe eine Möglichkeit, konzeptionelle Fehler aufzudecken. Durch Nachfragen und aktives Zuhören kann das für die schriftliche Kommunikation typische Fehlen von anwesenden AdressatInnen in der Beratung kompensiert werden.

Wie weit konzeptionelle Arbeit vor, während oder nach der Fertigstellung der Rohfassung geleistet werden soll, ob und wie oft Schlaufen notwendig sind, ist von der Komplexität der Schreibaufgabe, von der Abrufbarkeit und Aufbereitetheit der benötigten Wissensbestände, aber auch von der schreibenden Person abhängig. Die Unterstützung der konzeptionellen Arbeit ist deshalb unserer Erfahrung nach immer ein Experiment. Die grösste Herausforderung an die Beratung stellen materialreiche Texte dar, die grundlegende konzeptionelle Schwächen aufweisen.

Reflexion und Modifizierung von Schreibstrategien und Arbeitstechniken: Textarbeit ist Knochenarbeit und fordert deshalb oft eine gehörige Portion Geduld. Das Wissen um diesen Zusammenhang bringt bei KundInnen, die wenig schreiben, und diese Erfahrung nicht kennen, meistens ein Stückweit Erleichterung. Ganz wichtig aber ist die Abkehr vom Willen, die Schreibaufgabe in einem Schritt erledigen zu wollen. Die Schreibenden müssen sich damit abfinden, dass die erste Textfassung, die sie produzieren, in der Regel nicht mehr ist als eine Rohfassung, die danach einen oder mehrere Überarbeitungsdurchgänge fordert. Es empfiehlt sich deshalb, von Anfang an mit den Überarbeitungsphasen zu rechnen und Zeit dafür einzuplanen. Dass Arbeit am Text fast immer Arbeit am Gedanken bedeutet, dass beim Überarbeiten neue Erkenntnisse gewonnen werden können, ist eine freudige Erfahrung, die den Aufwand entschädigen kann.

Schreiben als Kommunikation: Wenn, wie festgestellt wurde, Schreiben handeln im sozialen Feld ist, bedeutet dies, dass sich die Konventionen, Anforderungen, Zwänge und Freiheiten des sozialen Feldes auf das Schreiben auswirken und dass Schreibende mit ihnen umgehen müssen. Wiederum nimmt das Bewusstsein darüber den Druck nicht automatisch weg, gibt ihm aber klare Konturen. Je nach Position und (Ich-)Stärke der Schreibenden können die Konventionen des sozialen Feldes exploriert, kritisiert, trainiert, überschritten oder souverän ignoriert werden. Unsicherheit im sozialen Feld führt dagegen oft zu einem „vorauseilenden Gehorsam" und kann zu Erstarrung führen. – Auch hier bewirkt die Besprechung dieser Zusammenhänge oft ein „Empowerment".

Evaluation und Reflexion

Die Auswertung unserer Coachings vollzogen wir bisher nicht anhand einer systematischen Evaluation. Das erzielte Resultat aber wird in der Regel schnell klar: Ob die in den Sitzungen besprochenen Lösungsansätze gangbar sind – und auch begangen werden –, zeigt sich an der Qualität der produzierten Texte oder an den Beschreibungen zum (neu) praktizierten „Management" des Schreibprozesses. Zudem haben wir meistens spätere Rückmeldungen erhalten oder eingeholt.

3 Fallbeispiele

An zwei Fallbeispielen soll illustriert werden, wie dieses Beratungssetting konkret funktioniert: Zuerst skizziert Marianne Ulmi ein Einzelcoaching, danach Madeleine Marti ein Gruppencoaching in einer Verwaltungsabteilung.

3.1 Fallbeispiel Einzelcoaching

Allgemeine Orientierung/Hintergrund

R. F. sucht mich aufgrund einer Empfehlung einer gemeinsamen Bekannten auf. Sie muss in ihrem sozialpädagogischen Beruf immer häufiger schreiben und quält sich regelmässig damit. In der ersten Sitzung setzen wir aufgrund ihrer Problemschilderung und der Analyse ihres im Voraus zugestellten Textes als zeitlichen Rahmen für das Coaching circa vier Sitzungen innerhalb eines halben Jahres: So hat R. F.immer ungefähr zwei Monate Zeit, die Anregungen aus dem Coaching umzusetzen.

Problemanalyse

1) Problemschilderung von R. F.: Sie schämt sich wegen der Qualität ihrer Texte. Diese wirken auf sie banal und unbeholfen. R. F. vermeidet das Schreiben wenn immer möglich; und wenn immer möglich schreibt sie im Dialekt.[7]

2) Mir ist aufgrund der Textanalyse plausibel, was R. F. schildert; gleichzeitig sehe ich aber, dass der Text gut aufgebaut ist und von grosser Sorgfalt gegenüber ihren KlientInnen zeugt.

---

7 Für das Schreiben im Dialekt gibt es in der Schweiz keine verbindlichen Regeln. Versuche zur Bildung einer standardisierten schweizerischen Schriftsprache gab es zwar, sie setzten sich aber nicht durch. Die schweizerdeutschen Dialekte gelten nicht als Schriftsprachen. Bei Schreibschwierigkeiten bietet sich deshalb mit dem Schreiben im Dialekt eine willkommene Ausweichstrategie an.

Schreibcoaching

Besprechung der Diagnose

In der ersten Sitzung besprechen wir ihre Kompetenzen in Bezug auf die drei Grundschritte des Schreibens, und zwar wie folgt:

Diagnose	Antworten R. F.	Fazit
Konzipieren		
Ebene der Konzeption scheint zu klappen: Der Text ist klar aufgebaut; hie und da Gedankensprünge.	R. F. plant die Texte bewusst, macht für längere Schreibaufgaben eine Disposition resp. ein Verzeichnis der Zwischentitel.	Dieser für die Verständlichkeit fundamentale Schritt und oft der schwierigste zum Lernen stellt kein Problem dar → R. F. ist sehr erleichtert.
Formulieren		
Die Sätze sind verständlich formuliert, erfüllen ihren Zweck. Sie wirken aber hölzern, monoton, bürokratisch, was R. F.s persönlichen Ausstrahlung diametral widerspricht. Kaum Schwierigkeiten mit Grammatik und Rechtschreibung (Ausnahme: Kommasetzung bei eingeschobenen Teilsätzen).	R. F. empfindet das auch so. Wir identifizieren zusammen einige Floskeln, umständliche Formulierungen, Nominalisierungen; R. F. erkennt diese sofort selbstständig.	Ziel: Ansprechenderes, direkteres Schreiben – Mut, zum Eigenen zu stehen. Bürokraten-Floskelsprache reduzieren. → Kann bereits beim Formulieren angestrebt werden, ist aber v. a. Sache des Überarbeitens.
Überarbeiten		
Auf dieser Ebene v.a. sehe ich Handlungsbedarf im Coaching: Redaktionelle Fertigkeiten trainieren.	R. F. kennt kaum Methoden zum Überarbeiten. Sie betrachtet Überarbeiten als Schwäche.	Gute Texte entstehen durch Überarbeiten → bewusst Rohfassungen schreiben und Zeit zum Überarbeiten einplanen.

Tabelle 1: Besprechung der Diagnose

Lösungsansätze

R. F. geht nach der ersten Sitzung erleichtert weg: Ihr Problem scheint ihr behebbar, begrenzt – und sie weiss, dass sie die wichtige konzeptionelle Ebene beherrscht. Sie wird nächstes Mal einen neuen Text in einer Rohfassung vorlegen.

Der weitere Verlauf

Der Text, den R. F. als Grundlage für die zweite Sitzung mailt, hat einige sprachliche Schwächen weniger, ist aber sehr abstrakt, eine wenig ansprechende Auflistung verschiedener Aspekte ihres Arbeitsfeldes. Auch sie selbst empfindet ihn als „knochentrocken". Ich schliesse daraus: Das dokumentierende Schreiben, das in ihrem beruflichen Umfeld verlangt wird, führt bei R. F. offensichtlich zu einer Verkrampfung.

Der nächste Schritt muss also das (Wieder-)Erlangen eines persönlicheren, anschaulicheren Schreibens sein. Die Mittel dazu – wie z. B. einfache und klare Satzkonstruktionen, Auflösung von Nominalisierungen, Wahl präziser Wörter – werden in ausserberuflichen Texten meist selbstverständlich eingesetzt. Ich schlage R. F., die keine ausserberufliche Schreibpraxis pflegt, deshalb vor, vorerst einen nicht beruflichen Text zu produzieren, z. B. eine Reflexion ihrer Schreib- und Lesebiografie auf ca. drei Seiten. R. F. ist von dieser Idee angetan; ich habe den Eindruck, dass sie die Sitzung beflügelt verlässt und sich mit Elan an die Aufgabe machen will.

Eine Woche vor der dritten Sitzung aber sagt R. F. den Termin ab: Sie habe nichts gemacht, die Zeit fehle, aber sie sei auch blockiert, sie schreibe einfach zu schlecht. Meine Reaktion am Telefon wird sich als entscheidende Intervention erweisen: Ich ermutige sie, sich Zeit zu lassen und trage ihr auf, explizit eine Rohfassung, und nicht mehr als das, zu schreiben und somit Material zu produzieren, mit dem wir in der nächsten Sitzung Optimierungsstrategien und auch die Abgrenzungen zum beruflichen Schreiben besprechen können.

Drei Wochen später ersucht R. F. um einen nächsten Sitzungstermin. Sie kommt strahlend in die Sitzung, mit dem Anfang ihrer Lese- und Schreibbiografie in der Rohfassung. Es ist ein spannender Text, der eine ideale Basis für die Textberatung ist[8]: Gemeinsam analysieren und optimieren wir Aufbau, Progression, Präzision, Formulierungen und sprachliches Register. Wir identifizieren Passagen, denen die mangelnde Schreibpraxis anzumerken ist. Kommaregeln sparen wir für die nächste Sitzung auf. Auch die Gemeinsamkeiten und Unterschiede zu den Anforderungen an berufliche Texte lassen sich an ihrem Text gut herausarbeiten.

Auf die nächste Sitzung, die wir auf zwei Monate später terminieren, überarbeitet R. F. den Text und führt ihn weiter. Sie hinterlegt Stellen farbig, die sie

---

8 Wie prägnant sich R. F. auszudrücken wusste, sei hier an einem Beispiel illustriert, das nebenbei eindrücklich Einblick in das Wesen der Entstehung einer Leseschwäche gibt. Es handelt sich um die unkorrigierte Fassung, die sie für die nächste Sitzung überarbeiten und korrigieren wird: „Gelesen habe ich in meiner ganzen Schulzeit und auch als Jugendliche nicht viel oder nur mit grosser Mühe. Ich konnte mich nicht genügend konzentrieren, um ein Buch zu lesen. Erst lange Zeit später realisierte ich, dass lesen für mich eine Art Entspannung war. In dem Moment, als ich begann zu lesen konnten meine Gedanken frei fliessen. Lesen war für mich nicht sehr informativ oder bildend, denn Inhaltlich erfasste ich den Zusammenhang kaum. So machte es keinen Unterschied ob ich ein Buch fertig las oder mittendrin beendete. Ein neues Buch war eine neue Kulisse, vor welcher sich meine Gedanken ausbreiten konnten. Als Jugendliche und in der Lehre wurde es mir peinlich, dass ich die Bücher nie fertig las und über den Inhalt nicht Bescheid wusste. Offenlegen konnte ich meine Lage damals nicht, so begann ich diesen Situationen auszuweichen oder sie zu verheimlichen."

nicht befriedigen oder bei denen sie unsicher ist. Die Besprechung dieser Stellen und der Vergleich mit meiner Analyse geben R. F. noch einmal grössere redaktionelle Sicherheit.

Mit der vierten Sitzung beenden wir unser Coaching: R. F. erachtet die explizite Arbeit an beruflichen Texten vorläufig als überflüssig, denn sie schreibe jetzt viel klarere Berichte. Sie werde sich allenfalls bei einem nächsten grösseren Text, den sie bei ihrer Arbeitsstelle schreiben müsse, von mir coachen lassen.

Evaluation und Reflexion

Der wichtigste Faktor der Evaluation für uns als Kleinunternehmerinnen ist selbstredend die Zufriedenheit der Kundschaft. R. F. war bei Abschluss des Coachings sehr zufrieden. Ihre Zufriedenheit ist ein halbes Jahr später immer noch gross; ihre Auskunft hier in Kürze: Die Schreibblockade sei weg. Die Qualität ihrer beruflichen Texte habe sich deutlich verbessert – sie hätte auch schon Komplimente erhalten – und sie schreibe die Texte sogar mit Lust. Mit dem neuen Selbstbewusstsein ausgestattet habe sie sich nun auf eine Führungsstelle beworben. Ihre Haltung beim Schreiben hätte sich grundsätzlich verändert: Sie habe gelernt, was es bedeute, präzise, klar und authentisch zu schreiben. Sie trainiere dies nun, schreibe gern und viel für sich und habe sich (wie ich ihr vorgeschlagen hatte) zu einem Kurswochenende für das kreative Schreiben angemeldet. Zudem lese sie die Texte anderer bewusst, wodurch sie für ihr eigenes Schreiben profitiere. Die für sie entscheidenden Momente des Coachings seien einerseits die Einsicht gewesen, in einem ersten Schritt nur Rohtexte produzieren zu müssen, andererseits sei das Schreiben ihrer Lese- und Schreibbiografie sehr wichtig gewesen: Die Erfahrung, dass Schreiben ein gutes Erlebnis sein könne und Selbsterkenntnis fördere, habe sie dynamisiert.

Für mich selbst ist das spannendste Resultat dieses Coachings: Der Transfer der im privaten Schreiben gewonnenen Kompetenz auf das berufliche Schreiben ist bei R. F. weitgehend von selbst gelaufen. Ihre Schreibblockaden wurden damit überwunden. Die Reflexion der Unterschiede des Schreibens in verschiedenen Feldern hat sie dabei unterstützt.

3.2 Fallsbeispiel Gruppencoaching

Allgemeine Orientierung/Hintergrund

Frau H. sucht im Auftrag ihres Chefs, Herrn G., nach einer Weiterbildung für ihr Team. In ihrer Abteilung werden von wissenschaftlichen Mitarbeitenden oft unter Zeitdruck Texte mit politisch brisanten Inhalten verfasst: Berichte, Anträge und Reden. Diese müssen von den PolitikerInnen (meist Laien im Fachgebiet) verstanden werden. Das Coaching soll dazu dienen, die Verständlichkeit und Klarheit der Texte zu erhöhen.

Analyse des Problems

Aufgrund der Darstellung von Frau H. sowie der Textproben, die ich im Anschluss an das Telefongespräch erhalte, wird deutlich: Die Schreibkompetenz in der Verwaltungsabteilung ist hoch, die Anforderungen sind sehr komplex: Die Mitarbeitenden müssen vielfältiges Material mit oft ausgeprägter Fachorientierung zu gut verständlichen Texten verarbeiten. Eine zentrale Aufgabe wird sein, eine gute Teamkultur für qualifiziertes Feedback und gegenseitige Textredaktion zu erwirken. Meine Aufgabe wird es ausserdem sein, eine gemeinsame Basis für die Auseinandersetzung mit Textsorten und Stil zu schaffen, Strategien zur Text-Überarbeitung zu erweitern, zum Feedbackgeben anzuleiten und damit zum Aufbau einer Feedback-Kultur beizutragen.

Besprechung der Diagnose und Lösungsansätze

Im Gespräch mit Frau H. und Herrn G. zur Konkretisierung des Auftrags schlage ich eine Kombination von Schulung und Coaching vor mit folgenden Schwerpunkten: 1) Mit einer Schulung in modernem Stil wird eine Basis für den Austausch über Konzeption, Textsorten und Stil gelegt. 2) Mit einem Schreibcoaching in kleinen Gruppen wird die Auseinandersetzung mit Stil und Textsorten sowie mit Zielpublikum und Zweck des Textes vertieft. Gleichzeitig werden die Strategien zur Überarbeitung erweitert und gegenseitiges Feedback zu Texten angeleitet und geübt. 3) Zusätzlich schlage ich ein Textcoaching vor, in dem ich den einzelnen AutorInnen aufgrund der Analyse eines längeren Textes von ihnen individuell Anregungen zur Überarbeitung gebe.

Lösungsansätze und Umsetzung

Das Angebot wird angenommen: Schulung und Schreibcoaching sollen möglichst bald umgesetzt werden; das Textcoaching wird für einen späteren Zeitpunkt in Aussicht gestellt.

Schulung: Gestartet wird mit einem Schulungshalbtag mit Inputs und Übungen zu Grundfragen von Verständlichkeit, Stil und Konzeption. Am Schluss dieser Schulung werden Kleingruppen für das Coaching gebildet, das von Mai bis November jeweils auf zwei Stunden monatlich festgesetzt wird.

Schreibcoaching in Kleingruppen: Das Schreibcoaching folgt einem festen dreiteiligen Ablauf. Im ersten Teil werden massgeschneiderte Inputs und Unterlagen zu den offenen Fragen gegeben und Übungen dazu gemacht. Im zweiten Teil werden sowohl das Überarbeiten von eigenen Texten angeleitet als auch das gegenseitige Text-Feedback trainiert. Im dritten Teil werden offene Fragen festgehalten und die Themen herauskristallisiert, die im nächsten Coaching aufgenommen werden.

Textcoaching: Im Anschluss an das Schreibcoaching in Kleingruppen nimmt Herr G. die Idee des Textcoachings wieder auf. Um die Feedback-Kultur und die Optimierungsvorgaben als gültigen Standard in der Abteilung zu konsolidieren, soll exemplarisch ein ganzer Text eines Mitarbeiters besprochen werden. Auch die beiden vorgesetzten Instanzen sollen eingebunden werden, welche die Texte gegen aussen verantworten, nämlich Herr G. und dessen Vorgesetzter Herr M. Dadurch soll einerseits sichergestellt werden, dass die von mir vermittelten Optimierungsrichtlinien abteilungskonform sind, andererseits soll so auf diskrete Weise erreicht werden, dass Herr M. die Texte fortan nur in Bezug auf die politische Korrektheit überprüft und nicht länger stilistisch bearbeitet.

Aufgrund einer Textanalyse erstelle ich eine Check-Liste, welche ich zu Beginn des Coachings abgebe. Danach teile ich dem Autor in drei Runden mein Feedback mit: 1) Würdigung der gelungenen Aspekte des Textes, 2) Hinweise zu Verbesserungen und 3) Fragen und Unklarheiten sowie Ideen zu Änderungen in Bezug auf zukünftige Texte. In jeder Runde geben auch der Autor sowie die beiden Chefs ihre Ideen, Anregungen und Fragen ein. Gemeinsam überlegen und erarbeiten wir, wie dieser Text verständlich und adressatengerecht überarbeitet werden kann, und damit verbunden, welcher Zweck der Text erfüllen soll und wie viel Ausführungen für das Zielpublikum nötig sind.

Evaluation und Reflexion

Auch nach diesem Coaching werden die Resultate umgesetzt. Beispielsweise kommt es zum einen zu einer Abmachung für die Gliederung der Berichte und zum anderen werden die Tabellen und Texte neu nach einheitlichen Grundsätzen verbunden. Zudem werden neue Arbeitsteilungen und Formen der Teamarbeit organisiert: Die Feedback-Kultur wird geschätzt und es erscheint sinnvoll, dass sich einzelne Mitarbeitende gemäss ihren Neigungen spezialisieren und nicht länger alle alles machen (Redigieren von Texten, tabellarische Auswertungen, mündliches Präsentieren).

Drei Jahre nach Abschluss erbat ich von Herrn G. eine Einschätzung der längerfristigen Folgen des Coachings. Als wichtigste Punkte hob er hervor: Die Texte befänden sich im Vergleich zu anderen Abteilungen auf höherem Niveau. Eingespielt habe sich die Arbeitsteilung: So würden Mitarbeitende, welche stark in statistischen Darstellungen, aber weniger stark im Texten seien, in dieser Kompetenz respektiert und vermehrt für solche Arbeiten eingesetzt, dafür aber durch KollegInnen vom Schreiben entlastet. Herr M. beschränke seine Rückmeldungen auf die Korrektur der inhaltlichen Ausrichtung. Zudem sei selbstverständlich geworden, dass die Mitarbeitenden gegenseitig Texte austauschen und besprechen würden. Er selbst sei aber noch immer unzufrieden damit, dass er zu viel Zeit brauche, um die Texte von Mitarbeitenden zu überarbeiten: Damit er die Struktur des Textes erfassen könne, müsse er ihn selber umschreiben und könne nicht einfach Feedback geben.

Fazit für mich: Mit dieser dreiteiligen Weiterbildung konnten die wesentlichen Ziele erreicht werden, nämlich eine gute Textqualität, das gegenseitige Feedback zu Texten im Berufsalltag, die Vereinheitlichung von Regelungen zur Textdarstellung und ein besseres Selbstbewusstsein als professionell Schreibende. Ein wichtiger Baustein zur Erreichung dieses Erfolgs war die Mitarbeit des Chefs in Schulung und Coachings sowie der Einbezug und die Mitarbeit seines Chefs, Herrn M., beim Textcoaching. Weil sich diese beiden Instanzen der Textkontrolle auf die gemeinsame Auseinandersetzung über die Texte und deren Konzeption/Überarbeitung eingelassen haben, war für die Mitarbeitenden klar, dass ihre engagierte Arbeit beim Schreiben von Texten geschätzt und ihre Vorschläge respektiert wurden.

4 Ausblick

Schreibcoaching ist unserer Erfahrung nach ein wirkungsvolles Mittel zur Verbesserung der Textproduktion und zur Lösung von Schreibblockaden. Wir sind immer wieder verblüfft, wie passabel respektive deutlich verbessert die Texte schon nach wenigen Sitzungen sind. Dass so schnelle Fortschritte erzielt werden können, ist wohl darauf zurückzuführen, dass die übliche Schreibsozialisation bei unserer Kundschaft grundsätzlich gute schriftliche Sprachkompetenzen vermittelt hat. Darauf aufbauend kann durch das bewusste Einsetzen von prozessorientierten Schreibstrategien und durch die Thematisierung der Kontextbedingungen schnell viel erreicht werden.

Aber es bleibt dabei: Schreiben ist eine zeitintensive Arbeit. Grammatik-, Stil- und Textsorten-Sicherheit sind ohne Training nicht zu erreichen und bis ein Text kompositorisch stimmt, ist viel Gedankenarbeit nötig.

Literatur

Wichtige Grundlagenliteratur für unser Schreibcoaching sind:

Bamberger, Günter G. (2001^2): Lösungsorientierte Beratung. Weinheim, Basel: Beltz
Becker, Howard S. (1994): Die Kunst des professionellen Schreibens. Ein Leitfaden für die Geistes- und Sozialwissenschaften. Frankfurt am Main/New York: Campus
Bünting, Karl-Dieter/Bitterlich, Alex/Pospiech, Ulrike (2000): Schreiben im Studium mit Erfolg. Berlin: Cornelsen Scriptor
Franck, Norbert (2000): Schreiben wie ein Profi. Artikel, Berichte, Briefe, Pressemeldungen, Protokolle, Referate und andere Texte. Köln: Bund Verlag
Hajnal, Ivo/Item, Franco (2000): Schreiben und Redigieren – auf den Punkt gebracht! Das Schreibtraining für Kommunikationsprofis. Frauenfeld, Stuttgart, Wien: Huber
Keseling, Gisbert (2004): Die Einsamkeit des Schreibers. Wie Schreibblockaden entstehen und erfolgreich bearbeitet werden können. Wiesbaden: Verlag für Sozialwissenschaften.
Knapp, Karlfried/Antos, Gerd/Becker-Mrotzeck, Michael/Deppermann, Arnulf/Göpferich, Susanne/Grabowski, Joachim/Klemm, Michael/Villiger, Claudia (Hrsg) (2004): Angewandte Linguistik. Ein Lehrbuch. Tübingen: A. Francke
Kruse, Otto/Jakobs, Eva-Maria/Ruhmann, Gabriela (Hrsg.) (1999): Schlüsselkompetenz Schreiben. Konzepte, Methoden, Projekte für Schreibberatung und Schreibdidaktik an der Hochschule. Neuwied u. a.: Luchterhand

Kruse, Otto (2000): Keine Angst vor dem leeren Blatt. Ohne Schreibblockaden durchs Studium. Frankfurt am Main: Campus

Kruse, Otto/Berger, Katja/Ulmi, Marianne (Hrsg.) (2006): Prozessorientierte Schreibdidaktik. Schreibtraining für Schule, Studium und Beruf. Bern: Haupt

Märtin, Doris (2003): Erfolgreich texten! München: Heyne

Langer, Inghard/Schulz von Thun, Friedemann/Tausch, Reinhard (2002): Sich verständlich ausdrücken. 7., überarb. u. erw. Auflage. München, Basel: Ernst Reinhardt

Perrin, Daniel/Boettcher, Ingrid/Kruse, Otto/Wrobel, Anne (2002) (Hrsg..) Schreiben. Von intuitiven zu professionellen Schreibstrategien. Wiesbaden: Westdeutscher Verlag

Schmidt, Eva Renate/Berg, Hans Georg (1995): Beraten mit Kontakt. Handbuch für Gemeinde- und Organisationsberatung. Offenbach: Burckhardthaus-Lethare

Stickel-Wolf, Christine/Wolf, Joachim (2002): Wissenschaftliches Arbeiten und Lerntechniken. Wiesbaden: Gabler&Westdeutscher Verlag

Schreyögg, Astrid (1998): Coaching. Eine Einführung für die Praxis und Ausbildung. 3. Auflage. Frankfurt am Main: Campus

Psychologische Interventionen beim Schreibcoaching

Ulrike Scheuermann

In my practice as a writing coach for extensive writing projects I have come across four topics: the client's motivation, self-devaluations, fear and relationship between client and reader or client and coach. These topics are often mentioned by the clients or become important during the coaching conversation. This article introduces an attempt at a conceptual framework for the integration of psychological prospects and interventions into the writing coaching process. It shows case studies as well as possibilities for psychological interventions in the practice of the writing coach. Whenever psychological topics appear during the coaching conversation which cannot be solved with didactic interventions, psychological interventions are recommendable as a new access to the client's writing problems. The article examines different psychological interventions especially psychotherapeutic and counselling techniques which can change a blocked writing process into a successful one. Several factors need to be taken into consideration by the writing coach when using this type of approach: his psychotherapeutic and counselling qualifications, consideration of personal limitations and basic psychopathological knowledge support the coach's professional conduct.

1 Einleitung

Frau R. sitzt weinend im Sessel mir gegenüber. Es ist ihre dritte Schreibcoaching-Sitzung in meiner Praxis. Sie erzählt, dass sie kaum zum Arbeiten an ihrer Dissertation kommt. Sie fühlt sich unfähig, sinnvolle Gedanken zu entwickeln, geschweige denn, sie niederzuschreiben. Sie weint mehrmals täglich und hat oft Angstzustände, die sich auf ihre angenommene intellektuelle und wissenschaftliche Unfähigkeit und die mögliche Blamage beziehen, falls andere davon Kenntnis nehmen würden. Wenn sie es doch schafft, sich zum Arbeiten zu zwingen, so wertet sie sich selbst, ihre Gedanken und Ideen dabei so massiv ab, dass sie nach einiger Zeit erschöpft wieder aufgibt. In der Hochschule kämpft sie mit massiven Angstzuständen, besonders, wenn sie ihre Professoren sieht. Verschiedene Veränderungen ihres Schreibhandelns haben ihr bisher nicht geholfen, eine entspanntere Arbeitsweise zu erreichen.

Was tun, wenn schreibdidaktische Interventionen allein nicht weiter helfen und wenn die psychologische Beeinträchtigung beim Schreiben so stark im Vordergrund steht wie bei Frau R.? Dieser Beitrag basiert auf meinen Erfahrungen als Schreibcoach und den Auswertungen von Mitschriften und schriftlichen Nachbereitungen von Coachingsitzungen und der Auswertung eines Interviews mit einer Frau, die an einer massiven Schreibblockade litt. Er soll folgende Fragen beantworten:

Warum und wann sind psychologische Interventionen beim Schreibcoaching sinnvoll? Wie kann man dabei verfahren? Wo sind die Grenzen psychologischer Interventionen?

Bei meiner Praxistätigkeit als Diplom-Psychologin und Schreibcoach[1] erlebe ich immer wieder Menschen, die während ihrer Schreibaufgabe phasenweise belastet, überfordert und verzweifelt sind. Zu mir kommen vor allem Menschen, die an umfangreichen Schreibprojekten wie wissenschaftlichen Arbeiten und Publikationen arbeiten. Dabei sind Selbstzweifel, Angst, überhöhte Ansprüche an das Schreibprodukt, festgefahrenes und eingeengtes Denken, Schreibunlust und Vermeidungsverhalten recht häufige psychologisch beschreibbare Merkmale eines Schreibprozesses, der alles andere als reibungslos verläuft. Bei psychischen Belastungen und psychologisch begründeten Hemmnissen beim Schreiben kann die Psychologie mit ihren Anwendungsfeldern Erklärungs- und Interventionsansätze anbieten. Bestimmte Probleme im Schreibprozess sind nach meiner Erfahrung nur über eine psychologische Herangehensweise sinnvoll zu bearbeiten und zu lösen. Ich nutze dabei meine rund zehnjährige Erfahrung als Krisenberaterin in der ambulanten Krisenversorgung einer Großstadt: Auch beim Schreiben treten Krisen auf und erfordern individuell sehr unterschiedliche Interventionen – ähnlich wie bei der Krisenintervention.

Bei dem hier vorgestellten Interventionsansatz passt der Schreibcoach kontextbezogen die jeweiligen Interventionen an die Gefühlslage und die Bedürfnisse der Klientin[2] an und wählt dabei aus einem breiten Repertoire von Interventionsmöglichkeiten aus.

Ziel dieses Beitrags ist es, die psychologische Perspektive in den Diskurs über Schreibcoaching einzubringen und Anregungen für ein *auch* psychologisches Interventionsrepertoire zu geben. In eine ähnliche Richtung geht der ganzheitliche Schreibcoaching-Ansatz von Werder, Schulte-Steinicke und Schulte (2001). Sie sehen ebenfalls die Notwendigkeit, neben der kognitiven Interventionsebene die Verarbeitung emotionaler Bezüge zu unterstützen und zudem noch physiologische und hirnneurologische Aspekte in den Coaching-Prozess einzubeziehen.

---

1 Weitere Informationen zu meiner Tätigkeit finden sich auf meiner Website: <http://www.ulrike-scheuermann.de>

2 Ich verwende bei Substantiven *zufällig* die männliche *oder* die weibliche Form, ohne dass hiermit eine Hervorhebung des jeweilig verwendeten Geschlechts gemeint wäre.

2 Schreibcoaching zwischen psychologischer und schreibdidaktischer Intervention

Bei welchen Themen ist psychologisches Intervenieren überhaupt sinnvoll und wann haben andere Interventionsformen vorrangig Bedeutung? Bevor ich dieser Frage nachgehe, kläre ich die Begriffe „Schreibcoaching" und „psychologische Interventionen".

2.1 Begriffsklärungen

Schreibcoaching

Ich verstehe Schreibcoaching als spezialisierte Form von Coaching. Seit den Achtziger Jahren wird das Coaching-Konzept vor allem im Rahmen der Managementenwicklung diskutiert (Looss 2002, 13). Heute wird der Begriff längst für die verschiedensten Formen der karriere- und entwicklungsorientierten Unterstützung von Einzelnen und Gruppen verwendet. Wolfgang Looss – selbst führender Vertreter des Führungskräftecoaching – definiert entsprechend allgemein: „Coaching ist – verkürzt formuliert – personenbezogene Einzelberatung von Menschen in der Arbeitswelt." (Looss 2002, 13). Deutlich wird bei Loos – wie auch in anderer Coaching-Literatur – die synonyme Verwendung der Begriffe Beratung und Coaching. Diese Begriffe sind in der Praxis schwer voneinander abzugrenzen und oftmals an die Bedürfnisse der Zielgruppe angepasst.

Ähnlich breit anwendbar beschreibt Astrid Schreyögg den Begriff in ihrem Coaching-Standardwerk:

> Coaching dient dann einerseits als *Maßnahme der Personalentwicklung*, die sich perfekt auf die Belange des Einzelnen zuschneiden lässt. Daneben dient es als *Dialogform über ‚Freud und Leid' im Beruf*, denn hier erhalten alle beruflichen Krisenerscheinungen, aber auch alle Bedürfnisse nach beruflicher Fortentwicklung den ihnen gebührenden Raum. (Schreyögg 2003, 11-12)

Die Idee der Hilfe zur Selbsthilfe und die Förderung der „Selbstregulationsfähigkeiten des Klienten", so z. B. benannt in der Coaching-Beschreibung von Rauen (1999, 10), ist in allen ressourcenorientierten Beratungs- und Therapieansätzen verankert: Eine nachhaltige Entwicklung ist nur möglich, wenn der Klient sich langfristig unabhängig von der Hilfe macht, die er in einer bestimmten Situation brauchte.

Für den Lernprozess beim Coaching ist die besondere Beziehung zwischen Coach und Klient eine wichtige Basis, um den Umgang mit anderen Menschen und Werten neu zu gestalten und sich weiter zu entwickeln (vgl. Looss 2002).

Die Konzeption des Schreibcoaching hat sich aus diesem Verständnis heraus entwickelt, aber statt auf das Thema Führung wird auf das Thema Schreiben fokussiert:

Anke Fröchling definiert Schreibcoaching „als personenzentrierte (Einzel-) Beratung entlang der Frage, wie das berufliche, wissenschaftliche oder literarische Schreiben von der Person bewältigt wird." (Fröchling 2002, 11). Michael Klemm grenzt Schreibcoaching und -beratung voneinander ab, für ihn „stellt Schreibcoaching die intensivste Form der [Schreib-]Beratung [dar], da der Schreibende über längere Zeit und oft an seinem Arbeits- und Schreibplatz individuell betreut wird (...) der Berater kann sich ganz auf die Probleme des Schreibenden und dessen spezifische Schreibaufgaben einlassen" (Klemm 2004, 139). Nach meinem Verständnis kann Schreibcoaching auch niederfrequent oder kurz begleiten, ohne dass dann der Coachingbegriff nicht mehr zutreffen würde.

Ich beschreibe das Schreibcoaching als eine prozess- und entwicklungsorientierte Beratung von Menschen, die schreiben (wollen). Den Interventionen liegt ein breites methodisches – sowohl psychologisches als auch schreibdidaktisches – Repertoire zugrunde. Ausgangspunkt des Schreibcoaching sind die individuellen Probleme und Ziele der Klientin. Basis ist die vertrauensvolle Beziehung zwischen Schreibcoach und Klient. Ziel des Schreibcoaching ist die möglichst erfolgreiche Umsetzung der Schreibaufgabe mit individuell passenden Bewältigungsformen, die zu einem gelingenden Schreibprozess führen. Weiteres Ziel ist, dass die Klientin langfristig unabhängig vom Coach wird bzw. zunehmend niederfrequent unterstützt wird.

Psychologische Interventionen

Psychologische Interventionen sind Handlungen, die in einen psychischen Entwicklungsprozess mit psychologischen Methoden eingreifen. Psychologische Interventionen sollen beim Schreibcoaching psychologisch bedingte Schreibprobleme abbauen und den Schreibprozess voranbringen. Zu den psychologischen Interventionen gehören psychotherapeutische Techniken als Anleihen bei den psychotherapeutischen Verfahren, aber auch Beratungs- und kommunikationspsychologische Methoden. Ziel psychologischer Interventionen ist die emotionale Entlastung und die Stärkung der psychischen Verfassung des Klienten ebenso wie die Veränderung emotional, kognitiv und verhaltensmäßig schreibhemmender Symptome.

Psychotherapeutische Techniken bilden für viele Beratungs- und Coachingansätze eine wichtige Interventionsbasis, so auch für den hier vorgestellten Schreibcoaching-Ansatz. Astrid Schreyögg beschreibt methodische Anleihen bei psychotherapeutischen Verfahren, um damit ein Handwerkszeug für Coaching-Gespräche zu entwickeln. (Schreyögg 2003, 257 ff.). Im Coaching werden psychotherapeutische Methoden als Ausschnitte aus einem psychotherapeutischen Verfahren eingesetzt. Sie sollen keinen psychotherapeutischen Prozess anregen, sondern dienen der Bearbeitung einzelner Schreibprobleme.

Ich nehme hier vor allem Bezug auf die tiefenpsychologischen Verfahren, aber auch auf die kognitive Verhaltenstherapie, die systemisch-lösungsorientierte Kurztherapie und kommunikationspsychologische Ansätze. Des Weiteren erwähne ich Methoden der Schreibtherapie als Schnittstelle zwischen Schreibdidaktik und psychologischer Intervention.

2.2 Psychologisch oder schreibdidaktisch intervenieren?

Im Schreibcoachingprozess tauchen Themen auf, die eher schreibdidaktisch oder eher psychologisch zu bearbeiten sind. Nicht alle Themen können eindeutig zugeordnet werden, so sind z. B. beim Thema Motivation oder der Beziehung zu den Lesenden beide Interventionsansätze oft gleichbedeutend und können auch parallel oder nacheinander zum Einsatz kommen (vgl. dazu auch Marti/Ulmi in diesem Band). Welche Themen in den Vordergrund treten und auf ein bestimmtes Vorgehen – eher psychologisches oder eher schreibdidaktisches Intervenieren – verweisen, hängt z. B. vom Kontext, von der individuellen Schreibsituation, der psychischen Verfassung und den Schreibkompetenzen des Klienten ab. Einige Themen, die mir beim Schreibcoaching begegnen, habe ich in Abb. 1 den Interventionsformen zugeordnet.

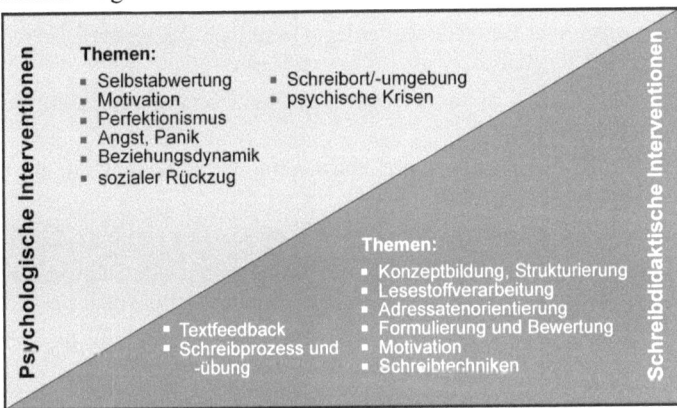

Abbildung 1: Psychologische und schreibdidaktische Interventionen im Schreibcoaching-Prozess

Themen, die für psychologisches Intervenieren sprechen, sind z. B.

- Selbstabwertung: Abwertung der eigenen Person, ihrer Schreibleistung und des Textproduktes
- Motivation: psychologisch begründete Motivation zum Schreiben und Beweggründe für die Wahl eines bestimmten Schreibthemas
- Perfektionismus: Überhöhte Leistungsansprüche und kaum erreichbare oder unerreichbare Erwartungen an sich selbst/das Textprodukt
- Angst und Panik im Zusammenhang mit der Schreibaufgabe
- Beziehungsdynamik zwischen Klient und Leser bzw. innerem Adressaten und zwischen Coach und Klient

- Sozialer Rückzug, wenn fachlicher Austausch, Feedback und u. a. Kommunikation über das eigene Schreibthema angebracht wären (nicht zu verwechseln mit dem schreibförderlichen sozialen Rückzug während einer produktiven Schreibphase)
- Schreibort und Schreibumgebung, die Schreibstimmung und Schreibverhalten beeinflussen
- Psychische Krisen, die von der Nicht-Bewältigung einer Schreibaufgabe ausgehen bzw. dort ihren Anfang nehmen.

Folgende Themen sprechen nach meiner Erfahrung besonders für eine schreibdidaktische Herangehensweise:

- Störungen bei der Konzeptbildung, Strukturierungsprobleme
- Probleme damit, Lesestoff angemessen zu verarbeiten und mit eigenen Gedanken zu verknüpfen
- Probleme beim adressatenorientierten Schreiben
- Formulierungs- und Bewertungsprobleme bezüglich des eigenen Schreibproduktes
- Motivationsprobleme, die durch Übung und erweiterte Schreibkompetenzen bearbeitet werden können
- Mangelndes Know-how zu Schreibtechniken, um die Schreibaufgabe bestmöglich anzugehen
- Unproduktives Textfeedback von Personen im sozialen Umfeld
- Fehlendes Wissen über den Schreibprozess und mangelnde Schreibübung.

Darüber hinaus gibt es Interventionen, die weder als schreibdidaktisch noch als psychologisch zu bezeichnen sind, zum Beispiel Interventionen für das individuelle Zeitmanagement, oder für die Vermittlung von Know-how zum Publikationsprozess und zu den Anforderungen des Buchmarktes.

3 Psychologisch intervenieren in der Schreibcoaching-Praxis

Im folgenden Kapitel stelle ich im ersten Schritt die zentralen Themen vor, die ich aus meinen Mitschriften der Coaching-Sitzungen und einem Interview herausgearbeitet habe: Motivation zum Schreiben, Selbstabwertungen beim Schreiben, Angst in Zusammenhang mit dem Schreiben und Beziehungsgestaltung zum Leser und zum Coach. Im zweiten Schritt beschreibe ich psychologische Interventionen, mit denen diese Themen bestmöglich zu bearbeiten sind. Themen und Interventionen veranschauliche ich durch anonymisierte Fallbeispiele aus meiner Praxis.

3.1 Motivation zum Schreiben

Motivation ist ein Begriff aus der Psychologie, der den Beweggrund für ein bestimmtes Verhalten bezeichnet. Die Motivation entscheidet letztendlich darüber, ob ein Mensch eine Handlung ausführt oder unterlässt. Das Thema der Motivation taucht beim Schreibcoaching sehr häufig und in unterschiedlichen Facetten auf: Kann sich ein Schreiber überhaupt zum Schreiben motivieren? Was genau motiviert ihn zum Schreiben? Wie fördert oder hemmt diese Motivation das Schreiben? Die psychologische Intervention kann hier erfolgreich sein, wenn schreibdidaktische Interventionen nicht fruchten.

3.1.1 Facetten des Themas

Vermeidungsverhalten

„Ich mache dann alles Mögliche, nur nicht schreiben", sagte eine Klientin. Beim Vermeidungsverhalten vermeidet der Betreffende die Schreibarbeit ganz oder arbeitet nur sehr wenig daran. Viele Schreibende berichten von der exzessiven Ausübung anderer Tätigkeiten: Die Wohnung ist optimal geputzt und aufgeräumt, der Kühlschrank ist geplündert, die Telefonrechnung ist ungewöhnlich hoch. Viele Klienten quälen sich mit dem Wissen, die Schreibaufgabe angehen zu müssen und es gleichzeitig nicht zu bewerkstelligen. Oft sind damit Scham, Verzweiflung, Wut und Frustration verbunden. Viele Schreibende kennen solche Zustände. Der individuelle Leidensdruck ist dann entscheidend dafür, ob professionelle Hilfe als Unterstützung sinnvoll ist.

Durchhalteprobleme

„Am Anfang gebe ich noch Vollgas, später dann nur noch Tempo 30 und irgendwann säuft der Motor ab." So beschreibt ein Klient seine Durchhalteprobleme bei einem umfangreichen Schreibprojekt. Typisch ist, dass jemand ein Schreibprojekt mit großem Elan und mit Begeisterung startet, jedoch erlahmt die anfangs vielversprechende Motivation im weiteren Verlauf. Fragen nach der Sinnhaftigkeit des Schreibens tauchen auf: „Wozu mache ich mir diesen Stress? Ich könnte ein leichtes Leben haben, wenn ich nicht schon wieder veröffentlichen wollte. Eigentlich habe ich keine Lust." Hier stellt sich die Frage, wo die anfängliche Motivation geblieben ist.

Freudlosigkeit

Dieses Phänomen erscheint mir ebenso wichtig wie die beiden zuvor genannten Themen: Ein Schreibender wirkt motiviert, denn er arbeitet diszipliniert und emsig an seinem Schreibprojekt; dennoch klagt er über mangelnde Freude, Lust und Effektivität beim Schreiben. Er schreibt zwar, doch die Schreibarbeit wird als fern vom eigenen Wollen erlebt, fremdbestimmt, evtl. sogar erzwungen. Wie ist hier die Schreibmotivation einzuschätzen? Ist derjenige überhaupt als motiviert zu bezeichnen, oder wirkt er nur so, weil er pflichtbewusst und fleißig am Schreibtisch sitzt und die Tastatur betätigt? Wie kann er (wieder) mehr Freude entwickeln auch bei Pflichttätigkeiten im Schreibprozess?

3.1.2 Fallbeispiele und Interventionen

In diesen Fällen haben psychologische Interventionen in der Regel das Ziel, die Motivation zu verbessern und die Tragfähigkeit der Motivation zu erhöhen. Ein mögliches Ergebnis ist jedoch auch, dass eine Klientin erkennt, dass ihre Motivation nicht tragfähig genug ist und dass sie besser beraten ist, sich thematisch anders zu orientieren oder die Schreibarbeit ganz aufzugeben.

Tiefenpsychologische Methoden zum Ergründen der Motivation

Um die Tragfähigkeit der Motivation zu prüfen, stellt sich im Coaching die Frage, ob überhaupt eine intrinsische Motivation vorhanden ist, bei der die Schreibtätigkeit als selbstkongruent erlebt wird und bei der das Selbst intensiv beteiligt ist (vgl. Martens/Kuhl 2005).

Ich schlage für das Ergründen der Motivation vor, auf der Basis tiefenpsychologischer Therapieverfahren vorzugehen. Bei diesen Therapieverfahren wird durch Introspektion und aufdeckende Arbeit (Bewusstmachung) das Unbewusste in den therapeutischen Prozess einbezogen. Den prägenden Bezugspersonen – in der Regel die Mitglieder der Primärfamilie – wird eine hohe Bedeutung für die psychische Entwicklung der Person zugeschrieben. Es wird die Existenz von innerpsychischen Abwehrmechanismen angenommen, die z. B. eine Verdrängung von Gefühlen und Denkinhalten ermöglichen und zugleich psychische Energie binden.

Im Schreibcoaching kann danach gefragt werden, welche Beweggründe es gibt, ein bestimmtes Schreibthema und Schreibziel zu wählen. Welche Umstände lassen sich dafür in der Lebensgeschichte des Schreibenden finden? Gibt es ein Lebensthema, das sich im Schreibthema wiederfinden lässt? Mit welchen Erinnerungen sind die Gefühle verbunden, die den Klienten vom Schreiben abhalten? Durch freies Assoziieren – mündlich oder schriftlich, können verdrängte Inhalte bewusst werden. Die Schreibtherapie nutzt dafür z. B. das Freewriting (Elbow 1998) und das Clustering (Rico 2004).

Mit dem ersten Fallbeispiel verdeutliche ich, wie sich die Auseinandersetzung mit dem Schreibthema auf die Schreibmotivation auswirken kann. Herr S. baut seine Aversionen gegen das Thema dadurch ab, dass er mehr Verständnis für die Hintergründe seiner Themenwahl entwickelt.

> (1) Herrn S. erscheint die Themenwahl für seinen Buchbeitrag als beliebig und zeitweise empfindet er starke Aversionen gegen das Thema. Die resultierenden Schreibprobleme rütteln an seinem Selbstbild als erfahrener Jurist und – bisher – störungsfrei schreibender Autor. Fragen zu seiner Motivation und seinem persönlichen Bezug zum Thema hat er sich bisher nicht gestellt, er „fand das Thema einfach schon immer interessant". Im Verlauf des Coaching stellt er dann Zusammenhänge zwischen seinem Schreibthema und seiner Kindheitssituation her, in

der das gleiche Thema in anderer Form sein Leben prägte. Die Herstellung dieses persönlichen Bezugs macht ihn nachsichtiger mit seinen Schreibproblemen und erleichtert ihm das Schreiben. Dass seine Biografie ihn auch aktuell noch stark prägt, kann er mit der Zeit akzeptieren, wodurch die Aversionen gegen das Thema nachlassen: Er erlebt die Schreibaufgabe zunehmend als Teil von sich selbst.

Bei Frau L. geht es in der Auseinandersetzung mit ihrer Motivation um das Ziel, das sie mit der Schreibaufgabe verfolgt. Sie macht sich die Erwartungen ihrer Herkunftsfamilie bewusst, wodurch ein veränderter Zugang zum Schreiben möglich wird:

(2) Frau L. strebt eine wissenschaftliche Karriere in der biologischen Forschung an. Die Promotion ist dabei für sie eine lästige Etappe auf dem Weg zum Karriereziel ‚Professorin'. Sie vermeidet jedoch konsequent das Schreiben, weder ein straffer Zeit- und Arbeitsplan noch verschiedene Schreibübungen halfen ihr bisher, an ihren Schreibaufgaben zu arbeiten. Ich frage sie, warum sie überhaupt in der Wissenschaft Karriere machen will. Wann und wie hat sich dieses Berufsziel entwickelt? Bei der Bearbeitung dieser Fragen stellt sich heraus, dass Frau L. aus einer regelrechten Wissenschaftsfamilie stammt: Alle direkten Familienmitglieder sind als Wissenschaftler tätig bzw. haben zumindest promoviert. Für die Familie und Frau L. ist es selbstverständlich, dass auch sie promovieren wird. Im Coaching geht es darum, wie Frau L. eine unabhängige Entscheidung für oder gegen die Promotion treffen kann. Wir versuchen zu ergründen, ob Frau L. auch aus sich selbst heraus promovieren möchte, oder ob sie ausschließlich unhinterfragte Erwartungen erfüllt. Frau L. macht sich mit der Zeit innerlich unabhängiger von dem beschriebenen familiären Promotionsdruck. Dadurch kann sie ihre eigene Lust am Forschen wieder entdecken. Sie findet außerdem heraus, dass sie Freude an der Kommunikation von wissenschaftlichen Inhalten hat. Ihr Schreibziel verändert sich dadurch: Es geht nicht mehr ausschließlich darum, die Promotion abzuschließen, um einen weiteren Karriereschritt zu gehen, sondern sie möchte die Ergebnisse ihrer Forschungsarbeit anderen vermitteln. Die intrinsische Motivation zum Schreiben nimmt deutlich zu und die Schreibblockade löst sich; schreibdidaktische Interventionen werden möglich.

Systemisch-lösungsorientiertes Vorgehen

Systemisch-lösungsorientierte Interventionen ermöglichen einen völlig anderen Zugang zur Bearbeitung von Motivations- und anderen Schreibproblemen. Die systemisch-lösungsorientierte Kurztherapie ist an den Ressourcen einer Person und der Ausrichtung auf die Zukunft orientiert. Darüber hinaus fokussiert sie auf mögliche Lösungen statt auf die Probleme (vgl. z. B. de Shazer 2006). Sie arbeitet unter anderem mit ungewöhnlichen Fragetechniken wie z. B. dem zirkulären Fragen (Simon/Rech-Simon 2001) oder Wunder-, Ausnahme- und Zielfragen, um einen Perspektivwechsel zu erreichen.

Beim *Zukunftsszenario* wird z. B. versucht, die Klientin zur Entwicklung einer veränderten Perspektive einzuladen: „Stellen Sie sich vor, sie wären ... Jahre älter als jetzt: Wie würde Ihr Leben in dieser Zukunft aussehen? Was denken Sie über Ihre jetzige Situation in dieser Zukunft?" Durch eine veränderte Perspektive (aus der Zukunft auf die heutige Situation) und ein konkretes Bild der Zukunft wird die heutige Schreibaufgabe in einen größeren Lebenszusammenhang gestellt. Der persönliche Sinn der Schreibaufgabe wird deutlich, aktuelle Probleme, die vom Schreiben abhalten, werden relativiert und die Klientin entwickelt evtl. eine hohe Motivation zum Schreiben angesichts des Nutzens, der sich für sie daraus entwickeln kann.

Mithilfe der sogenannten „Wunderfrage" (Miller/Berg 2003) lassen sich Lösungsansätze, die der Klient selbst in sich trägt, analysieren und als Grundlage für reale Veränderungen und Ziele nehmen: „Stellen Sie sich vor, Sie wachen am Morgen auf und über Nacht ist unbemerkt ein Wunder eingetreten: Ihr bisheriges Problem ist gelöst. Was wird am Morgen anders sein, wodurch Sie bemerken, dass das Wunder geschehen ist? Was wäre anders in Ihrem Leben als bisher?" Der Klient soll ganz genau beschreiben, was sich verändert hat, wie er sich dann fühlen würde und woran andere bemerken würden, dass das Problem gelöst ist. Damit scheinen erste Lösungsansätze auf, die dann für die Umsetzung konkretisiert werden können. Hier ergeben sich oft allein durch die ungewohnte Denkweise verblüffende Wendungen.

3.2 Perfektionismus und Selbstabwertungen

3.2.1 Das Thema

Perfektionismus und Selbstabwertung gehören zusammen: Schreibende stellen oftmals überhöhte Erwartungen an ihr Schreibprodukt, zugleich merken sie, dass sie diese Erwartungen nicht erfüllen können und werten sich nachfolgend selbst ab. Sie sind ein wichtiges psychologisch zu bearbeitendes Thema beim Schreibcoaching. Meine Klienten beschreiben Selbstabwertungen zum Beispiel folgendermaßen: „Was ich schreibe ist banal", „das dauert noch ewig, bis es so ist, wie ich wollte", „das wurde doch schon alles gesagt und geschrieben", „ich muss erst noch mehr zu dem Thema lesen" usw.

3.2.2 Fallbeispiele und Interventionen

Wie kann man diese Selbstabwertungen, die in der Regel den Schreibprozess empfindlich stören oder gar blockieren, verändern und abmildern? Hilfreiche Schritte sind, die Selbstabwertungen zu identifizieren, Hintergründe zu benennen und anschließend Vorstellungen und Verhalten zu verändern.

Identifizieren von Selbstabwertungen

Der erste Schritt, um Selbstabwertungen abzumildern und zu verändern, ist – wie bei jeder beraterischen und therapeutischen Intervention – die Diagnostik, die dazu führt, dass Selbstabwertungen identifiziert werden. Dies geschieht durch eine ausführliche Anamnese der Schreibprobleme. Explizit wird die Klientin nach Selbstgesprächen, inneren Dialogen während und bezüglich des Schreibens gefragt. Wenn es gelingt, Selbstabwertungen zu identifizieren, ist ein wichtiger

Schritt getan. Das ist jedoch meist ein schwieriges Unterfangen, denn innere Stimmen oder ein innerer Dialog sind dem Bewusstsein nicht unbedingt zugänglich. Hier kann schreibtherapeutisch z. B. mit einem fiktiven Dialog zwischen dem inneren Kritiker und dem Schreib-Ich als schreibkompetentem Teil der Persönlichkeit gearbeitet werden (Fröchling 2002, 108). Werder sieht den Dialog mit dem inneren Zensor gar als beste Therapie gegen Schreibstörungen. „Der Zensor wird im besten Fall von einem Feind zu einem kritischen Begleiter" (Werder 1995, 39). Allgemein gilt: Je bewusster Gedanken und Gefühle sind, desto leichter können sie auch verändert werden.

Hintergründe von Selbstabwertungen erfragen

In einem zweiten Schritt werden die Hintergründe von Selbstabwertungen ermittelt, damit der Klient mehr Verständnis und Nachsicht für sich entwickeln kann. Fast immer können Klientinnen Gründe für Selbstabwertungen nennen, die in ihrer Biografie zu finden sind. Sie empfinden es dann als entlastend, den biografischen Bezug herstellen zu können. Die Gefühle der Trauer, des Schmerzes, der Wut und der Verzweiflung, die damit einhergehen können, gehören zu jedem Prozess der Bewusstmachung und der persönlichen Weiterentwicklung. So kann ein wichtiger Schritt zur emotionalen Entlastung der Klientin und damit zur Befreiung von selbstabwertenden Schreibstörungen getan werden. Ein freundlicherer Umgang mit sich selbst wird möglich.

Zu Beginn dieses Beitrags habe ich den Fall von Frau R. eingeführt. Frau R. konnte wegen starker auf das Schreiben bezogener Ängste kaum an ihrer Dissertation arbeiten. Bei ihr wird der biografische Bezug der Selbstabwertungen deutlich:

> (3) Während der Schreibarbeit wertet Frau R. sich und ihre Schreibkompetenzen häufig so massiv ab, dass sie nach kurzer Zeit aufgibt und andere Arbeiten erledigt. Beim Schreibcoaching bringt sie selbst die Hintergründe für ihre Selbstabwertungen zur Sprache, die biografischen Zusammenhänge kennt sie bereits aus einer früheren Psychotherapie: Sie erlebt seitens ihres Vater von jeher eine Abwertung ihrer intellektuellen Fähigkeiten. Die Rollen waren unter den Geschwistern aufgeteilt: die ältere Schwester der Klientin war „die Schlaue, die Intellektuelle", die Klientin hatte die Rolle der „Spaßmacherin, des Clowns". Niemand in der Familie traut(e) ihr zu, intellektuelle Leistungen vollbringen zu können. Frau R. übernahm diese familiäre Rollenzuschreibung und kann sich bis heute zum Teil nicht davon lösen. Die Gespräche im Schreibcoaching stellen für sie eine wichtige Hilfe dar, um sich emotional zu entlasten und anschließend entspannter und produktiver zu arbeiten. Meine Rolle ist dabei oft die der einfühlsamen Zuhörerin: Empathisches Zuhören ist eine wichtige und anspruchsvolle Tätigkeit, die in diesem Fall Frau R. sehr hilft, ihre Schreibhemmungen nachsichtiger zu bewerten und Abstand von den negativen inneren Stimmen zu gewinnen. Im Lauf der Zeit wird Frau R. dadurch emotional wieder stabiler.

Methoden der kognitiven Verhaltenstherapie

Bei der kognitiven Verhaltenstherapie wird davon ausgegangen, dass durch kognitive Umstrukturierung Gedanken-, Gefühls- und Verhaltensmuster verändert werden können. Dazu wird im ersten Schritt das dysfunktionale Muster identifiziert und über den Aufbau von Alternativen und Training ein neues Verhalten in der Praxis verankert (vgl. z. B. Stavemann 2003).

Die Technik des Gedankenstopps kann beispielsweise dabei helfen, problematische kognitive und emotionale Prozesse aufzudecken, indem der Klient innerlich „Stopp!" ruft und sich anschließend vor Augen führt, welche psychischen Prozesse in dem Moment abliefen (Stavemann 2003, 108). Anschließend wird ein inneres Drehbuch entwickelt, das ein neues sinnvolles Denken und Handeln zuerst auf der imaginativen Ebene und dann im Alltag trainiert (Stavemann 2003, 259-262). Durch die Umformulierung negativer Denkinhalte kann die Klientin ein positive(re)s Selbstgespräch einüben. Diese Umformulierungen können auch schriftlich stattfinden.

Des Weiteren kann beim Auftauchen von Selbstabwertungen systematisch der Dialog mit anderen Personen initiiert werden.

> (4) Blieb die oben beschriebene Klientin Frau R. bisher in ihren selbstabwertenden Stimmungen gefangen, so gelingt es ihr im Verlauf des Coaching zunehmend, in den Dialog mit anderen Personen einzutreten. Sie lernt, während fester Schreibzeiten die emotionale Überlastung auszuklammern. Sie sucht sich Personen, die ihr emotionale Unterstützung und fachlichen Austausch geben können. Sie telefoniert häufig mit diesen Personen. Sie beschreibt diese Entwicklung als „weiten Weg vom monologischen zum dialogischen Arbeiten".

Andere Personen fungieren dann korrigierend als Repräsentanten eines wertschätzenden Selbst. Auch der Schreibcoach kann diese Funktion für einige Zeit einnehmen, langfristig sollte die Klientin jedoch unabhängig vom Coach werden und ein soziales Netzwerk ausbauen, in dem sie Bestätigung erhält. Solche realen Gegenstimmen können oft erstaunlich leicht und schnell die Selbstabwertungen abklingen lassen. Gegenstimmen können auch in Form von produktivem Textfeedback wirken – hier überschneiden sich schreibpsychologische und schreibdidaktische Interventionen.

3.3 Angst im Zusammenhang mit dem Schreiben

3.3.1 Facetten des Themas

Angst ist ein wichtiges Thema im Schreibprozess. Angst kann ständig präsent sein – unterschwellig oder offensichtlich. Angst kann produktiv sein, wenn sie beispielsweise motivationsfördernd wirkt. Unproduktiv wird sie dann, wenn sie lähmt oder verdrängt wird wie im Fall von Herrn T. Häufig beziehen sich Ängste auf die möglichen Reaktionen der Leserschaft: „Wie werden die mein Buch finden? Legen sie es kopfschüttelnd zur Seite? Gibt es einen Aufschrei der Empörung? Wird A. sich auf den Schlips getreten fühlen?" Die Angst vor dem Veröffentlichen der eigenen Schreibarbeit, die Angst vor Bewertung und Abwertung durch Lesende stehen im Vordergrund. Aber auch Ängste, die die Schreibleistung betreffen, können das freie Schreiben hemmen: „Das schaffe ich niemals, auch wenn ich Tag und Nacht arbeite".

3.3.2 Fallbeispiel und Interventionen

Der Klient Herr T. litt nicht an übermäßiger Angst im Schreibprozess, sondern nach meiner Einschätzung erlebte er zu wenig Angst. Herr T. fand im Verlauf des Schreibcoaching mehr Zugang zu seinen Gefühlen und erreichte dadurch ein höheres Aktivitätsniveau. Der Zusammenhang der beiden Themen Angst und Motivation wird in diesem Beispiel deutlich.

> (5) Herr T. arbeitet immer dann an seiner Abschlussarbeit, wenn er gerade Lust verspürt, was eher selten vorkommt, obwohl der nahende Abgabetermin nach meiner Einschätzung zu höchster Aktivität antreiben müsste. Er kommt zum Schreibcoaching, weil er sich jemanden wünscht, der ihn zur Arbeit motiviert. In der Vergangenheit hatte er ein anderes Studium wegen der unfertigen Abschlussarbeit abgebrochen, er verspürt jetzt aber keine Angst, nicht rechtzeitig fertig zu werden. Eine genaue Zeitplanung und die Entwicklung möglichst realistischer Zukunftsszenarios helfen Herrn T. im Coaching dabei, sich den realen Zeitdruck bewusster zu machen. Er findet – auch durch meine wiederholten Nachfragen im Coaching – mehr Zugang zu den zuvor verdrängten Angstgefühlen im Zusammenhang mit dem Abschluss der Arbeit und des Studiums. Er spürt auch im Alltag ab und zu Angst, die ihn dann zum Schreiben motiviert.

Häufiger als zu wenig Angst erleben Klienten in meiner Praxis jedoch ein Übermaß an Angst. In diesen Fällen habe ich unter anderem mit schreibtherapeutischen Interventionen gute Erfahrungen gemacht.

Schreibtherapeutische Interventionen

Insbesondere bei emotionalen Schreibproblemen wie Ängsten halte ich schreibtherapeutische Ansätze als klärende und entlastende therapeutische Maßnahme für sinnvoll. Belanoff (1991) geht davon aus, dass Schreiben das innere Gefühlschaos zu sprachlicher Ordnung transformiert. Insbesondere das Freewriting (Elbow 1998) ist eine Möglichkeit, diese Transformationen gelingen zu lassen, ohne dass sie durch Angst abgeblockt werden: Es wird über ca. zehn Minuten möglichst schnell, unzensiert, unkorrigiert und ohne innezuhalten geschrieben. Dabei wird auch Müll produziert, der dann aber – und das ist die therapeutische Funktion – nicht mehr im Kopf stört, sondern auf dem Papier stehend in den Papierkorb entsorgt werden kann. Wird ein Text in mehreren Durchgängen von Freewriting immer wieder neu und weiter geschrieben, so nennt Elbow diese Art des Schreibens „Wachsen" (Elbow 1998, 22 ff.). Nicht nur der Text wächst, sondern auch die Person des Schreibenden, indem durch das wiederholte Niederschreiben von Gedanken und Gefühlen sich diese verändern, relativieren und neue Perspektiven entstehen.

Schreibtherapeutische Interventionen dienen auch dazu, ein entspanntes und spielerisches Schreiben (wieder) erfahrbar zu machen; und der Klient erfährt, wie sich durch das Schreiben Denkprozesse weiterentwickeln und neue Lösungsansätze auftauchen. Zum Einsatz der Schreibtherapie im Schreibcoaching finden sich bei Werder, Schulte-Steinicke und Schulte (2001) weitere Vorschläge.

3.4 Beziehungsdynamik im Coachingprozess

Die Beziehungsdynamik ist von zentraler Bedeutung für die psychologisch orientierte Intervention beim Schreibcoaching. Es geht zum einen um die Frage, wie die Klientin die reale Beziehung zu einem Leser des Textes gestaltet, aber auch, wie die Beziehung zum inneren Adressaten beschaffen ist. Zum anderen kann die Beziehung zwischen Coach und Klient ein diagnostisches Instrument und zugleich ein Entwicklungsfaktor sein.

3.4.1 Beziehung zum Leser und zum inneren Adressaten

Die Beziehung zum inneren Adressaten – verkörpert z. B. durch Lektorin, Doktorvater, Chefin oder die anonyme Masse der Leser – bestimmt die Gefühle beim Schreiben wesentlich mit. Die Vorstellung vom Adressaten ist oft geprägt durch die reale Beziehung, die sich zwischen Schreibendem und Lesendem entwickelt.

Die reale Beziehung zum Leser

Zur realen Beziehung zum (wichtigsten) Leser gehört die Art der Kontaktaufnahme und -gestaltung des eigenen Textes, die Güte der Beziehung, die Nähe oder Distanz in der Beziehung, die Sympathie oder Antipathie und die Symmetrie oder Asymmetrie der Beziehung. Diese Faktoren sind von großer Bedeutung für einen gelingenden Schreibprozess. Hier spielt neben der Person des Betreuers die Art der Beziehungsgestaltung des Klienten eine wichtige Rolle, z. B. die Vermeidung von Kontakt, die asymmetrische Beziehungsgestaltung, bei der sich der Klient als unterlegen wahrnimmt oder eine abhängige Beziehungsgestaltung, bei der der Klient meint, sich für jeden Schritt mit dem Betreuer absprechen zu müssen.

Der bereits erwähnte Herr T. gestaltet die Beziehung zu seinem Betreuer so, dass er zu wenig Unterstützung bekommt:

> (6) Herr T. beginnt immer wieder, sich mit seinem Betreuer über unwichtige Punkte in seiner Arbeit zu streiten. Rechthaberisch beharrt er auf seiner Meinung, bis der enorm bemühte Betreuer die Geduld verliert und sich auf den Konflikt einlässt. Laute Streits entstehen. Zwei Mal steht daraufhin die weitere Betreuung in Frage. Herr T. räumt im Verlauf des Schreibcoaching ein, dass er „Nebenschauplätze aufmacht", d. h., er steckt seine gesamte psychische Energie in einen Konflikt, der ihn vom Arbeiten abhält. Er begründet dies damit, dass es ihm leichter fällt, sich über den Konflikt aufzuregen, anstatt sich auf die Fertigstellung seiner Arbeit mit den für ihn schwierigen Gefühlen zu konzentrieren. Auf dem Nebenschauplatz entgeht er vorübergehend seinen oben beschriebenen Schwierigkeiten bei

der Wahrnehmung von Angstgefühlen. Im Coaching versteht er dieses Vermeidungsverhalten und kann davon ablassen.

Die Beziehung zum inneren Adressaten

Gisbert Keseling geht davon aus, dass, wenn ein negativ urteilender Leser angenommen wird, dieser „zerstörerische innere Adressat" (Keseling 2004, 108) das Formulieren stört oder blockiert. Ich habe weiter oben das selbstabwertende innere Gespräch bereits in diesem Zusammenhang geschildert. Die Bedeutung der oft negativ erlebten Beziehung zum inneren Adressaten kann nach meiner Erfahrung nicht hoch genug eingeschätzt werden. Eine Möglichkeit, das Beziehungsgeschehen beim Klienten zu begreifen und zu intervenieren, schildere ich im Folgenden.

3.4.2 Die Coach-Klient-Beziehung als diagnostisches Instrument und Entwicklungsfaktor

Die Coach-Klient-Beziehung kann als Abbild dessen betrachtet werden, wie der Klient im Allgemeinen Beziehungen gestaltet. Daraus lassen sich Rückschlüsse ziehen, wie jemand zum Beispiel die Beziehung zum Betreuer, Lektor oder – während des Schreibens – zum inneren Adressaten gestaltet. Die Arbeit mit auftauchenden Gefühlen ist ein weiteres diagnostisches Instrument, das dem Coach zeigen kann, wie ein Klient sich fühlt.

Das tiefenpsychologische Modell der Übertragung und der Gegenübertragung eignet sich nach meiner Erfahrung ausgezeichnet, um Stimmungen und subtile Gefühlskonstellationen, die sich im Coaching zwischen Coach und Klient entwickeln, zu diagnostizieren, zu verstehen und daraus Konsequenzen für das beraterische Handeln zu entwickeln:

Bei der *Übertragung* wiederholt die Klientin Gefühle aus frühen prägenden Beziehungskonstellationen – das sind meist Eltern und Geschwister. Sie sieht den Coach – oder auch den Adressaten – beispielsweise so, wie sie früher den strengen Vater erlebte. Übertragungen entwickeln sich häufig erst im Verlauf mehrerer Coachingtermine. Ein Anzeichen für eine sich entwickelnde Übertragung ist es, wenn das Verhalten der Klientin nicht zum Verhalten des Coach passt: Der Coach verhält sich beispielsweise durchgängig zurückhaltend und non-direktiv, die Klientin hingegen äußert sich nach einiger Zeit vorwurfsvoll zu der lehrerhaften und streng-dominanten Haltung des Coach. Die *Gegenübertragung* ist die Reaktion auf die Übertragung der Klientin: die eigenen Gefühle im Kontakt mit der Klientin entsprechen denen der Übertragungsbeziehung. Der Coach reagiert – um beim o. g. Beispiel zu bleiben – mit Impulsen für strenges Verhalten. Gegenübertragung kann aber auch verstanden werden als die gefühlsmäßige ‚Ansteckung' in der Beziehung. Dann entsprechen die Gefühle des Coach der Gefühlslage des Klienten: So nimmt der Coach beispielsweise bei sich depressive und selbstabwertende Gefühle wahr, mit denen eigentlich der Klient zu kämpfen hat, wie sich auf Nachfrage herausstellt. Ein verlässliches Anzeichen für Gegenübertragungsgefühle ist es, wenn der Coach bestimmte Gefühle wahrnimmt, die nicht zu seiner aktuellen Stimmungslage passen.

Mit der Metakommunikation kann eine Gesprächsebene aufgebaut werden, auf der *über* diese Irritationen gesprochen wird. Übertragungs- und Gegenübertragungsgeschehen wird als Solches benannt und es wird damit eine Möglichkeit geschaffen, sie aufzulösen. Friedemann Schulz von Thun, einer der bekanntesten Kommunikationspsychologen, beschreibt Metakommunikation als

> eine Kommunikation über die Kommunikation, also eine Auseinandersetzung über die Art, wie wir miteinander umgehen und über die Art, wie wir die gesendete Nachricht gemeint und die empfangenen Nachrichten entschlüsselt und darauf reagiert haben (Schulz von Thun 1981, 91).

Der Klient kann durch die Rückmeldung des Coach sein Beziehungsverhalten reflektieren und eigene Gefühle besser wahrnehmen. Wird die Coach-Klient-Beziehung als exemplarische Beziehung betrachtet und dahin gehend reflektiert, so kann durch die Bearbeitung der Beziehungsthemen eine Verbesserung der Schreiber-Leser-Beziehung und der Beziehung vom Schreiber zum inneren Adressaten entstehen.

Ein weiteres Potenzial der Coach-Klient-Beziehung ist die Beziehung selbst als Entwicklungsfaktor. Sie kann beim Klienten zur Entwicklung seiner Schreibkompetenzen, seiner Schreibideen, seiner Freude am Schreiben und seiner Persönlichkeit beitragen. Im Coachingprozess identifiziert sich der Klient ein Stück weit mit dem Coach und lässt sich ggfs. von dessen Freude am Schreiben und von neuen Perspektiven und Denkweisen anstecken. Dafür gehe ich davon aus, dass ein guter Schreibcoach selbst gerne, viel und begeistert schreibt.

4 Grenzen psychologischer Interventionen

Für professionelles psychologisches Intervenieren ist eine entsprechende Aus- oder Weiterbildung, also eine psychotherapeutische oder beraterische/Coaching-Ausbildung Voraussetzung Der Schreibcoach sollte außerdem bewusst und ehrlich seine persönlichen und professionellen Möglichkeiten und Grenzen reflektieren. Er muss sich bewusst sein, dass er keine Psychotherapie initiieren kann und darf. Supervision und Intervision unterstützen den Coach dabei, eigene Grenzen gerade dort zu reflektieren, wo blinde Flecken und persönliche Schwachpunkte die Einschätzung trüben.

4.1 Erwartungen des Klienten an das Schreibcoaching

Zu Beginn eines Coachingprozesses – und auch zwischendurch – werden die Ziele, Wünsche und Erwartungen des Klienten besprochen. Oft entwickeln sich Wünsche und Erwartungen von Klienten im Laufe des Coachingprozesses weiter. Durch die Entwicklung einer vertrauensvollen Beziehung können bei Klientinnen

Hoffnungen entstehen, auch bei anderen Lebensthemen Beratung und Unterstützung zu erfahren. Hier ist genau zu klären, welche Art von psychologischer Unterstützung sich eine Klientin wünscht, was in den Rahmen des Schreibcoaching gehört und was nicht. Der Bezug zum Thema Schreiben sollte immer deutlich sein: So kann bspw. eine Beziehungskrise durch eine Schreibkrise ausgelöst werden, sollte aber nicht beherrschendes Thema des Schreibcoaching werden.

4.2 Grenzen erkennen

Das Bewusstsein für die Grenzen des eigenen Vorgehens ist die Basis, um psychologisch zu intervenieren. Wie kann man die eigenen Grenzen im Coaching erkennen? Was hilft dabei, sich selbst und den Klienten nicht zu überfordern? Zwei Kompetenzen halte ich für zentral: die eigene Intuition und psychopathologisches Grundwissen zum Erkennen von pathologischen oder anderen überfordernden Symptomen beim Klienten.

Intuition und eigene Gefühlslage

Die eigene Intuition ist ein wichtiges Werkzeug, das eigene Grenzen erkennen lässt. Das können Überforderungsgefühle sein; oder der Coach spürt, dass der Prozess stagniert, oder dass die Klientin psychisch zu belastet ist. Dies kann zwar auf der Ebene der Metakommunikation angesprochen werden, möglicherweise bleibt dennoch das intuitive Gefühl bestehen, dass „etwas nicht mehr stimmt". Eine solche Wahrnehmung *kann* ein Zeichen dafür sein, dass die Grenzen des Coach und des Coaching erreicht sind.

Psychopathologisches Grundwissen

Diagnostisches Wissen zu psychosomatischen, depressiven, suizidalen und psychotischen Symptomatiken ist die Grundlage, um kompetent entscheiden zu können, ob der Coach einem Klienten eine psychotherapeutische oder psychiatrische Behandlung nahelegen sollte. Ein Schreibcoach sollte mithilfe psychopathologischen Grundwissens zum Beispiel grob einschätzen können, ob ein Klient krankhafte depressive Symptome entwickelt oder ob er lediglich in niedergedrückter Stimmung aufgrund seiner nicht gelingenden Schreibarbeit ist.

4.3 Grenzen kommunizieren

Wenn die diagnostische und intuitive Einschätzung ergeben, dass Grenzen im Coachingprozess erreicht sind, muss der Coach diese Grenzen kommunizieren und weitere Schritte mit der Klientin besprechen. Entweder die Klientin sucht dann parallel zum Schreibcoaching eine Psychotherapeutin oder Krisenberaterin/-coach auf oder sie beendet das Schreibcoaching. Eine dritte Möglichkeit wäre, das die Klientin das Schreibcoaching beendet und mit demselben Coach einen anderen Beratungsprozess beginnt, vorausgesetzt, der Coach verfügt über die Qualifikationen.

Ich halte es für wichtig, als Coach sehr genau die eigene Einschätzung und die Gründe für eine Grenzziehung zu vermitteln: Erst dadurch kann der Klient nachvollziehen, warum der Coach eventuell nicht mehr (oder nicht mehr als einziger Professioneller) mit ihm arbeiten möchte. In einem solchen Gespräch kann sich auch eine Fehleinschätzung des Coach ergeben und unter neuen Vorzeichen weiter gearbeitet werden. Ein Klient wird sich außerdem weniger abgeschoben fühlen, wenn über die Gründe offen gesprochen wird.

Wird eine Psychotherapie empfohlen und das Schreibcoaching beendet, ist zu bedenken, dass Schreibcoach und Klientin während ihrer Zusammenarbeit eine Beziehung aufgebaut haben, die in der Regel durch gegenseitige Offenheit und gegenseitiges Interesse und Vertrauen geprägt ist. Damit besteht eine Beziehung, die psychisch stabilisierenden Charakter hat und deren stützende Funktion möglicherweise wegfällt, bevor eine andere stabilisierende Beziehung aufgebaut ist. Hier wird noch einmal deutlich, wie wichtig es ist, Ressourcenorientierung und Eigenverantwortung der Klienten im gesamten Coachingprozess zu stärken.

5 Schlussbemerkung

In diesem Beitrag habe ich Vorschläge für psychologische Interventionen im Rahmen von Schreibcoaching entwickelt und einen konzeptionellen Ansatz zur Integration psychologischer Perspektiven und Interventionen vorgestellt. Ich habe darüber hinaus Anregungen und Beispiele für die Praxis des Schreibcoaching gegeben. Als psychologische Interventionen habe ich in diesem Beitrag eine Reihe psychotherapeutischer Techniken vorgestellt, die auf gängigen psychotherapeutischen Verfahren basieren. Weitere Anregungen für ein psychologisches Interventionsrepertoire stammen aus Beratungs-, schreibtherapeutischen und kommunikationspsychologischen Ansätzen. Möglichkeiten und Grenzen psychologischer Interventionen sind für jeden Coach individuell auszuloten.

Ein ganzheitliches Konzept von Schreibcoaching und der weitere interdisziplinäre Austausch zwischen schreibdidaktischen und schreibpsychologischen Perspektiven ist ein weiteres Ziel dieses Beitrags. Fragen von mir an die Schreibforschung wären beispielsweise: Welche statistischen Verteilungen zeigen sich in Bezug auf das Vorhandensein psychologischer Themen bei Schreibcoaching-Klienten? Welchen Einfluss haben psychologische Interventionen auf die effektive Bearbeitung von Schreibaufgaben? Wie unterscheiden sich die Problemstellungen bei kleineren Schreibaufgaben im Vergleich mit umfangreichen Schreibprojekten? Die Bedeutung der Schreibforschung nimmt zu und mit ihr steigen die Chancen, dass solche Fragen weiter verfolgt werden.

Literatur

Belanoff, Pat (1991): Freewriting: An Aid to Rereading Theorists. In: Belanoff, Pat/ Elbow, Peter/Sheryl I. Fontane (eds.): Nothing begins with N. New Investigations of Freewriting. Southern Illinois University Press

De Shazer, Steve (2006): Der Dreh. Überraschende Wendungen und Lösungen in der Kurzzeittherapie. Heidelberg: Carl-Auer-Systeme

Elbow, Peter (1998): Writing without teachers. New York: Oxford University

Fröchling, Anke (2002): Schreibcoaching. Ein innovatives Beratungskonzept. Aachen: Shaker

Keseling, Gisbert (2004): Die Einsamkeit des Schreibers. Wie Schreibblockaden entstehen und erfolgreich bearbeitet werden können. Wiesbaden: VS Verlag für Sozialwissenschaften

Klemm, Michael (2004): Schreibberatung und Schreibtraining. In: Knapp, Karlfried/ Antos, Gerd/Becker-Mrotzeck, Michael/Deppermann, Arnulf/Göpferich, Susanne/ Grabowski, Joachim/Klemm, Michael/Villiger, Claudia (Hrsg): Angewandte Linguistik. Ein Lehrbuch. Tübingen: A. Francke

Looss, Wolfgang (2002): Unter vier Augen. Coaching für Manager. München: verlag moderne industrie

Martens, Jens Uwe/Kuhl, Julius (2005): Die Kunst der Selbstmotivierung. Neue Erkenntnisse der Motivationsforschung praktisch nutzen. Stuttgart: Kohlhammer

Miller, Scott D./Berg, Insoo Kim (2003): Die Wunder-Methode. Ein völlig neuer Ansatz bei Alkoholproblemen. Dortmund: Modernes Lernen

Rauen, Christopher (1999): Coaching. Göttingen

Rico, Gabriele L. (2004): Garantiert schreiben lernen. Sprachliche Kreativität methodisch entwickeln – ein Intensivkurs. Reinbeck bei Hamburg: Rowohlt

Schreyögg, Astrid (1995): Coaching. Eine Einführung für die Praxis und Ausbildung. Frankfurt am Main: Campus

Schulz von Thun, Friedemann (1996): Miteinander reden. Bd. 1. Reinbek bei Hamburg: Rowohlt

Simon, Fritz B./ Rech-Simon, Christel (2001): Zirkuläres Fragen. Systemische Therapie in Fallbeispielen: Ein Lernbuch. Heidelberg: Carl-Auer-Systeme

Stavemann, Harlich H. (2003): Therapie emotionaler Turbulenzen. Einführung in die kognitive Verhaltenstherapie. Weinheim: Beltz

Werder, Lutz von (1995): Erfolg im Beruf durch kreatives Schreiben. Berlin: Schibri

Werder, Lutz von (2001): Lehrbuch des kreativen Schreibens. Berlin: Schibri

Werder, Lutz von/Schulte-Steinicke, Barbara/Schulte, Brigitte (2001): Weg mit Schreibstörung und Lesestress. Zur Praxis und Psychologie des Schreib- und Lesecoaching. Hohengehren: Schneider

Über die Autoren

Christian Efing, Dr. phil., Studium der Germanistik, Romanistik, Publizistik- und Kommunikationswissenschaft sowie Erziehungswissenschaft (Magister sowie Lehramt Sek. I/II) in Münster. Seit 2002 Lehrbeauftragter für Deutsche Sprachwissenschaft an der TU Darmstadt. 2003-2006 wissenschaftlicher Mitarbeiter im Bereich Deutsche Sprachwissenschaft an der TU Darmstadt, ab 2004 im Rahmen des BLK-Modellversuchs „Vocational Literacy - Methodische und sprachliche Kompetenzen in der beruflichen Bildung". 2004 Promotion in Deutscher Sprachwissenschaft (Sondersprachen). Ab Oktober 2007 Vertretung der Professur für Deutsche Sprachwissenschaft an der TU Darmstadt. Arbeitsschwerpunkte: Sprachkompetenz in Beruf und Berufsausbildung, Varietätenlinguistik (Sondersprachen, Sprache der Politik), Lexikographie.
<http://www.linglit.tu-darmstadt.de/efing/>

Annette Stefanie Flos, Dipl.-Kulturpädagogin, arbeitet seit Oktober 2007 beim Sozialwissenschaftlichen Dienst der Zentralen Polizeidirektion Niedersachsen in Hannover, Lehrtätigkeit an der Polizeiakademie Niedersachsen und am Niedersächsischen Studieninstitut für Kommunale Verwaltung, davor Fachhochschullehrerin für Politik und Soziologie an der Fakultät Polizei in Hildesheim, davor Mitarbeiterin der Niedersächsischen Fachhochschule für Verwaltung und Rechtspflege und wissenschaftliche Mitarbeiterin der Universität Hildesheim.

Eva-Maria Jakobs, Prof. Dr. phil., lehrt und forscht seit 1999 am Institut für Sprach- und Kommunikationswissenschaft (ISK) der RWTH Aachen University zu den Arbeits- und Forschungsschwerpunkten: Textlinguistik, Technik- und Unternehmenskommunikation, Textverständlichkeit/Usability und Schreibforschung (Schreiben im Beruf). Zu ihren Aufgaben gehört die Koordination des interdisziplinären Studienganges „Technik-Kommunikation". Sie ist Mitglied der Deutschen Akademie der Technikwissenschaften, Direktorin des Instituts für Industriekommunikation und Fachmedien, Vizepräsidentin der Gesellschaft für Angewandte Linguistin und stellvertretende Direktorin des Interdisziplinären Forschungszentrums „Human and Technology" der RWTH Aachen University.
<http://www.tl.rwth-aachen.de>

Katrin Lehnen, Prof. Dr. phil., lehrt und forscht seit Oktober 2007 am Institut für Germanistik der Justus-Liebig-Universität Gießen, zuvor wissenschaftliche Mitarbeiterin am Institut für Sprach- und Kommunikationswissenschaft der RWTH Aachen (ab 2000), hier u. a. Fachstudienberaterin des interdisziplinären Studiengangs Technik-Kommunikation. Arbeits- und Forschungsschwerpunkte: Schreib- und Mediendidaktik, kooperative Textproduktion, domänenspezifische Schreibprozesse, Usability Forschung, Kommunikationsanalyse.

Otto Kruse, Prof. Dr., leitet das Zentrum für Professionelles Schreiben an der Zürcher Hochschule für Angewandte Wissenschaften. Sein Arbeitsschwerpunkt ist die Didaktik des wissenschaftlichen Schreibens.
<www.linguistik.zhaw.ch/zps>

Madeleine Marti, Dr. phil. Studium der Germanistik, Geschichte und Literaturkritik in Zürich, Berlin, Hamburg und Marburg. Lehrbeauftragte an der EB Zürich und Mitinhaberin von Kopfwerken GmbH. Kurse und Coachings im beruflichen Schreiben in Verwaltungen, Firmen, NPO und höheren Schulen.
<www.kopfwerken.ch>

Daniel Perrin, Dr. phil., ist Professor für Medienlinguistik und leitet das Institut für Angewandte Medienwissenschaft IAM der Zürcher Hochschule für Angewandte Wissenschaften. Arbeitsschwerpunkte: Textlinguistik, Medienlinguistik, Textproduktionsforschung; berufliches Schreiben, Professionalisierung der Kommunikation; Wissenstransfer der Linguistik, Kommunikationsberatung.
<http://www.linguistik.zhaw/iam>

Karl-Heinz Pogner, Ph.D., Associate Professor an der Copenhagen Business School, leitet die dänischen Studiengänge BSc in Business Administration and Organisational Communication und MSc in Business Administration and Communication Management. Arbeitsschwerpunkte: Organisationskommunikation, interkulturelle Kommunikation, Medien und Textproduktion.
<http://www.cbs.dk/staff/khp>

Ulrike Scheuermann, Dipl.-Psych., Studium der Psychologie an der FU Berlin, 10 Jahre als Psychologin in der ambulanten Krisenberatung Berlins tätig. Zwei Fachbücher zum Thema Krisenintervention veröffentlicht. Seit 1998 als Fachfrau für schriftliche Kommunikation und als Schreibcoach/-trainerin für wissenschaftliches und berufliches Schreiben tätig: in freier Praxis, an Hoch- und Fachhochschulen, bei Forschungseinrichtungen und anderen Organisationen, in denen schriftliche Kommunikation stattfindet.
<http://www.ulrike-scheuermann.de>

Hartmut Stöckl, Univ.-Prof. Dr. phil. habil., lehrt und forscht seit Oktober 2007 am Fachbereich Anglistik der Universität Salzburg auf einer Professur für Anglistische und Angewandte Sprachwissenschaft, zuvor wiss. Oberassistent am Lehrstuhl für Angewandte Sprachwissenschaft der TU Chemnitz und dort in den Studiengängen Angewandte Sprachwissenschaft und Technikkommunikation tätig; 1985–1990 Studium der Englischen und Russischen Sprache und Literatur (Leipzig), 1990–1995 wissenschaftlicher Mitarbeiter am Institut für Fremdsprachen der Friedrich-Schiller-Universität Jena, 1991–1992 Zusatzstudium Konsekutives Dolmetschen an der Universität Leipzig, 1995 Promotion zu Textstil und Semiotik englischsprachiger Anzeigenwerbung an der Friedrich-Schiller-Universität Jena, 2003 Habilitation zum Zusammenspiel von Sprache und Bild im massenmedialen Text; Forschungsschwerpunkte: Multimodale Kommunikation und

Texttheorie, Sprache-Bild-Bezüge, Semiotik, Textsortenlinguistik/Textproduktion, Werbekommunikationsforschung.

Marianne Ulmi, lic. phil. Studium der Philosophie, Germanistik und Ethnologie in Bern, mit Abschluss 1987. Bis 1999 wissenschaftliche Mitarbeiterin in der schweizerischen Bundesverwaltung. Seither selbständig tätig als Coach und Kursleiterin für wissenschaftliches und berufliches Schreiben; Lektorats- und Studienauftragsarbeiten.
<http://www.kopfwerken.ch>

Annette Verhein-Jarren, Prof. Dr., Studium Germanistik und Geschichte (höheres Lehramt) in Hamburg, Ausbildung als Gymnasiallehrerin; Promotion 1990, seit 1998 Professorin für Kommunikation an der Hochschule für Technik in Rapperswil, Schweiz; 10 Jahre Erfahrung als Leiterin Kommunikation an der TU Hamburg-Harburg, der Finanzbehörde Hamburg, der Hochschule für Technik Rapperswil, Arbeitsschwerpunkte: Textverständlichkeit, Domänenspezifisches Schreiben, Schreibtraining, Lernstrategien, Gesprächsführung, Teamentwicklung.

Namenregister

A

Adamzik, Kirsten 84, 106, 136
Alamargot, Denis 84
Antos, Gerd 68, 84, 106, 136
Argyris, Chris 119
Augst, Gerhard 68
Aust, Natascha 62

B

Babcock, Richard D. 125
Ballstaedt, Steffen-Peter 38, 68
Baurmann, Jürgen 96
Beaufort, Anne 54, 95
Becker-Mrotzek, Michael 18-19, 84, 101, 136
Belanoff, Pat 189
Berg, Insoo Kim 186
Berger, Katja 54
Biedebach, Wyrola 17
Bitterlich, Axel 29, 32
Blum, Karl 2
Böhler, Klaus 39, 40
Bolden, Richard 124, 126, 135
Bondi, Marina 126
Böttcher, Ingrid 71
Bräuer, Gerd 72, 96, 97
Brünner, Gisela 19, 136

C

Cellier, Jean-Marie 84
Couture, Barbara 54
Czapla, Cornelia 71

D

De Groot, Elizabeth 126
De Shazer, Steve 185
Dehn, Mechthild 96
Demetriadis, S. 126
Despotakis, T. D. 126
Dickson, David 134

Drommler, Rebecca 18
Du-Babcock, Bertha 126

E

Efing, Christian 21, 28, 84
Elbow, Peter 184, 189

F

Faigley, Lester 108
Fairclough, Norman 65
Fairhurst, Gail T. 126, 135, 136
Flos, Annette 93
Flyvholm Jørgensen, Paul Erik 126
Fröchling, Anke 180, 187

G

Gaede, Werner 66
Galbraith, David 126
Garnzone, Giuliana 126
Göpferich, Susanne 39, 42, 69, 70
Gosling, Jonathan 124, 126, 135
Groeben, Norbert 97

H

Hargie, Owen 134
Hartmann, Wilfried 32
Hartwig, Heinz 66
Hattemer, Klaus 68
Hayes, John R. 38, 39
Hoberg, Rudolf 20
Hofer, Klaus 37
Högn, Ernst 66
Hurrelmann, Bettina 97

J

Jahn, Karl-Heinz 23, 28, 29
Jakobs, Eva- Maria 1-5, 7, 35, 37, 54, 84-87, 95, 100, 105-107, 115-117, 125, 129, 136
Jakobsen, Christina Lykke 107, 108
Janich, Nina 66, 84

Jörg, Petra 127
Jørgensen, Lena Augusta 107
Jost, Jörg 86

K

Keller, Christian 38
Keseling, Gisbert 191
Keyenburg, Wolf 67
Klemm, Michael 12, 68, 180
Klieme, Eckhard 83
Koch, Peter 26
Kröniger, Silke 54
Kruse, Otto 36, 54, 144
Kuhl, Julius 184

L

Lehnen, Katrin 37, 54, 84, 95, 105
Levy, C. Michael 126
Looss, Wolfgang 179
Ludwig, Otto 123, 124
Lund, Michael Nimb, Anne

M

Martens, Jens Uwe 184
Medienpädagogischer Forschungsverband Südwest 98
Meier, Jörg 142
Melenhorst, Mark 126
Menzel, Wolfgang 29
Meyer, Ruth 32
Miller, Scott D. 186
Minto, Barbara 127
Miskovic, Jeanina 97
Molitor-Lübbert, Sylvie 38-40
Müller, Udo 2
Muthig, Jürgen 39, 40

N

Nash, Jane Gradwohl 39
Nickerson, Catherine 126
Nickl, Markus 2
Nonaka, Ikuiro 119
Norton, Andrew 124, 126, 133
Nussbaumer, Markus 29, 96

O

Oesterreicher, Wulf 26
Ohlemacher, Thomas 62
Olsen, Kirsten 107
Ongstad, Sigmund 125
Origo, Iris 123
Ortner, Hanspeter 68, 126, 129, 134

P

Palaigeorgiou, G. E. 126
Perrin, Daniel 4, 7, 54, 68, 127-129, 136, 138
Pierick, Simone 5
Pietzcker, Dominik 67
Pogner, Karl-Heinz 54, 106-109, 115, 125
Pomplitz, Hans-Jürgen 66
Pospiech, Ulrike 29, 32, 42
Price, Jonathan 126

R

Ransdell, Sarah 126
Rauen, Christopher 179
Rech-Simon, Christel 185
Reins, Armin 78, 79
Rico, Gabriele L. 184
Rodriguez, Henry 126
Rosenberger, Nicole 128
Rothkegel, Annely 68
Ruhmann, Gabriela 144
Rymer, Jone 54

S

Schäflein-Armbruster, Robert 39
Schellens, Peter Jan 126
Scheuermann, Ulrike 12, 168, 169
Schindler, Kirsten 2, 5, 35, 37, 54, 84, 95, 101 105
Schmid-Barkow, Ingrid 18
Schneider, Barbara 125
Scholz, Dieter 36, 47
Schön, Donald A. 119
Schreyögg, Astrid 179-180
Schulte, Brigitte 182, 194
Schulte-Steinicke, Barbara 182, 194

Schulz von Thun, Friedemann 192
Seidenabel, Christian 68
Selzer, Jack 127
Severinson-Eklundh, Kerstin 126
Seyn, Marc 67
Sharples, Mike 84
Sieber, Peter 26, 32
Simon, Fritz B. 185
Smythe, Elizabeth 124, 126, 133, 135
Søderberg, Anne-Marie 105, 106
Solbjørg Skulstad, Aud 126
Sowinski, Bernhard 66
Sperling, Anni Hornbæk 109, 110
Spilka, Rachel 105, 127
Spranz-Fogasy, Thomas 124, 126
Stavemann, Harlich H. 188
Steehouder, Michaël 126
Stöckl, Hartmut 66, 68

T

Takeuchi, Hirotaka 119
Tapper, Joanna 126
Terrier, Patrice 84
Tsoukalas, I. A. 126

U

Ulmi, Marianne 54
Ungerer, Friedrich 65

V

Van der Geest, Thea 84, 125
Van Gemert, Lisette 84
Van Waes, Luuk 126
Verhein-Jarren, Annette 36, 61
Vopel, Klaus W. 46

W

Weiß, Horstrüdiger 62
Wenger, Etienne 119
Werder, Lutz von 178, 187, 190
Wernick, Andrew 65
Wolfe, Joanna 126
Woudstra, Egbert 84
Wyss Kolb, Monika 19, 20, 23, 25-27, 29, 31-32

Y

Yli-Jokopii, Hilkka 126

Z

Zhu, Yunxia 124

Textproduktion und Medium

herausgegeben von Eva-Maria Jakobs und Dagmar Knorr

In der Reihe „Textproduktion und Medium" erscheinen prozeßorientierte Untersuchungen zur Textproduktion unter besonderer Berücksichtigung moderner Informationstechnologie in verschiedenen Domänen, Kulturen und aus verschiedenen Perspektiven (Linguistik, Informatik, Psychologie, Dokumentation, Softwareentwicklung und Didaktik).

Weitere Informationen
URL <http://www.prowitec.rwth-aachen.de>

Band 1   Schreiben in den Wissenschaften. Hrsg. von Eva-Maria Jakobs und Dagmar Knorr, 1997

Band 2   Textproduktion in elektronischen Umgebungen. Hrsg. von Dagmar Knorr und Eva-Maria Jakobs, 1997

Band 3   Domänen- und kulturspezifisches Schreiben. Hrsg. von Kirsten Adamzik, Gerd Antos und Eva-Maria Jakobs, 1997

Band 4   Konrad Ehlich, Angelika Steets, Inka Traunspurger: Schreiben für die Hochschule. Eine annotierte Bibliographie, 2000

Band 5   Textproduktion. HyperText, Text, KonText. Hrsg. von Eva-Maria Jakobs, Dagmar Knorr und Karl-Heinz Pogner, 1999

Band 6   Jörg Wagner: Mensch – Computer – Interaktion. Sprachwissenschaftliche Aspekte, 2002

Band 7   E-Text: Strategien und Kompetenzen. Elektronische Kommunikation in Wissenschaft, Bildung und Beruf. Hrsg. von Peter Handler, 2001

Band 8   Kirsten Schindler: Adressatenorientierung beim Schreiben. Eine linguistische Untersuchung am Beispiel des Verfassens von Spielanleitungen, Bewerbungsbriefen und Absagebriefen, 2003

Band 9   Berufliches Schreiben. Ausbildung, Training, Coaching. Hrsg. von Eva-Maria Jakobs und Katrin Lehnen, 2008

www.peterlang.de